城乡规划
相关知识

经纬注考教研中心　编

清华大学出版社
北京

内 容 简 介

本书由经纬注考教研中心编写，分为两个部分。第一部分为历年考试真题及解析，给出了 2012—2014 年及 2017—2021 年考试真题，并对这些题目进行分析和解答，归纳了解题思路和方法，有些题目还给出了相同考点的对比和辨析。第二部分为 2022 年 3 套模拟试题，是编者通过对历年真题进行分析和对政策进行把握后编写的，可供考生复习后进行巩固和检验复习效果。

本书可供参加 2022 年全国注册城乡规划师职业资格考试的考生参考学习。

图书在版编目（CIP）数据

城乡规划相关知识/经纬注考教研中心编.—北京：清华大学出版社，2022.5（2022.6 重印）
全国注册城乡规划师职业资格考试真题与解析
ISBN 978-7-302-60660-4

Ⅰ．①城…　Ⅱ．①经…　Ⅲ．①城乡规划—中国—资格考试—自学参考资料　Ⅳ．①TU984.2

中国版本图书馆 CIP 数据核字（2022）第 068124 号

责任编辑：秦　娜　赵从棉
封面设计：陈国熙
责任校对：赵丽敏
责任印制：沈　露

出版发行：清华大学出版社
　　　　网　　　址：http://www.tup.com.cn，http://www.wqbook.com
　　　　地　　　址：北京清华大学学研大厦 A 座　　　邮　　编：100084
　　　　社　总　机：010-83470000　　　　　　　　邮　　购：010-62786544
　　　　投稿与读者服务：010-62776969，c-service@tup.tsinghua.edu.cn
　　　　质量反馈：010-62772015，zhiliang@tup.tsinghua.edu.cn
印　装　者：三河市龙大印装有限公司
经　　　销：全国新华书店
开　　　本：185mm×260mm　　　　印　　张：18　　　　字　　数：411 千字
版　　　次：2022 年 5 月第 1 版　　　　　　　　　　印　　次：2022 年 6 月第 2 次印刷
定　　　价：59.80 元

产品编号：097535-01

前言

在外人眼中,规划师是一个高级而又神秘的职业,对于身处行业中的我们来说,则明白这是一个需要去除浮躁、承担责任并充满压力的职业。取得全国注册城乡规划师资格对于规划设计人员来说是一种执业的认可,在一定程度上也是对其规划能力和从业资格的肯定。自 2000 年开始实施全国注册规划师考试制度以来,无数工作在规划设计岗位的同仁们坚持不懈,约 2.4 万人取得了这张颇具含金量的证书。

这些年,国家对城乡规划越来越重视,注册规划师职业资格制度也经历过几次调整。2008 年随《中华人民共和国城乡规划法》的实施,注册城市规划师变更为注册城乡规划师,2015 年和 2016 年停考,2017 年依据《关于印发〈注册城乡规划师职业资格制度规定〉和〈注册城乡规划师职业资格考试实施办法〉》(人社部规〔2017〕6 号),注册城乡规划师划入协会管理,2018 年随国家部门改革,注册城乡规划师实施主体变为自然资源部。城乡规划向国土空间规划转向的有关考试的内容和方向,是考生关注的焦点,也是这两年考试的重点。

规划师的核心工作便是"规划",应该既掌握宏观规划理论,又具有实际操作能力。注册规划师考试未必能全面地反映一名规划师的能力,因此不能以是否通过考试作为衡量规划师的规划设计能力高下的标准。但已通过注册规划师考试的考生,一般不仅具有全面的理论和实践经验,熟悉国家的相关法规和制度,对规划设计也有一定的分析、构思和表达能力,具备成为一名规划师的基本素养。

城乡规划相关知识内容丰富且涉及的科目较多,首先需要考生掌握全面的知识体系,这些科目对不同专业的考生来讲复习难度不一样,建议不同专业的考生有针对性地复习自己薄弱学科的课程内容,应掌握一般的原理和理论。其次,需要掌握历年考试的重点内容,因为作为一项考试,一定有其自身的规律。当然,还需要掌握一些切实有效的应试方法与技巧,研究历年真题,形成考试思路。

本书便是从考试的角度出发,通过研究历年的考试题目,总结考试思路和重点,对每道题目进行了详细的解析,以期帮助更多的应试者把握历年考试的重点,更实际、更高效地复习。

一些真题的解析中引用的规范或标准已作废,但受限于真题的题干或时间性,仍引用原规范或标准解析,特此说明。

本书在编写过程中得到了清华大学出版社各位编辑老师的支持和帮助,感谢他们的付出。但因为编者水平有限,预留给出版社的时间也仓促,书中难免有不妥之处,敬请各位同仁和读者批评指正。

读者可扫描二维码,关注"经纬注考教研中心"公众号,及时获取考试相关信息。

编　者

2022 年 4 月于北京

关于"城乡规划相关知识"备考的几点建议

编者在对历年"城乡规划相关知识"试题进行分析后,给准备参加全国注册城乡规划师考试的考生提出几点建议。

(1)"城乡规划相关知识"具有独立性,与其他三科知识彼此之间联系不强,所以,可以单独复习。

(2)"城乡规划相关知识"考点多,内容分散,需要加强记忆,但应该有轻重之分。课本的重点是建筑学、城市道路交通工程、城市市政公用设施,其考查分数超过了 50 分。"城乡规划相关知识"的难点在城市经济学、城市社会学;当然,对不熟悉计算机相关知识的考生而言,信息技术也是难点。

(3)"城乡规划相关知识"与其他科目不同,其复习重点应紧紧结合教材。掌握好教材中的内容,特别是城乡规划日常工作的数据,基本可以通过考试。

(4)要认识到真题的重要性,减少对模拟题的练习,特别是不要做一些网络题目。因为有的考生原本就对一些概念比较模糊,而一些凑数的模拟题更会误导考生对概念的理解。

以上分析和建议属于编者个人的一些看法,难免偏颇,仅供参考;全面复习、深入理解、融会贯通、加强理解记忆仍是通过考试的最佳途径。在此祝愿各位考生学习愉快、考试顺利!

随书附赠视频资源,请扫描二维码观看。

 国土空间规划体系
及要点(一)

 国土空间规划体系
及要点(二)

 国土空间规划体系
及要点(三)

 国土空间规划体系
及要点(四)

 国土空间规划体系
及要点(五)

 《城市居住区规划
设计标准》精讲(一)

 《城市居住区规划
设计标准》精讲(二)

 《城市综合交通体
系规划标准》解读

 《历史文化名城保
护规划规范》解读

目录

2012 年度全国注册城乡规划师职业资格考试真题与解析

城乡规划相关知识

真 题

一、单项选择题(共 80 题,每题 1 分。每题的备选项中,只有 1 个最符合题意)

1. 下列关于中国古代建筑特点的描述,哪项是错误的?( )

    A. 建筑类型丰富   B. 单体建筑结构构成复杂

    C. 建筑群组合多样   D. 与环境结合紧密

2. 下列关于中国古代宗教建筑平面布局特点的表述,哪项是错误的?( )

    A. 汉代佛寺布局是前塔后殿

    B. 永济县永乐宫中轴对称、纵深布局

    C. 五台山佛光寺大殿平面为"金厢斗底槽"

    D. 蓟县独乐寺平面为"分心槽"

3. 下列关于西方古代建筑材料与技术的表述,哪项是错误的?( )

    A. 古希腊庙宇除屋架外,全部用石材建造

    B. 古罗马建筑材料中出现了火山灰制的天然混凝土

    C. 古希腊创造了券柱式结构

    D. 古罗马发展了叠柱式结构

4. 下列关于 19—20 世纪新建筑运动初期代表人物建筑主张的表述,哪项是错误的?( )

    A. 拉斯金:热衷于手工艺效果

    B. 贝伦斯:提倡运用多种材料

    C. 路斯:主张造型简洁与集中装饰

    D. 沙利文:强调艺术形式在设计中占主要地位

5. 下列哪项不属于 20 世纪 20 年代提出的新建筑主张?( )

    A. 注重建筑的经济性   B. 灵活处理建筑造型

    C. 表现建筑的地域特点   D. 发挥新型材料和建筑结构的性能

6. 下列关于建筑选址的表述,哪项是正确的?( )

    A. 儿童剧场应设于公共交通便利的繁华市区

    B. 剧场与其他类型建筑合建时,应有公用的疏散通道

    C. 档案馆一般应考虑布置在远离市区的安静场所

    D. 展览馆可以利用荒废建筑加以改造或扩建

7. 建筑场地设为平坡时的最大允许自然地形坡度是( )。

    A. 3%   B. 4%   C. 5%   D. 6%

8. 单栋住宅的长度大于( )时,建筑物底层设人行通道。

    A. 200m   B. 160m   C. 120m   D. 80m

9. 按使用性质划分,建筑可分为(　　)两大类。

    A. 工业建筑和农业建筑　　　　　　B. 生产性建筑和非生产性建筑

    C. 公共建筑和居住建筑　　　　　　D. 民用建筑和工业建筑

10. 下列关于8层住宅建筑的电梯设置,哪项是错误的?(　　)

    A. 电梯与楼梯同等重要　　　　　　B. 电梯与楼梯宜相邻布置

    C. 至少设置1台电梯　　　　　　　D. 单侧排列的电梯不应超过3台

11. 石棉水泥瓦的缺点是(　　)。

    A. 质重　　　　B. 易燃　　　　C. 易腐蚀　　　　D. 有毒

12. 低层、多层建筑常用的结构形式不包括(　　)。

    A. 砖混　　　　B. 框架　　　　C. 排架　　　　D. 框筒

13. 下列哪项不属于建筑投资的内容?(　　)

    A. 动迁费　　　　　　　　　　　　B. 建筑直接费

    C. 施工管理费　　　　　　　　　　D. 税金

14. 城市道路规划设计的基本内容不包括(　　)。

    A. 道路附属设施设计　　　　　　　B. 交通管理设施设计

    C. 沿道路建筑立面设计　　　　　　D. 道路横断面组合设计

15. 下列关于铁路通行高度限界的表述,哪项是正确的?(　　)

    A. 通行内燃机车时为5.00m　　　　B. 通行电力机车时为6.00m

    C. 通行高速列车时为7.25m　　　　D. 通行双层集装箱列车时为7.45m

16. 城市道路平面弯道视距限界内障碍物的限高是(　　)。

    A. 1.0m　　　　B. 1.2m　　　　C. 1.4m　　　　D. 1.6m

17. 在计算多条机动车道的通行能力时,假定最靠中线的一条车道的折减系数为1,那么同侧第四条车道的折减系数应为(　　)。

    A. 0.90~0.98　　　　　　　　　　B. 0.80~0.89

    C. 0.65~0.78　　　　　　　　　　D. 0.50~0.65

18. 如果1条自行车带的路段通行能力为1000辆/h,当自行车道的设计宽度为5.5m时,其通行能力为(　　)。

    A. 4000辆/h　　　　　　　　　　B. 4500辆/h

    C. 5000辆/h　　　　　　　　　　D. 5500辆/h

19. 城市道路平面设计的主要内容不包括(　　)。

    A. 确定道路中心线的位置　　　　　B. 设置缓和曲线

    C. 确定路面荷载等级　　　　　　　D. 设计超高

20. 符合下列哪项条件时,应该设置立体交叉?(　　)

    A. 城市主干路与次干路交叉口高峰小时流量超过5000PCU时

    B. 城市主干路与支路交叉口高峰小时流量超过5000PCU时

    C. 城市主干路与主干路交叉口高峰小时流量超过6000PCU时

    D. 城市次干路与铁路专用线相交时

21. 立交上如考虑设置自行车道时,混行车道的最大纵坡度应为( )。

    A. 4% B. 3.5% C. 3% D. 2.5%

22. 在城市道路纵断面设计时,设置凹形竖曲线主要应满足( )。

    A. 车辆紧急制动距离的要求 B. 车辆行驶平稳的要求
    C. 驾驶者的视距要求 D. 驾驶者的视线要求

23. 下列有关停车设施的停车面积规划指标中,哪项是错误的?( )

    A. 路边停车带为 16～20m² /停车位

    B. 地面停车场为 25～30m² /停车位

    C. 建筑物地下停车库为 30～35m² /停车位

    D. 机械提升式的多层停车库为 35～40m² /停车位

24. 根据现行的《城市道路交通规划设计规范》,停车场的泊位数达到( )时至少设置两个以上的出入口。

    A. 300 B. 400 C. 500 D. 600

25. 在城市中心的客运交通枢纽中,一般不设置的交通方式是( )。

    A. 地铁 B. 轻轨 C. 有轨电车 D. 长途汽车

26. 下列关于城市供水规划内容的表述,哪项是正确的?( )

    A. 水资源供需平衡分析一般采用平均日用水量

    B. 城市供水设施规模应按照平均日用水量确定

    C. 城市配水管网的设计流量应按照城市最高日最高时用水量确定

    D. 城市水资源总量越大,相应的供水保证率越高

27. 下列关于城市排水系统规划内容的表述,哪项是错误的?( )

    A. 重要地区雨水管道设计宜采用 0～5 年一遇重现期标准

    B. 建筑物屋面的径流系数高于绿地的径流系数

    C. 降雨量稀少的新建城市可采用不完全分流制的排水体制

    D. 在水环境保护方面,截流式合流制与分流制各有利弊

28. 下列哪项负荷预测方法适合应用在城市电力详细规划阶段?( )

    A. 人均综合用电量指标法 B. 单位建设用地负荷指标法
    C. 单位建筑面积负荷指标法 D. 电力弹性系数法

29. 下列关于城市燃气规划的表述,哪项是错误的?( )

    A. 液化石油气储备站应远离集中居民区

    B. 特大城市燃气管网应采取一级管网系统

    C. 城市气源应尽可能选择多种气源

    D. 燃气调压站应尽量布置在负荷中心

30. 下列关于城市环卫设施的表述,哪项是正确的?( )

    A. 生活垃圾填埋场应远离污水处理厂,以避免对周边环境双重影响

    B. 生活垃圾堆肥场应与填埋或焚烧工艺相结合,便于垃圾综合处理

    C. 生活垃圾填埋场距大、中城市规划建成区应大于 1km

    D. 建筑垃圾可以与工业固体废物混合储运、堆放

31. 下列关于城市通信工程规划内容的表述,哪项是错误的?（　　　）
    A. 邮政通信枢纽优先考虑在客运火车站附近选址
    B. 电信局(所)优先考虑与变电站等设施合建以便于集约利用土地
    C. 无线电收、发信区一般选择在大城市两侧的远郊区
    D. 通信管道集中建设、集约使用是目前国内外通信行业发展的主流

32. 下列哪项属于城市黄线?（　　　）
    A. 城市排洪沟与截洪沟控制线　　　B. 城市河湖水体控制线
    C. 历史文化街区的保护范围线　　　D. 城市河湖两侧绿化带控制线

33. 当下列工程管线交叉时,应根据(　　　)的高程控制交叉点的高程。
    A. 电力管线　　　B. 热力管线　　　C. 排水管线　　　D. 供水管线

34. 下列关于城市用地竖向规划的表述,哪项是错误的?（　　　）
    A. 划分并确定台地的高度、宽度、长度是山区竖向规划的关键
    B. 台地的长边宜平行于等高线布置
    C. 地面自然坡度小于5％时一般规划为台地式
    D. 丘陵地随起伏规划成平坡与台地相间的混合式

35. 下列哪项属于总体规划阶段防灾规划的内容?（　　　）
    A. 确定防洪标准　　　　　　　　　B. 确定截洪沟纵坡
    C. 确定防洪堤横断面　　　　　　　D. 确定排涝泵站位置和用地

36. 在城市消防规划中,下列哪项不属于消防安全布局的内容?（　　　）
    A. 划分消防区责任　　　　　　　　B. 布置危险化学物品储存设施
    C. 布置避难场地　　　　　　　　　D. 规划新建建筑耐火等级

37. 根据现行《防洪标准》,如果一个城市分为几个独立的防护分区,各防护分区的防洪标准应(　　　)。
    A. 按照各分区人口密度确定
    B. 按照人口规模最大的分区确定
    C. 按照各分区平均人口规模确定
    D. 按照各分区相应人口规模确定

38. 下列哪项对策措施不属于防洪安全布局的内容?（　　　）
    A. 合理选择城市建设用地
    B. 将城市重要功能区布置在洪水风险相对较小的地段
    C. 预留足够的行洪通道
    D. 建设高标准的防洪工程

39. 下列哪项不能作为紧急避难场地?（　　　）
    A. 小区绿地　　　B. 学校操场　　　C. 高架桥下　　　D. 体育场

40. 下列哪类用地最有利于抗震?（　　　）
    A. 古河道　　　　　　　　　　　　B. 沙土液化区
    C. 风化层比较薄弱地区　　　　　　D. 填土厚度较大的填方区

41. 位于抗震设防区的城市,可能发生严重次生灾害的建设工程,应根据(　　　)确定

设防标准。

    A. 建设场地地质条件   B. 未来 100 年可能发生的最大地震震级

    C. 次生灾害的类型   D. 地震安全性评价结果

42. WWW 页面所采用的超文本标记语言 HTML 中,超文本主要指(　　)。

    A. 功能强大的文本   B. 带有超链接的文本

    C. 能够支持各种格式的文本   D. 能够支持嵌入图像的文本

43. 为了描述城市土地利用的情况,可以采用的空间数据方式为(　　)。

    A. 离散点   B. 等值线   C. 三角网   D. 多边形

44. 遥感影像获取过程中的大气窗口是指(　　)。

    A. 时间窗口   B. 空间窗口   C. 波长窗口   D. 温度窗口

45. 当城市用配备 GPS 的出租车获取城市实时路况时,其所获取数据存在的主要质量问题是(　　)。

    A. 位置精度,因为 GPS 定位不准确

    B. 完整性,因为出租车反映的路况并不全面

    C. 属性精度,因为无法获取每辆出租车的属性

    D. 时间精度,因为时间记录存在误差

46. 为了定量分析采取某项措施对于减少城市污染的效果,所开发的系统属于(　　)。

    A. 事务处理系统   B. 管理信息系统

    C. 决策支持系统   D. 专家系统

47. 在制图输入中,下列哪项不是必需的输出要素?(　　)

    A. 比例尺   B. 指北针   C. 图例   D. 统计图表

48. 与 CAD 软件相比,GIS 所具有的主要优势是(　　)。

    A. 能提高图形编辑修改的效率   B. 实现图形属性的一体化管理

    C. 便于资料保存   D. 成果表达更为直观丰富

49. 为了提高城市路面车辆分布状况的分析精度,应采用下列哪种遥感影像数据?(　　)

    A. LandsatTM 数据   B. NOAA 气象卫星数据

    C. 中巴资源卫星影像数据   D. 高分辨率航片数据

50. 下列哪两者之间的经济关系属于公共经济关系?(　　)

    A. 政府与企业   B. 企业与企业

    C. 企业与个人   D. 个人与个人

51. 根据城市经济学的原理,造成城市均衡规模大于最佳规模的原因是(　　)。

    A. 集聚效应   B. 分散效应   C. 边际效应   D. 外部效应

52. 根据城市经济学增长理论,建设用地增长率与(　　)成正比。

    A. 资本增长率   B. 资本密度

    C. 资本产出比   D. 资本丰裕度

53. 根据城市经济学的定价曲线,下列哪种情况会导致城市中心区地价和郊区地价

发生逆向变化?( )

    A. 人口增长   B. 投资增长   C. 产出增长   D. 收入增长

54. 下列哪项不属于城市规划的功能?( )

    A. 保护社会的长远利益   B. 安排基础设施用地

    C. 减小市场的外部效应   D. 维护市场的运行秩序

55. 根据城市经济的替代原理,城市土地利用强度与下列哪项因素无关?( )

    A. 区位条件   B. 贷款利率   C. 环境质量   D. 交通设施

56. 下列权属中,在中国土地一级市场上交易的是( )。

    A. 土地所有权   B. 土地使用权

    C. 土地开放权   D. 土地收益权

57. 某城市为了缓解地铁的拥挤状况,而采取提高出行高峰时段票价的措施。下列哪种情况会影响这一措施的效果?( )

    A. 需求弹性大   B. 需求弹性小

    C. 供给弹性大   D. 供给弹性小

58. 征收城市交通拥堵税(费)依据的原理是( )。

    A. 让驾车者承担边际成本   B. 让驾车者承担平均成本

    C. 让社会承担边际成本   D. 让社会承担平均成本

59. 在时间和货币可以相互替代的情况下,下列哪项措施有利于出行者实现各自的效用最大化?( )

    A. 扩大公共交通供给规模   B. 提供多种交通方式

    C. 对拥堵路段收费   D. 对驾车者征收汽油税

60. 下列税收中,可以避免社会福利"无谓损失"的是( )。

    A. 消费税   B. 增值税   C. 土地税   D. 房产税

61. 下列哪种情况下"用脚投票"会提高资源利用效率?( )

    A. 消费者偏好差异大   B. 公共品具有规模经济

    C. 政府征收累进税   D. 公共服务溢出效应大

62. 下列关于城市化的表述哪项是错误的?( )

    A. 城市化就是工业化

    B. 城市化水平与经济发展水平之间有密切关系

    C. 发展中国家逐渐成为世界城市化的主体

    D. 流动人口已成为中国城镇人口增长的主体

63. 下列关于外延型城市化的表述,哪项是错误的?( )

    A. 城市离心扩散渐次地向外推进

    B. 城市"摊大饼"式发展

    C. 城市人口向外部迁移

    D. 外延型城市化的边缘地带被称为城乡接合部

64. 下列哪项不符合克里斯塔勒的中心地理论?( )

    A. 中心地具有不同等级

B. 不同等级的中心地职能具有不同的市场区

C. 中心地与市场区之间是核心区与边缘区的关系

D. 中心地之间构成一个等级体系

65. 下列关于城市首位度的表述,哪项是正确的?（　　）

A. 首位城市人口占区域总人口的比例

B. 首位城市人口占城市总人口的比例

C. 首位城市人口与第二位城市人口的比例

D. 首位城市人口的年均增长速度

66. 下列关于当代中国城市化的表述,哪项是错误的?（　　）

A. 新中国城市化进程波动大　　　B. 城市化动力机制由一元转变为多元

C. 城市规模结构变化明显　　　　D. 城市化水平的省际差异不大

67. 下列关于城镇体系的表述,哪项是错误的?（　　）

A. 城镇体系把一座城市当作一个区域系统来研究

B. 城镇体系以一个区域内的城镇群体为研究对象

C. 城镇体系具有整体性

D. 城镇体系具有层次性

68. 下列关于城镇边缘区的表述,哪项是错误的?（　　）

A. 城市景观向乡村景观转化的过渡地带

B. 城市建设区外围变化相对迟缓的地区

C. 城区和郊区交错分布的接触地带

D. 城市和农村的接合部

69. 下列哪项不属于城镇体系规划的基本内容?（　　）

A. 城镇综合承载能力　　　　　　B. 城镇规模等级

C. 城镇职能分工　　　　　　　　D. 城镇空间组织

70. 下列有关城市规划公众参与的表述,哪项是错误的?（　　）

A. 公众参与有利于实现城市空间利益最大化

B. 公众参与促进城市规划的社会化

C. 公众参与不是城市规划的法定程序

D. 公众参与体现了协调解决问题的思路

71. 我国城市社区自治的主体是(　　)。

A. 居民　　　　　　　　　　　　B. 居民委员会

C. 物业管理机构　　　　　　　　D. 业主委员会

72. 下列有关社区的表述,哪项是错误的?（　　）

A. "社区"与"邻里"是既有区别又有联系的两个概念

B. 地区、共同纽带、社会责任感是构成社区最重要的三个要素

C. 精英论和多元论是西方城市社区权力研究学者的两大阵营

D. 社区居民自治形式是中国城市社区组织管理体制的重大创新

73. 下列哪项不是伯吉斯同心圆模型的特征?（　　）

A. 模型呈现环带分布特征

B. 通勤地带位于城市外围

C. 过渡地带有黑社会寄宿者

D. "独立的工人居住地带"精神疾病比例最高

74. 下列有关流动人口的人口学特征表述,哪项是错误的?（　　　）

A. 各行业的流动人口总是男性多于女性

B. 流动人口的年龄结构总体上以青壮年为主

C. 与常住户籍人口相比,流动人口的刑事犯罪率相对较高

D. 流动人口会增加流入城市计划生育管理的难度

75. 下列哪项不是衡量一个城市老龄化程度的指标?（　　　）

A. 老龄化人口比重
B. 年龄中位数

C. 老龄人口的健康状况
D. 少年儿童比重

76. 下列有关"问卷调查"方法的表述,哪项是正确的?（　　　）

A. 由于着重的是群体统计特征,对被调查者个人的属性一般不予调查

B. 在调查过程中,可以根据需要调整问卷内容

C. 有些问题可以采用填空式方法进行开放式调查

D. 问卷的"有效率"是指回收来的问卷数量占总发放问卷数量的比重

77. 下列有关城市社会学与城市规划关系的表述,哪项是错误的?（　　　）

A. 城市社会学与城市规划都以"城市"作为研究对象

B. 城市社会学比城市规划更关注城市空间形态

C. 城市社会学的理论可以丰富规划师的思路和理念

D. 城市社会学与城市规划都关注最新的社会现象和社会问题

78. 下列关于生态因子的表述,哪项是错误的?（　　　）

A. 组成生境的因素
B. 影响生物的生长和发育

C. 影响生物的群落特征
D. 由生产者、消费者构成

79. 下列关于生态系统的表述,哪项是错误的?（　　　）

A. 包括特定地段中的全部生物和物理环境

B. 边界都是模糊的

C. 基本功能由生物群落实现

D. 信息流双向运行

80. 下列关于城市生态系统能量的表述,哪项是错误的?（　　　）

A. 来源包括非生物能源
B. 能量流动是自发的

C. 可以多级利用
D. 能量的产生和消费活动会造成环境污染

二、多项选择题(共20题,每题1分。每题的备选项中有2～4个符合题意。多选、少选、错选都不得分)

81. 下列关于厂区场地交通组织的表述,哪些是正确的?（　　　）

A. 应尽量避免将社会车辆导入厂区

B. 场地道路设计应结合地形

C. 场地出入口宜布置在城市主、次干道上

D. 主要物流与人流宜一线多用

E. 场地道路坡度较大时应设缓冲段

82. 场地设计一般有平坡式、台阶式和混合式三种类型,在选择这些类型时,哪些是主要的考虑因素?(　　)

    A. 自然植被生长情况　　　　　　B. 建筑物的使用要求

    C. 地下水位高低　　　　　　　　D. 场地面积大小

    E. 土石方工程量的多少

83. 下列关于色彩特征的表述,哪些选项是正确的?(　　　)

    A. 色彩的重量感以彩度的影响最大

    B. 色彩的诱目性主要受其明度的影响

    C. 照亮高的地方,色彩的彩度将减缓

    D. 色彩的彩度越强,就越易使人疲劳

    E. 一般冷色系的色彩,疲劳感较暖色系的色彩小

84. 下列关于内框架承重体系的特点,哪些是正确的?(　　　)

    A. 墙和柱都是主要承重构件　　　B. 结构容易产生不均匀变形

    C. 施工工序搭接方便　　　　　　D. 房屋的刚度较差

    E. 在使用上便于提供较大的空间

85. 下列哪些建筑保温材料是不燃材料?(　　　)

    A. 岩棉　　　　　　　　　　　　B. 保温砂浆

    C. 合成高分子材料　　　　　　　D. 聚苯板

    E. 玻璃棉

86. 根据我国《道路交通标志和标线》的规定,下列有关交通标志形状的表述,哪些是错误的?(　　　)

    A. 指示标志为矩形　　　　　　　B. 禁令标志为圆形

    C. 警告标志为三角形　　　　　　D. 旅游区标志为菱形

    E. 道路施工标志为正方形

87. 下列有关交叉口交通控制类型的表述,哪些是错误的?(　　　)

    A. 主干路与次干路相交时,可采用多路停车

    B. 次干路与支路相交时,可不设管制

    C. 进入交叉口的交通量小于200PCU/h,可不设管制

    D. 进入交叉口的交通量大于300PCU/h,应设二路停车

    E. 进入交叉口的交通量大于600PCU/h,应设多路停车

88. 下列缓解城市中心区停车矛盾的措施,哪些是正确的?(　　　)

    A. 设置地下停车库

    B. 在中心区建立停车诱导系统

    C. 结合公共交通枢纽设置停车设施

    D. 在中心区附近的步行街或广场上设置机动车停车场

    E. 提高中心区停车泊位的收费标准,以加快停车泊位的周转

89. 下列哪些属于物流中心规划设计的主要内容?(　　)
    A. 物流中心的功能定位　　　　　B. 物流中心货物管理信息系统设计
    C. 物流中心的内部交通组织　　　D. 物流中心的平面设计
    E. 物流中心周边配套市政工程设计

90. 下列关于城市轨道交通线网形态的表述,哪些是错误的?(　　)
    A. 单点放射式　　　　　　　　　B. 多点放射式
    C. 无环放射式　　　　　　　　　D. 有环放射式
    E. 棋盘式

91. 根据《中华人民共和国城乡规划法》,下列哪些是城市总体规划的强制性内容?
(　　)
    A. 基础设施和公共服务设施用地
    B. 水源地保护
    C. 防灾减灾
    D. 环境保护
    E. 功能分区

92. 下列属于可再生能源的有(　　)。
    A. 核能　　　　B. 石油　　　　C. 沼气　　　　D. 水能
    E. 天然气

93. 下列关于城市供电规划的表述,哪些是正确的?(　　)
    A. 变电站应接近负荷中心
    B. 市区内新建变电站应采用户外式
    C. 变电站可以与其他建筑物混合建设
    D. 电信线路、有线电视线路与供电线路通常应合杆架设
    E. 人均综合用电量指标法常用于城市详细规划阶段的负荷预测

94. 下列关于城市用地竖向工程规划的设计方法,哪些表述是正确的?(　　)
    A. 高程箭头法中的箭头表示各类用地的排水方向
    B. 纵横断面法多用于地形变化不太复杂的丘陵地区
    C. 设计等高线法多用于地形比较复杂的地区
    D. 纵横断面法需在规划区平面图上根据需要的精度绘制方格网
    E. 高程箭头法工作量较小,易于变动与修改

95. 下列哪些不是地形和洪水水位变化较大的山地城市常用的防洪工程措施?(　　)
    A. 在上游建设具有防洪功能的水库
    B. 在上游设置分滞洪区
    C. 沿江河干流修建堤防
    D. 疏导城市周边山洪
    E. 在下游开辟分洪河道

96. 下列有关地震烈度的表述,哪些是正确的?(　　)

　　A. 地震烈度反映地震对地面和建筑物造成的破坏程度

　　B. 我国地震区划图上标示的是地震基本烈度

　　C. 地震基本烈度按一定的风险水平确定

　　D. 同一次地震,形成的地震烈度在空间上呈现差异

　　E. 工程上采用的设防烈度必须大于基本烈度

97. 下列哪些是实施生态工程的目的?(　　)

　　A. 促进资源合理利用与生态保护

　　B. 追求生态效益、社会效益和经济效益相协调

　　C. 体现人类对待自然的伦理关怀

　　D. 实现工业生产系统向人工生态系统的转变

　　E. 恢复被人类活动严重干扰的生态系统

98. 下列关于大气臭氧层的表述,哪些是正确的?(　　)

　　A. 臭氧层在地球空间中主要起保温作用

　　B. 臭氧层能阻挡太阳紫外线

　　C. 臭氧层破坏是当今影响全球的环境问题

　　D. 臭氧层破坏与汽车尾气排放有关

　　E. 臭氧层破坏将导致农作物减产

99. 下列哪些因素有利于光化学烟雾的形成?(　　)

　　A. 大气相对湿度较低　　　　　　B. 阴天

　　C. 微风　　　　　　　　　　　　D. 气温高于 32℃

　　E. 近地逆温

100. 下列关于城市垃圾综合整治的表述,哪些是正确的?(　　)

　　A. 主要目标是无害化、减量化和资源化

　　B. 垃圾综合利用包括分选、回收、转化三个过程

　　C. 卫生填埋需要解决垃圾渗滤液和产生沼气的问题

　　D. 生活垃圾卫生填埋必须进行分类

　　E. 垃圾焚烧不会生产新的污染

真 题 解 析

一、**单项选择题**(共 80 题,每题 1 分。每题的备选项中,只有 1 个最符合题意)

1. B

【解析】 中国古代建筑单体构成简洁,建筑群组合方式多样,建筑类型丰富,与环境结合紧密。因此 B 选项错误。故选 B。

2. A

【解析】 汉传佛教建筑由塔、殿和廊院组成,其布局的演变由以塔为主,到前殿后塔,再到塔殿并列、塔另设别院或山门前,最后变成塔可有可无。因此 A 选项错误。故选 A。

3. C

【解析】 古代罗马建筑解决了拱券结构的笨重墙体与柱式艺术风格的矛盾,创造了券柱式结构。C 选项的古希腊创造了券柱式结构是错误的。故选 C。

4. D

【解析】 美国芝加哥学派的代表人物沙利文强调"形式服从功能",突出了功能在设计中的主要地位。因此 D 选项错误。故选 D。

5. C

【解析】 "一战"后的 20 世纪 20 年代,出现了现代建筑运动,其代表人物建筑主张的共同特点为:(1)设计以功能为出发点;(2)发挥新型材料和建筑结构的性能,D 选项正确;(3)注重建筑的经济性,A 选项正确;(4)强调建筑形式与功能、材料、结构、工艺的一致性,灵活处理建筑造型,突破传统的建筑构图格式,B 选项正确;(5)认为建筑空间是建筑的主角;(6)反对表面的外加装饰。故选 C。

6. D

【解析】 展览馆的选址要求如下:(1)基地的位置、规模应符合城市规划要求;(2)应位于城市社会活动的中心地区或城市近郊,利于人流集散的地方;(3)交通便捷且与航空港、港口或火车站有良好的联系;(4)大型展览馆宜与江湖水泊、公园绿地结合,充分利用周围现有的公共服务设施和旅馆、文化娱乐场所等;(5)基地须具备齐全的市政配套设施(包括水、电、煤气等);(6)利用荒废建筑改造或扩建也是馆址选择的途径之一。因此 D 选项正确。故选 D。

7. C

【解析】 用地自然坡度小于 5% 时,宜规划为平坡式;用地自然坡度大于 8% 时,宜规划为台阶式。因此 C 选项符合题意。故选 C。

8. D

【解析】 单栋住宅的长度大于 160m 时应设 4m×4m 的消防车通道,大于 80m 时应在建筑物底层设人行通道。故选 D。

9. B

【解析】 按使用性质来分,建筑分为两大类:生产性建筑与非生产性建筑。其中生产性建筑包括工业建筑和农业建筑,非生产性建筑包括居住建筑和公共建筑。因此 B 选项符合题意。故选 B。

10. D

【解析】 在 8 层左右的多层建筑中,电梯与楼梯同等重要,二者要靠近布置;当住宅建筑为 8 层以上、公共建筑为 24m 以上时,电梯就成为主要交通工具。以电梯为主要垂直交通的建筑物内,每个服务区的电梯不宜少于 2 台;单侧排列的电梯不应超过 4 台,双侧排列的电梯不应超过 8 台。因此 D 选项符合题意。

11. D

【解析】 石棉水泥瓦以水泥与温石棉为原料,分为大波瓦、中波瓦、小波瓦和脊瓦四种。其单张面积大,质轻,防火性、防腐性、耐热耐寒性均较好。但石棉对人体健康有害,用耐碱玻璃纤维和有机纤维则较好。由以上分析知道,有毒是石棉瓦的缺点,因此 D 选项符合题意。

12. D

【解析】 低层、多层建筑常用的结构形式有砖混、框架、排架等。故选 D。

13. A

【解析】 建筑投资费,由实际建设直接费、人工费、各种调增费、施工管理费、临时设施费、劳保基金、贷款差价、税金乃至地方规定等费用构成。故选 A。

14. C

【解析】 城市道路规划设计一般包括路线设计、交叉口设计、道路附属设施设计、路面设计和交通管理设施设计五个部分,其中道路选线、道路横断面组合、道路交叉口选型等都属于城市总体规划和详细规划的重要内容。因此 C 选项符合题意。

15. C

【解析】 铁路通行限界要求为,高度限界:内燃机车为 5.5m;电力机车为 6.55m(时速小于 160km/h)、7.50m(时速在 160～200km/h 之间,客货混行);高速列车为 7.25m;通行双层集装箱时为 7.96m。宽度限界:4.88m。故选 C。

16. B

【解析】 城市道路设计时要求在限界内必须清除高于 1.2m 的障碍物,包括高于 1.2m 的灌木和乔木。故选 B。

17. D

【解析】 多条机动车道上的车辆从一个车道转入另一个车道(超车、转弯、绕越、停车等)时,会影响另一车道的通行能力。因此,靠近中线的车道通行能力最大,右侧同向车道通行能力将依次有所折减,最右侧车道的通行能力最小。假定最靠中线的一条车道通行能力的折减系数为 1,则同侧右方向第二条车道通行能力的折减系数为 0.80～0.89,第三条车道的折减系数 0.65～0.78,第四条车道的折减系数为 0.50～0.65。故选 D。

18. C

【解析】 一般推荐,1 条自行车带的宽度为 1.5m,2 条自行车带的宽度为 2.5m,3 条自行车带的宽度为 3.5m,依此类推,可知设计宽度 5.5m 时为 5 条自行车带。自行车道的通行能力为所有自行车带通行能力之和,即 5×1000 辆/h=5000 辆/h。故选 C。

19. C

【解析】 道路平面设计的主要内容是依据城市道路系统规划、详细规划及城市用地现状(地形、地质、水文条件和现状地物以及临街建筑布局等),确定道路中心线的具体位置,选定合理的平曲线,论证设置必要的超高、加宽和缓和路段;进行必要的行车安全视距验算;按照道路标准横断面和道路两旁的地形、用地、建筑、管线要求,详细布置道路红线范围内道路各组成部分,包括道路排水设施(雨水进水口等)、公共交通停靠站和交通标志标线等;确定与两侧用地联系的各路口、相交道路交叉口、桥涵等的具体位置和设计标准、选型、控制尺寸等。确定路面荷载等级不属于道路平面设计的内容。故选 C。

20. C

【解析】 设置立体交叉的条件:(1)快速道路(速度≥80km/h 的城市快速路、高速公路)与其他道路相交;(2)主干路交叉口高峰小时流量超过 6000 辆当量小汽车(PCU)时;(3)城市干路与铁路干线交叉;(4)其他安全等特殊要求的交叉口和桥头;(5)具有用地和高差条件。因此,C 选项符合题意,故选 C。

21. D

【解析】 立体交叉纵坡要求如下:

部 位	跨线桥、引道			匝 道			回头弯内侧边沿	
行车方式	机动车道	自行车道	混行车道	机动车道	自行车道	混行车道	机动车道	混行车道
最小纵坡/%	0.2							
最大纵坡/%	3.5	2.5	2.5	4	2.5	2.5	2.5	2.5

故选 D。

22. B

【解析】 竖曲线分为凸形与凹形两种,凸形竖曲线的设置主要满足视线视距的要求,凹形竖曲线的设置主要满足车辆行驶平稳(离心力)的要求。因此 B 选项符合题意。故选 B。

23. D

【解析】 停车设施的停车面积规划指标是按当量小汽车进行估算的,露天地面停车场为 $25 \sim 30m^2$/停车位,路边停车带为 $16 \sim 20m^2$/停车位,室内停车库为 $30 \sim 35m^2$/停车位。故选 D。

24. C

【解析】 《城市道路交通规划设计规范》(GB 50220—1995)规定,500 个车位以上的停车场,出入口数不得少于两个。故选 C。(注:《城市道路交通规划设计规范》(GB 50220—1995)已经废止,《城市综合交通体系规划标准》(GB/T 51328—2018)为现行标准。)

25. D

【解析】 题目给出的是城市中心的客运交通枢纽,而长途汽车属于对外客运枢纽,因此 D 选项错误。城市中心附近的客运交通枢纽中,主要的交通方式包括轨道交通线路、公交线路、小汽车、自行车和步行等。故选 D。

26. C

【解析】 配水管网的设计流量应该按城市最高日最高时用水量计算;水资源供需平衡一般采用年用水量;城市供水设施应按最高日用水量配置。城市水资源总量越大,保证率越低;保证率越高,水资源总量越小。因此 C 选项符合题意。

27. A

【解析】 重要干道、重要地区或短期积水会引起严重后果的地区,重现期宜采用 3～5 年,其他地区重现期宜采用 1～3 年,特别重要地区和次要地区或排水条件好的地区,其重现期可酌情增减。建筑屋面、沥青、混凝土的不透水性高,径流系数大(0.9),高于绿地的径流系数(0.15)。不完全分流制是指没有雨水管网的形式,而降雨量稀少的新建城市较适合采用不完全分流制。在水环境保护方面,截流式合流制与分流制各有利弊。截流式合流制能够将污染物浓度较高的初期雨水截入污水处理厂处理,是保护水环境有利的一面;但降雨量超过截流管道的截流能力后,多余部分将以混合污水的形式进入水环境,是对水环境保护不利的一面。由以上分析可知,A 选项符合题意。

28. C

【解析】 城市电力总体规划阶段的负荷预测,宜选用电力弹性系数法、回归分析法、增长率法、人均用电指标法、横向比较法、负荷密度法以及单耗法等。城市电力详细规划阶段的负荷预测方法选用原则为:(1)一般负荷宜选用单位建筑面积负荷指标法;(2)点负荷宜选用单耗法,或由有关专业部门、设计单位提供负荷、电量资料。因此 C 选项符合题意。

29. B

【解析】 特大城市需要多压力级制的管网,而一级压力级制不适用于特大城市,因此 B 选项错误。故选 B。

30. B

【解析】 生活垃圾填埋场会产生有污染的渗滤液,渗滤液需要污水处理厂处理后才能排放,因此生活垃圾填埋场不应远离污水处理厂设置。A 选项错误。生活垃圾堆肥是生物降解有机垃圾,垃圾分解后最终的处理方式还需要经过垃圾填埋或焚烧处理,故垃圾堆肥场应与填埋或焚烧工艺结合,便于垃圾的综合处理。B 选项正确。根据《城市环境卫生设施规划标准(GB/T 50337—2018)》第 6.3.2 条:新建生活垃圾卫生填埋场不应位于城市主导发展方向上,且用地边界距 20 万人口以上城市的规划建成区不宜小于 5km,距 20 万人口以下城市的规划建成区不宜小于 2km。C 选项错误。一般工业固体废物对环境产生的毒害比较小,基本可以综合再次利用,不应与建筑垃圾混合储运、堆放,以免造成回收利用困难和二次污染。D 选项错误。因此 B 选项符合题意。

31. B

【解析】 邮政通信枢纽优先考虑客运火车站附近,有专门的邮政通道,便于衔接运输。电信局应避开变电站和电力线路,以避免强电对弱电的干扰。故选 B。

32. A

【解析】 城市防洪排涝设施主要有防洪堤、截洪沟、排涝泵站等,是城市重要的基础设施,防洪堤墙、排洪沟与截洪沟、防洪闸等城市防洪设施应纳入城市黄线,按城市黄线管理办法进行控制和管理。因此 A 选项符合题意。

33. C

【解析】 题目中的管线,排水管线一般采用重力流,而压力管线应避让自流管,故应该在优先满足自流管的高程条件下控制交叉点的高程。排水管线属于自流管,故选 C。

34. C

【解析】 合理划分台地,确定台地的高度、宽度、长度是山区竖向规划的关键,A 选项正确;在竖向台地划分中,台地的长边宜平行等高线布置,减少土方量,B 选项正确;用地自然坡度小于 5％时,宜规划为平坡式;用地自然坡度大于 8％时,宜规划为台阶式,C 选项错误;丘陵地介于平原与山区之前,宜结合地形规划为平坡与台地相间的混合式,D 选项正确。故选 C。

35. A

【解析】 总体规划阶段,防洪规划的主要内容是:(1)确定防洪和抗震设防标准;(2)提出防洪对策措施;(3)布局防灾设施;(4)提出防灾设施规划建设标准。因此 A 选项符合题意。

36. A

【解析】 消防安全布局涉及危险化学物品生产、储存设施布局,危险化学物品运输,建筑物耐火等级,避难场地规划等,目的是通过合理的城市布局和设施建设,降低火灾风险,减少火灾损失。故选 A。

37. D

【解析】 应当注意的是,如果城市分为几个独立的防护分区,应根据各防护分区的重要程度和人口规模确定防洪标准。因此 D 选项符合题意。

38. D

【解析】 防洪安全布局,是指在城市规划中,根据不同地段洪涝灾害的风险差异,通过合理的城市建设用地选择和用地布局来提高城市防洪排涝安全度,其综合效益往往不亚于工程措施。防洪安全布局的基本原则是:(1)城市建设用地应避开洪涝、泥石流灾害高风险区。(2)城市建设用地应根据洪涝风险差异,合理布局。城市建设用地类型多样,不同用地的重要性、人员聚集程度不同,受灾后的损失和影响程度也不同。通过合理的用地布局,将城市中心区、居住区、重要的工业仓储区、重要的基础设施和公共设施布置在洪涝风险相对较小的地段,而将生态湿地、公园绿地、广场、运动场等重要设施少,便于人员疏散的用地布置在洪涝风险相对较高的地段,既能够减少灾害损失,也体现了尊重自然规律的现代治水新理念,必须在城市用地布局中进行高度重视。(3)在城市建设中,应当根据防洪排涝需要,为行洪和雨水调蓄留出足够的用地。建设高标准的防洪工程属于工程措施,而不属于城市规划安全布局的内容。由以上分析可知,D 选项符合题意。

39. C

【解析】 适宜用作防灾避难疏散的场地有:具有安全保障,不会发生次生灾害的广场、运动场、公园、绿地等开放空间。而高架桥下明显具有二次灾害发生的危险,因此 C 选项符合题意。

40. C

【解析】 (1)对抗震有利的地段包括:坚硬土或开阔、平坦、密实、均匀的中硬土。(2)地震危险地段包括:地震时可能发生滑坡、崩塌、地陷、地裂、泥石流的地段;活动型断裂带附近,地震时可能发生地表错位的部位。(3)对地震不利的地段包括:软弱土、液化土、河岸和边坡边缘;平面上成因、岩性、状态明显不均匀的土层,如古河道、断层破碎带、暗埋的湖塘沟谷、填方较厚的地基等。古河道、沙土液化区、填土厚度较大的填方区属于地震不利地段,风化层较薄弱地区土地坚硬密实,属于对抗震有利地段。故选 C。

41. D

【解析】 重大建设工程和可能发生严重次生灾害的建设工程,必须进行地震安全性评价,并根据地震安全性评价结果确定抗震设防标准。故选 D。

42. B

【解析】 HTML,超文本标记语言,是一种专门用于创建 Web 超文本文档的编程语言,它能告诉 Web 浏览程序如何显示 Web 文档(网页)的信息,如何链接各种信息。使用 HTML 语言可以在其生成的文档中含有其他文档,或者含有图像、声音、视频等,从而形成超文本。超文本文档本身并不真正含有其他的文档,它仅仅含有指向这些文档的指针,这些指针就是超链接。因此 B 选项符合题意。

43. D

【解析】 空间数据对地理实体最基本的表示方法是点、线、面和三维体。所谓点是指该事物有确切的位置,但大小、长度可以忽略不计,如客户分布、环保监测站、交通分析用的道路交叉口;所谓线是指该事物的面积可以忽略不计,但长度、走向很重要,如街道、地下管线;所谓面是指该事物具有封闭的边界、确定的面积,一般为不规则的多边形,如行政区域、房屋基底、规划地块。而城市土地利用情况是用面来表示空间数据的。由以上分析可知,D 选项符合题意。

44. C

【解析】 由于大气对电磁波具有吸收、散射、反射的作用,影响到传感器对地物观察的透明度,因此应根据应用的要求,选择合适的电磁波波长范围,减轻大气的干扰,这种经选择的波长范围称"大气窗口"。故选 C。

45. B

【解析】 因为出租车不能把所有的路段都跑到,所以出租车反映的路况并不全面,容易造成所获取的数据存在问题或质量误差。出租车的位置精度、车辆属性及时间精度都是实时精确数据,不存在精度误差或质量问题。故选 B。

46. A

【解析】 事务处理系统主要用以支持操作层人员的日常活动,它主要负责处理日常事务,一个典型的事务处理系统是商场的 POS 机系统。管理信息系统、决策支持系统、专家系统等都需要数据合成,而事务处理系统只是单纯地分析及管理某事。因此 A 选项符合题意。

47. D

【解析】 图纸输出主要是书面化,其必须包括解析整个图纸的必需元素,如比例尺、指北针、图例等;也可添上标题、说明、统计报表、文字标记、图框、辅助线和背景图案等打印成正式图纸。统计图表不属于必需的输出要素。故选 D。

48. B

【解析】 虽然 CAD 软件也用于地图绘制,但在专题地图的表达上,GIS 系统比一般的 CAD 软件灵活性大,可以将不同的数据源产生的图形和文本信息更好地结合在一起,实现图形属性的一体化管理,通过一种良好的用户界面提供给业务人员,因此 B 选项正确。

49. D

【解析】 中国与巴西合作的 CBERS-1 和 CBERS-2 分别于 1999 年和 2003 年发射成功,除带有 19.5m 的中分辨率多光谱 CCD 相机外,还首次搭载了一台自主研制的高分辨率 HR 相机,地面分辨率高达 2.36m;NOAA 气象卫星主要用于进行宏观计算,分辨率在 1km 以上;LandsatTM 的分辨率在 30m×30m 左右;高空分辨率卫星的全色分辨率均达到 1.0m 以下级别,美国 GeoEye 的全色分辨率达到 0.41m。综上可知,分析精度最高的为航片数据。故选 D。

50. A

【解析】 公共经济关系是指政府与社会之间的经济关系。因此 A 选项正确。

51. D

【解析】 边际成本与边际收益相等的点对应的城市规模为 N_1,是最佳城市规模;而平均成本与平均收益相等的点对应的城市规模为 N_2,是城市的均衡规模。城市的规模不会在最佳规模上稳定下来,因为过了 N_1 规模之后,平均收益仍然高于平均成本,就还会有企业或个人愿意迁入,直到达到 N_2 的规模。而过了 N_2 规模之后,再进来的企业或个人负担的平均成本高于其得到的平均收益,经济上是不合算的,就不会有人愿意进来了,城市规模也就稳定下来了。由此可见,城市的均衡规模是大于最佳规模的。造成两个规模不相等的重要原因之一是城市中有大量的外部效应存在。因此 D 选项符合题意。

52. A

【解析】 城市经济学中用"资本密度"来代替容积率,定义为单位土地面积上的资本投入量。资本密度越高,表现为建筑的高度越高。城市中心区寸土寸金,因此就有大量的摩天大楼。对于整个城市的建设用地来说,其增长率就与资本的增长率有了下面的关系:建设用地增长率=资本增长率÷资本密度。因此 A 选项符合题意。

53. D

【解析】 根据房价曲线我们知道,离中心区越远,房价越低,所以出于对大房子的需要使得人们向外迁移,而收入的增长也使得人们可以支付由于外迁带来的通勤交通成本的上升。这样的行为就导致了接近中心区房价的下降和外围地区房价的上升,即价格曲线发生了扭转。故选 D。

54. D

【解析】 城市规划是处理城市及其邻近区域的工程建设、经济、社会、土地利用布局以及对未来发展预测的学科,保证社会长远利益,A 选项正确;针对各类用地的布局,城市规划在技术上主要是让用地之间彼此会产生外部负效应的产业尽量分开,彼此之间有外部正效应的尽量集中,从而使整个城市规划用地结构合理,B、C 选项正确;维护市场秩序是政府经济管理手段,不属于城市规划的功能,D 选项错误。故选 D。

55. B

【解析】 从中心区向外,人口密度、建筑高度是下降的,而家庭住房面积是增加的,也就是土地利用强度从中心区向外递减。中心区的土地利用强度应由市场决定,而交通条件决定了土地价格,从而决定土地利用强度。容积率一定程度地体现了土地的利用强度。与容积率有关系的是总人口容量、地块的用地性质、地块的区位、地块的基础设施条件、地块的空间环境条件、地块的出让价格。贷款利率属于全国统一性规定,与土地利用强度没有关系。因此 B 选项符合题意。

56. B

【解析】 土地一级市场交易的是土地使用权。故选 B。

57. B

【解析】 提高高峰时段的票价,本质是利用价格杠杆来调节乘车人数,但因为上班需求是刚需,弹性小,因此措施效果不好。故选 B。

58. A

【解析】 根据交通拥堵的成本分析图可知,当驾车者支付的是平均成本时,需求曲线与平均成本曲线的交点就是均衡点,它决定了均衡流量 Q_0,即道路中实际存在的流量。由于 Q_1 大于 Q_0,所以这时存在交通拥堵。如果由驾车者个人来承担边际成本,均衡点就会移到需求曲线与边际成本曲线相交的点,均衡流量就会下降到 Q_2,意味着拥堵状况会缓和一些。故选 A。

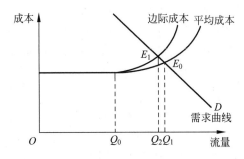

59. B

【解析】 效用最大化可以通过货币和时间的相互替代来实现,不同的交通方式需要人们支付的时间成本和货币成本也是不同的,所以为了保证出行者实现各自的效用最大化可以提供多种交通方式。因此 B 选项符合题意。

60. C

【解析】 学者们发现,对土地征税可以避免"无谓损失",因为土地是一种自然生成物,不能通过人类的劳动生产出来,所以其总量是给定不变的,称为供给无弹性。对于城市来说,当行政边界划定了之后,其土地总量就给定了,不管地价发生什么样的变化,其总供给量都不会变。因此 C 选项符合题意。

61. A

【解析】 "用脚投票"可以实现比"用手投票"更高的经济效率。也就是说,如果我们有很多个地方政府,每个地方政府都提供各具特色的公共品,这样给那些对公共品具有不同需求的居民选择的可能,我们就可以提高公共品供给中的经济效率。这就像是形成了一个产品有差异的市场一样,消费者可以根据自己的偏好来选择购买哪一家的产品。当消费者偏好差异较大时,"用脚投票"可以提高资源的利用效率。由以上分析可知,A选项符合题意。

62. A

【解析】 工业化和城市化是同一个发展过程的两个不同侧面,从产业角度看就是工业化,从地域空间的角度看就是城市化,显然,城市化不等同于工业化。城市化水平与经济发展水平之间具有正相关性,罗瑟姆进一步发现二者之间不是简单的正相关关系,而是成对数相关关系;当代城镇化进程中,发展中国家逐渐成为城镇化的主体,而在我国,流动人口中有 1.24 亿在城镇,已经成为我国城镇人口增长的主体。因此 A 选项符合题意。

63. C

【解析】 如果城市的向外扩展一直保持与建成区连续逐次地向外推进,则这种扩展方式称为外延型城镇化。外延型城镇化是最为常见的一种城镇化类型,在大、中、小各级城市的边缘地带都可以看到这种外延现象,这一正在进行外延型城镇化的边缘地带被称为城乡接合部。外延型城市化中心区具有强大的吸引力,城市围绕中心城区发展,城市人口仍表现为向城市中心集聚。因此 C 选项是错误的。故选 C。

64. C

【解析】 中心地理论按市场原则,每个中心地包括了下一中心地的所有职能,中心地之间具有不同等级,而不同等级的中心地职能在交通原则作用下具有不同的市场区,因此,中心地之间构成了一个等级体系,因此 ABD 选项正确。中心地与市场之间是支配关系,并非核心与边缘区的关系,故 C 选项符合题意。

65. C

【解析】 一国最大城市与第二位城市人口的比值,即首位度,已成为衡量城市规模分布状况的一种常用指标。首位度大的城市规模分布,就叫首位分布。故选 C。

66. D

【解析】 当代中国城市化程度出现了地域差异,东部沿海城市发展迅速,而西部偏远地区发展缓慢,省际差异大。故选 D。

67. A

【解析】 城镇体系也称为城市体系或城市系统,指的是在一个相对完整的区域或国家中,由不同职能分工,不同等级规模,联系密切、互相依存的城镇的集合。城镇体系以一个区域内的城镇群体为研究对象,而不是把一座城市当作一个区域系统来研究。故选 A。

68. B

【解析】 显然城市建设区外围变化相对迟缓的地区不一定是城镇边缘区,比如城市呈多极点开发,但是在极点中间形成的城中村已经属于城市区域甚至是城市的中心区。故选 B。

69．A

【解析】 城镇体系规划的内容:(1)综合评价区域与城市的发展和开发建设条件;(2)预测区域人口增长,确定城市化目标;(3)确定本区域的城镇发展战略,划分城市经济区;(4)提出城镇体系的功能结构和城镇分工;(5)确定城镇体系的等级和规模结构规划;(6)确定城镇体系的空间布局;(7)统筹安排区域基础设施、社会设施;(8)确定保护区域生态环境、自然和人文景观以及历史文化遗产的原则和措施;(9)确定各时期重点发展的城镇,提出近期重点发展城镇的规划建议;(10)提出实施规划的政策和措施。因此 A 选项符合题意。

70．C

【解析】 城市规划公众参与的作用:公众参与使城市规划有效应对利益主体的多元化;公众参与能够有效体现城市规划的民主化和法制化;公众参与将导致城市规划的社会化;公众参与可以保障城市空间实现利益的最大化。在现代城市规划法律法规体系下,公众参与是法定程序中不可缺少的一个环节。由以上分析可知,C 选项符合题意。

71．A

【解析】 社区自治的含义包括:(1)社区自治的主体是居民;(2)社区自治的核心是居民权利表达与实现的法制化、民主化、程序化;(3)社区自治的对象包括与居民权利有关的所有活动和所有事务。故选 A。

72．B

【解析】 社区的概念可以概括为:存在于以相互依赖为基础的具有一定程度社会内聚力的地区,指代与社会组织特定方面有关的内部相关条件的集合。它具有三大构成要素,即地区、共同纽带和社会互动。因此 B 选项的社会责任感是错误的。故选 B。

73．D

【解析】 环带Ⅱ是离中央商务区最近的过渡地带,这里的居民差别较大,既有老居民也有第一代迁居户,既有游民也有罪犯,这里的犯罪率及精神疾病比例全市最高,拥有较多的流动人口是本区的特征。当人们经济富裕时,他们倾向于向环带Ⅲ迁移,而留下那些年老的、孤立无助的人在此居住。环带Ⅲ是独立的工人居住地带,环带Ⅱ才是精神疾病比例最高的。故选 D。

74．A

【解析】 从性别特点上看,流动人口总体上以男性为主,因而性别比较高,但是在不同的行业中有不同的表现,在个别行业中女性数量可能还多于男性。从长期发展趋势来看,女性的流动人口在逐渐增多。因此 A 选项符合题意。

75．C

【解析】 衡量人口老龄化程度或人口老化程度的指标很多,较常用的包括:老龄化人口比重、高龄人口比重、老少比、少年儿童比重、年龄中位数、少年儿童抚养比和老年人口抚养比。故选 C。

76. C

【解析】 对少数问题,也可以采取填空式方法进行调查,即所谓的开放式调查。调查者的属性决定群体的统计特征,必须给予登记,而一旦调查开始,则不得调整问卷的内容,因为若一个调查采用两种问卷,会给统计带来困难。问卷的有效率是指有效问卷数占回收回来问卷数的比例。因此 C 选项符合题意。

77. B

【解析】 城市规划与城市社会学关系密切,主要表现在以下几个方面:(1)城市规划与城市社会学的研究对象和研究载体有共同性,都是城市,这样势必导致一些城市现象和问题成为两个学科共同关注的问题。(2)每一个时代的每一个阶段都会有新的社会问题出现,一个合格的城市规划必须反映出这些新的社会问题及其空间表现,并在规划中提出适宜的解决方案。规划师要有"规划当随时代"的意识,因此,规划师有必要了解一些城市社会学的基本原理和分析方法并在规划中加以运用,及时关注新的社会问题。(3)在城市规划实践中,"理念"非常重要,如果没有一定的理念、思想和分析思路,一个规划就缺乏"灵魂"。城市社会学经过百年发展,产生了很多的理论和学派,这些理论在当时都是最先进的理念,即使在今天看来,对于扩展认识城市的角度也有好处,规划师适当地了解和掌握一些城市社会学的理论和基本知识,会丰富其规划思路。而城市社会学更加关注城市社会方面的问题,城市规划则从空间形态方面着手解决城市中的问题。因此 B 选项符合题意。

78. D

【解析】 组成生境的因素称生态因子。生态因子影响动物、植物、微生物的生长、发育和分布,影响群落的特征。故选 D。

79. B

【解析】 生态系统的边界有的是比较明确的,有的则是模糊的,其大小和空间范围通常根据人们的研究对象、研究内容、研究目的或地理条件等因素确定。因此 B 选项的边界模糊是错误的。故选 B。

80. B

【解析】 在能量流运行机制上,自然生产系统的能量流动是自发的,而城市生态系统的能量流动以人工为主,如一次能源转换成二次能源、有用能源等皆依靠人工。因此 B 选项符合题意。

二、多项选择题(共20题,每题1分。每题的备选项中有2～4个符合题意。多选、少选、错选都不得分)

81. ABE

【解析】 D 选项"一线多用"是指物流与人流分开后的一线应该多用。比如物流线可以走物料、燃料、加工品运输等,而不是物流与人流合并一线的多用,因为这样会大大降低生产效率,容易造成生产事故。C 选项的场地出入口不宜布置在城市主、次干道,这样会影响城市主、次干道交通。因此 ABE 选项符合题意。

82. BDE

【解析】 场地设计地面连接形式的选择,应综合考虑以下因素:自然地形的坡度大小、建筑物的使用要求及运输方式、场地面积大小、土石方工程量等。因此 BDE 选项符合题意。

83. BDE

【解析】 色彩的重量感主要取决于明度和纯度,明度和纯度高的显得轻,如淡黄色、草青色。色彩的诱目性主要受其明度的影响。色彩的彩度越强,对人的刺激性越大,就越容易使人疲劳。暖色系的色彩疲劳感强于冷色系,如绿色在这方面就非常好,可以显著缓解压力,消除疲劳感。因此 BDE 选项符合题意。

84. ABDE

【解析】 内框架承重体系的特点如下:

(1)墙和柱都是主要承重构件,由于取消了承重内墙由柱代替,在使用上可以有较大的空间,而不增加梁的跨度。

(2)在受力性能上有以下缺点:由于横墙较少,房屋的空间刚度较差;由于柱基础和墙基础的形式不同,沉降量不一致,以及钢筋混凝土和砖墙的压缩性不同,结构容易产生不均匀变形,使构件中产生较大的内应力。

(3)由于柱和墙的材料不同,施工方法不同,给施工工序的搭接带来一定麻烦。
因此 ABDE 选项符合题意。

85. ABE

【解析】 岩棉产品均采用优质玄武岩、白云石等为主要原材料,经 1450℃以上高温熔化后采用国际先进的四轴离心机高速离心成纤维,其不可燃。玻璃棉属玻璃类,是一种无机质纤维,不可燃。保温砂浆主要由混凝土组成,防火保温性能好,不可燃。高分子材料,包括塑料、橡胶、纤维、薄膜、胶黏剂和涂料等许多种类,其中塑料、合成橡胶和合成纤维被称为现代三大高分子材料,具有可燃性。聚苯板为有机物加工化合而成,是可燃材料。由以上分析可知,ABE 选项符合题意。

86. DE

【解析】 我国交通标志的形状主要有三角形、倒三角形、圆形、矩形、菱形、五角箭头形和八角形 8 种,另有长方形的道路编号和六边形的里程碑。(1)警告标志为等边三角形;(2)禁令标志为圆形;(3)指示标志为圆形或矩形;(4)指路标志为矩形;(5)旅游区标志为矩形;(6)道路施工安全标志为长方形;(7)辅助标志为矩形。故选 DE。

87. BDE

【解析】 根据控制类型的选择可知,次干路与支路相交时,采用二路停车或让路的形式。进入交叉口的交通量大于 300PCU/h,应设置多路停车;大于 600PCU/h,应设交通信号灯。因此 BDE 选项符合题意。

88. ABCE

【解析】 为了缓解城市中心地段的交通压力,实现城市中心地段对机动车的交通管制,规划可以考虑在城市中心地段交通限制区边缘干路附近设置截流性的停车设施,可以结合公共交通换乘枢纽,形成包括小汽车停车功能在内的小汽车与中心地段内部交通工具的换乘设施。中心区附近的步行街或广场多为城市繁华地段,会吸引大量的人流及车流,为避免造成中心区的拥堵,应加大地下停车库的建设和设置停车诱导系统,引导车流,增加中心区停车泊位收费标准、提高中心区停车库的周转率也是改善停车矛盾的良好措施。由以上分析可知,ABCE 选项符合题意。

89. ACD

【解析】 物流中心规划设计的主要内容包括:(1)物流中心的选址和功能定位;(2)物流中心规模的确定与运量预测;(3)物流中心的平面设计与空间设计;(4)物流中心的内部交通组织;(5)物流中心的外部交通组织。故选 ACD。

90. AB

【解析】 城市轨道交通最基本的线网形态有网格式(又称棋盘式)、无环放射式和有环放射式三种。故选 AB。

91. ABCD

【解析】 《中华人民共和国城乡规划法》第十七条规定:规划区范围、规划区内建设用地规模、基础设施和公共服务设施用地、水源地和水系、基本农田和绿化用地、环境保护、自然与历史文化遗产保护以及防灾减灾等内容,应当作为城市总体规划、镇总体规划的强制性内容。因此 ABCD 选项符合题意。

92. CD

【解析】 《中华人民共和国可再生能源法》第二条规定:本法所称可再生能源,是指风能、太阳能、水能、生物质能、地热能、海洋能等非化石能源。沼气属于生物质能。故选 CD。

93. AC

【解析】 变电所(站)应接近负荷中心或网络中心。电信线路与供电线路通常不合杆架设。城市变电所(站)的结构形式选择原则为:(1)布设在市区边缘或郊区、县的变电所(站),可采用布置紧凑、占地较少的全户外式或半户外式结构;(2)市区内规划新建的变电所(站),宜采用户内式或半户外式结构;(3)市中心地区规划新建的变电所(站),宜采用户内式结构;(4)在大、中城市的超高层公共建筑群区、中心商务区及繁华金融、商贸街区规划新建的变电所(站),宜采用小型户内式结构;(5)变电所(站)可与其他建筑物混合建设,或建设地下变电所(站)。

城市电力总体规划阶段负荷预测方法宜选用电力弹性系数法、回归分析法、增长率法、人均用电指标法、横向比较法、负荷密度法、单耗法等。

城市电力详细规划阶段的负荷预测方法选用原则:(1)一般负荷宜选用单位建筑面积负荷指标法等;(2)点负荷宜选用单耗法,或由有关专业部门、设计单位提供负荷、电量资料。

由以上几点分析可知,AC 选项符合题意。

94. ADE

【解析】 城市用地竖向工程规划的设计方法,一般采用高程箭头法、纵横断面法、设计等高线法等。(1)高程箭头法:根据竖向工程规划原则,确定出区内各种建筑物、构筑物的地面标高,道路交叉点、变坡点的标高,以及区内地形控制点的标高,将这些点的标高标注在区竖向工程规划图上,并以箭头表示各类用地的排水方向。高程箭头法的规划工作量较小,图纸制作快,易于变动与修改,为竖向规划的常用方法。(2)纵横断面法:在规划区平面图上根据需要的精度绘出方格网,然后在方格网的每一交点上注明原地面标高和设计地面标高。沿方格网长轴方向者称为纵断面,沿短轴方向者称为横断面。该法多用于地形比较复杂地区的规划。(3)设计等高线法:该法多用于地形变化不太复杂的丘陵地区的规划,能较完整地将任何一块规划用地或一条道路与原来的自然地貌作比较并反映填挖方情况,易于调整。故选 ADE。

95. CE

【解析】 山区和丘陵地区的城市,地形和洪水位变化较大,防洪工程重点是河道整治和山洪防治,应加强河道护岸工程和进行山洪疏导,防止河岸坍塌和山洪对城市的危害。根据建设条件,在城市上游建设具有防洪功能的水库,对于削减洪峰流量、降低洪水位可发挥重要作用,也是常见的防洪工程措施。在地形变化较大且无法改变的河流地区,上游增设分滞洪区是常用方法,因此 CE 选项符合题意。

96. ABCD

【解析】 地震烈度是反映地震对地面和建筑物造成破坏的指标,烈度越高,破坏力越大。A 选项正确。我国在 20 世纪 50 年代、70 年代、90 年代先后三次编制了全国地震烈度区划图,作为各地进行地震设防的基本烈度。即我们地震区划图上标示的是地震基本烈度。B 选项正确。地震基本烈度是按照在 50 年期限内,一般场地土条件下,达到和超过图上烈度值或参数的概率为 10% 的风险水平确定的。因此 C 选项正确。同一次地震,主震震级只有一个,而烈度在空间上呈现明显差异。D 选项正确。工程上采用的设防烈度必须大于本地区规定的设防烈度,本地区规定的设防烈度必须等于或超过基本烈度。因此 E 选项错误。故 ABCD 选项符合题意。

97. ABCE

【解析】 实施生态工程的目的:(1)恢复已经被人类活动严重干扰的生态系统,如环境污染、气候变化和土地退化;(2)利用生态系统自我维护的功能建立具有人类和生态价值的持久性生态系统,如居住系统、湿地污水处理系统;(3)通过维护生态系统的生命支持功能保护生态系统,促进资源的合理利用与生态保护。生态工程是综合效益的,是经济效益、生态效益和社会效益相协调的综合效益,具有鲜明的伦理学特征,体现人类对自然的关怀而做出的精明选择。因此 ABCE 选项符合题意。

98. BCDE

【解析】 臭氧层破坏的危害包括:(1)威胁包括人类在内的地球生命安全。大气臭氧层遭到严重破坏后,强大的紫外线不仅可长驱直射地球表面,而且还能穿透 2m 厚的冰层及水体,人类和其他生物将暴露在包括高能紫外线在内的各种辐射中,轻则损伤人体的免疫系统,诱发二十余种疾病,重则毁灭地球上的一切生物。(2)破坏生态系统。臭氧层被破坏,紫外线增加,将对自然生态系统的物种生存与繁衍造成危害,从而破坏生态系统;将破坏农业生态系统,导致农作物(特别是水稻、小麦等)减产,威胁人类食物安全。汽车中的有害气体氮氧化合物中的氮离子和臭氧层的氧离子产生化学反应造成臭氧层分解,从而导致臭氧层空洞现象。故选 BCDE。

99. ACE

【解析】 光化学烟雾是一次污染物和二次污染物的混合物所形成的空气污染现象。它一般最易发生在大气相对湿度较低、微风、日照强、气温为 24～32℃ 的夏季晴天,并有近地逆温的天气,光化学烟雾是一种循环过程,白天生成,傍晚消失。因此 ACE 选项符合题意。

100. ABC

【解析】 城市垃圾综合整治的主要目标是无害化、减量化和资源化。城市垃圾综合利用包括分选、回收、转化三个过程。卫生填埋存在两个问题,一是渗滤液渗漏问题,二是填埋地层中的废物经生物分解会产生大量气体(沼气)。垃圾焚烧是把有机物变成无机物,仍会产生新的污染物。焚烧垃圾需要垃圾有一定热值,必须进行一定分类,而填埋不必分类。故选 ABC。

2013 年度全国注册城乡规划师职业资格考试真题与解析

城乡规划相关知识

真　题

一、单项选择题(共80题,每题1分。每题的备选项中,只有1个最符合题意)

1. 下列关于中国古代木构架建筑的表述,哪项是错误的?(　　　)
   A. 木构架体系包括抬梁式、穿斗式、井干式三种形式
   B. 木构架体系中承重的梁柱结构部分称为大木作
   C. 斗拱由矩形的斗和升、方形的棋、斜的昂组成
   D. 清代用"斗口"作为建筑的模数

2. 下列关于中国古建筑空间度量单位的表述,哪项是错误的?(　　　)
   A. 平面布置以"间"和"步"为单位
   B. 正面两柱间的水平距离称为"开间"
   C. 屋架上的中心线间的水平距离,称为"步"
   D. 各开间宽度的总和称为"通进深"

3. 下列关于西方古建筑风格特点的表述,哪项是错误的?(　　　)
   A. 古埃及建筑追求雄伟、庄严、神秘、震撼人心的艺术效果
   B. 古希腊建筑风格的特点为庄严、典雅、精致、有性格、有活力
   C. 巴洛克建筑应用纤巧的装饰,具有贵族气息
   D. 古典主义建筑立面造型强调轴线对称和比例关系

4. 下列关于近现代西方建筑流派创造特征和建筑主张的表述,哪项是错误的?(　　　)
   A. 工艺美术运动热衷于手工艺的效果与自然材料的美
   B. 新艺术运动热衷于模仿自然界草木形态的曲线
   C. 维也纳分离派主张结合传统和地域文化
   D. 德意志制造联盟主张建筑和工业相结合

5. 下列关于公共建筑人流疏散的表述,哪项是错误的?(　　　)
   A. 医院属于连续疏散人流　　　　　　B. 旅馆属于集中疏散人流
   C. 剧院属于集中疏散人流　　　　　　D. 教学楼兼有集中和连续疏散人流

6. 下列关于住宅无障碍设计做法的表述,哪项是错误的?(　　　)
   A. 建筑入口设台阶时,应设轮椅坡道和扶手
   B. 旋转门一侧应另设供残疾人使用的强力弹簧门
   C. 轮椅通行的门净宽不应小于0.80m
   D. 轮椅通行的走道宽度不应小于1.20m

7. 下列关于中型轻工业工厂一般道路运输系统设计技术要求的表述,哪项是错误的?(　　　)
   A. 主要运输道路的宽度为7m左右

B. 功能单元之间辅助道路的宽度为 3~4.5m

C. 行驶拖车的道路转弯半径为 9m

D. 交叉口视距大于等于 20m

8. 下列关于旅馆建筑选址与布局原则的表述,哪项是错误的?（　　　）

A. 旅馆应方便与车站、码头、航空港等交通设施联系

B. 旅馆的基地应至少一面邻接城市道路

C. 旅馆可以选址于自然保护区的核心区

D. 旅馆应尽量考虑使用原有的市政设施

9. 内框架承重体系荷载的主要传递路线是（　　　）。

A. 屋顶—板—梁—柱—基础—地基

B. 地基—基础—柱—梁—板

C. 地基—基础—外纵墙—梁—板

D. 板—梁—外纵墙—基础—地基

10. 下列哪项不属于大跨度建筑结构?（　　　）

A. 单层钢架　　　B. 拱式结构　　　C. 旋转曲面　　　D. 框架结构

11. 下列关于形式美法则的表述,哪项是错误的?（　　　）

A. 是关于艺术构成要素普遍组合规律的抽象概括

B. 研究内容包括点、线、面、体以及色彩和质感

C. 研究历史可追溯到古希腊时期

D. 在现代建筑运动中受到大师们的质疑

12. 下列建筑材料中,保温性能最好的是（　　　）。

A. 矿棉　　　B. 加气混凝土　　　C. 抹面砂浆　　　D. 硅酸盐砌块

13. 下列哪项不属于项目建议书编制的内容?（　　　）

A. 项目建设必要性　　　　　　B. 项目资金筹措

C. 项目建设预算　　　　　　　D. 项目施工进程安排

14. 在下列城市道路规划设计应该遵循的原则中,哪项是错误的?（　　　）

A. 应符合城市总体规划

B. 应考虑城市道路建设的近、远期结合

C. 应满足一定时期内交通发展的需要

D. 应尽量满足临时性建设的需要

15. 通行公共汽车的最小净宽要求为（　　　）m。

A. 2.0　　　B. 2.6　　　C. 3.0　　　D. 3.75

16. 当机动车辆的行车速度达到 80km/h 时,其停车视距至少应为（　　　）m。

A. 95　　　B. 105　　　C. 115　　　D. 125

17. 城市道路中,一条公交专用车道的平均最大通行能力为（　　　）车辆/h。

A. 200~250　　　B. 150~200　　　C. 100~150　　　D. 50~100

18. 下列有关城市机动车车行道宽度的表述,哪项是正确的?（　　　）

A. 大型车车道或混合行驶车道的宽度一般选用 3.5m

B. 两块板道路的单向机动车车道数不得少于 2 条

C. 四块板道路的单向机动车车道数至少为 3 条

D. 行驶公共交通车辆的次干路必须是两块板以上的道路

19. 在城市道路上,一条人行带的最大通行能力为(　　)人/h。

  A. 1200　　　　B. 1400　　　　C. 1600　　　　D. 1800

20. 下列有关确定城市道路横断面形式应该遵循的基本原则的表述,哪项是错误的?(　　)

  A. 要符合规划城市道路性质及其红线宽度的要求

  B. 要满足城市道路绿化布置的要求

  C. 在城市中心区,应基本满足路边临时停车的要求

  D. 应满足各种工程管线敷设的要求

21. 下列有关"渠化交通"的表述,哪项是错误的?(　　)

  A. 适用于交通组织复杂的异形交叉口

  B. 适用于交通量较大的次要路口

  C. 适用于城市边缘地区的交叉口

  D. 可以配合信号灯使用

22. 在设计车速为 80km/h 的城市快速路上,设置互通式立交的最小净距为(　　)m。

  A. 500　　　　B. 1000　　　　C. 1500　　　　D. 2000

23. 在选择交通控制类型时,"多路停车"一般适用于(　　)相交的路口。

  A. 主干路与主干路　　　　　　B. 主干路与支路

  C. 次干路与次干路　　　　　　D. 支路与支路

24. 下列有关城市有轨电车路权的表述,哪项是正确的?(　　)

  A. 与其他地面交通方式完全隔离

  B. 在线路区间与其他交通方式隔离,在交叉口混行

  C. 在交叉口与其他交通方式隔离,在线路区间混行

  D. 与其他地面交通方式完全混行

25. 路边停车带按当量小汽车估算,规划面积指标为(　　)m²/停车位。

  A. 16~20　　　B. 21~25　　　C. 26~30　　　D. 31~35

26. 下列关于城市供水工程规划内容的表述,哪项是正确的?(　　)

  A. 非传统水资源包括污水、雨水,但不包括海水

  B. 城市供水设施规模应该按照最高日最高时用水量确定

  C. 划定城市水源保护区范围是城市总体规划阶段供水工程规划的内容

  D. 城市水资源总量越大,相应的供水保证率越高

27. 下列关于城市排水系统规划内容的表述,哪项是错误的?(　　)

  A. 重要地区雨水管道设计宜采用 3~5 年一遇重现期标准

  B. 道路路面的径流系数高于绿地的径流系数

  C. 为减少投资,应将地势较高区域和地势低洼区域划在同一雨水分区

  D. 在水环境保护方面,截流式合流制与分流制各有利弊

28. 下列关于城市供电规划内容的表述,哪项是正确的?(　　)

    A. 变电站选址应尽量靠近负荷中心

    B. 单位建筑面积负荷指标法是总体规划阶段常用的负荷预测方法

    C. 城市供电系统包括城市电源和配电网两部分

    D. 城市道路可以布置在 220kV 供电架空走廊下

29. 下列关于城市燃气规划内容的表述,哪项是正确的?(　　)

    A. 液化石油气储配站应尽量靠近居民区

    B. 小城镇应采用高压一级管网系统

    C. 城市气源应尽可能选择单一气源

    D. 燃气调压站应尽可能布置在负荷中心

30. 下列关于城市环卫设施的表述,哪项是正确的?(　　)

    A. 城市废物分为生活垃圾、建筑垃圾、一般工业垃圾三类

    B. 固体废物处理应考虑减量化、资源化、无害化

    C. 生活垃圾填埋场应距大中城市规划建设区 1km

    D. 常用的生活垃圾生产量预测方法为万元产值法

31. 下列关于城市通信工程规划内容的表述,正确的是(　　)。

    A. 总体规划阶段应考虑邮政支局所的分布位置和规模

    B. 架空电话线可与电力线合杆架设,但是要保证一定的距离

    C. 无线电收、发信区的通信主向应直对城市市区

    D. 不同类型的通信管道分建分管是目前国内外通信行业发展的主流

32. 下列哪项属于城市黄线?(　　)

    A. 城市变电站用地边界线　　　　　B. 城市道路边界线

    C. 文物保护范围界线　　　　　　　D. 城市绿化带控制线

33. 下列关于城市工程管线综合规划的表述,正确的是(　　)。

    A. 管线交叉时,自流管道应避让压力管道

    B. 布置综合管网时,热力管通常与电力管、供水管合并敷设

    C. 管线覆土深度指地面到管道顶的距离

    D. 管线埋设深度是指地面到管道(内壁)的距离

34. 下列关于城市用地竖向规划的表述,错误的是(　　)。

    A. 总体规划阶段需要确定防洪堤坝及地面最低控制标高

    B. 纵横断面法多用于地形不太复杂的地区

    C. 地面规划包括平坡、台阶、混合三种形式

    D. 台地的长边应平行于等高线布置

35. 与城市总体规划中的防灾专业规划相比,城市防灾专项规划的特征是(　　)。

    A. 规划内容更细　　　　　　　　　B. 规划范围更大

    C. 涉及灾种更多　　　　　　　　　D. 设防标准更高

36. 城市陆上消防站责任区面积不宜大于 $7km^2$，主要考虑下列哪项因素？（　　）

    A. 平时的防火管理

    B. 消防站的人员和装备配置

    C. 火灾发生后消防车到达现场的时间

    D. 城市火灾危险性

37. 消防安全布局主要通过下列哪项措施来降低火灾风险？（　　）

    A. 根据标准配置消防站　　　　　B. 消防站选址远离危险品

    C. 构建合理的城市布局　　　　　D. 埋设完善的消防基础设施

38. 在地形和洪水位变化较大的丘陵地区，正确的城市防洪举措是（　　）。

    A. 在河流两岸预留防洪区

    B. 在河流支流与干流汇合处建设控制线

    C. 在地势比较低的地段建设排水泵站

    D. 在设计洪水位以上选择城市建设用地

39. 根据我国执行地震区划分，下列关于地震基本烈度的表述，错误的是（　　）。

    A. 我国地震基本烈度最小为 6 度

    B. 地震基本烈度代表的是地震一般条件下的破坏程度

    C. 未来 50 年内达到或超过基本烈度的概率为 10%

    D. 基本烈度是一般建筑物达到的地震设防烈度

40. 用于工厂选址的信息系统属于（　　）。

    A. 事物处理系统　　　　　　　　B. 管理信息系统

    C. 决策支持系统　　　　　　　　D. 人工智能系统

41. 在地名定义中，除美国外通常次级地名表示机构类型。下列代表政府机构类型的地名是（　　）。

    A. org　　　　　B. com　　　　　C. gov　　　　　D. edu

42. 在 GIS 数据管理中，下列哪项属于非空间属性数据？（　　）

    A. 抽象为点的建筑物坐标　　　　B. 湖泊面积

    C. 河流走向　　　　　　　　　　D. 城市人口

43. 下列哪项内容不能基于地形数据分析计算？（　　）

    A. 坡度　　　　B. 坡向　　　　C. 最短距离　　　D. 可视域

44. 在地震发生后云层较厚，天气不好的情况下，为了尽快获取灾区的受灾情况，合适的遥感数据是（　　）。

    A. 可见光遥感数据　　　　　　　B. 微波雷达遥感数据

    C. 热红外线遥感数据　　　　　　D. 激光雷达遥感数据

45. 为了消除大气吸收和散射遥感图像电磁辐射水平的影响，可以采取的措施是（　　）。

    A. 图像增强　　　B. 几何校正　　　C. 辐射校正　　　D. 图像分类

46. 在高分辨率遥感图像解译中，判读建筑物高度的根据是（　　）。

    A. 阴影长度　　　B. 形状特征　　　C. 光谱特征　　　D. 顶部几何特征

47. CAD 的含义是（　　）。

　　A. 计算机辅助视图　　　　　　B. 计算机辅助教学

　　C. 计算机辅助软件开发　　　　D. 计算机辅助设计

48. 城市经济学分析城市问题的出发点是（　　）。

　　A. 资源利用效率　　　　　　　B. 社会公平

　　C. 政府相关政策　　　　　　　D. 国家法律法规

49. 政府对居民用水收费属于下列哪种关系？（　　）

　　A. 市场经济关系　　　　　　　B. 公共经济关系

　　C. 外部效应关系　　　　　　　D. 社会交换关系

50. 城市规模难以在最佳规模上稳定下来的原因是（　　）。

　　A. 边际收益高于边际成本　　　B. 边际收益低于边际成本

　　C. 平均收益高于平均成本　　　D. 平均收益低于平均成本

51. 下列哪项因素会直接影响城市建设用地的资本密度？（　　）

　　A. 住房价格　　　　　　　　　B. 劳动力价格

　　C. 土地价格　　　　　　　　　D. 房地产税

52. 下列哪项因素会影响到地租与地价的关系？（　　）

　　A. 税收　　　　B. 利率　　　　C. 房价　　　　D. 利润

53. 在单中心城市中，下列哪种现象不符合城市经济学原理？（　　）

　　A. 地价由中心向外递减　　　　B. 房价由中心向外递减

　　C. 住房面积由中心向外递减　　D. 资本密度由中心向外递减

54. 根据城市经济学原理，下列哪项变化不会带来城市边界的扩展？（　　）

　　A. 城市人口增长　　　　　　　B. 居民收入上升

　　C. 农业地租上升　　　　　　　D. 交通成本下降

55. 下列哪项措施可以缓解城市交通供求的空间不均衡？（　　）

　　A. 对易达路段收费　　　　　　B. 征收汽油税

　　C. 提高高峰小时出行成本　　　D. 实行弹性工作时间

56. 下列哪项措施可以把交通拥堵的外部性内部化？（　　）

　　A. 限行　　　　B. 限购　　　　C. 抢买车牌　　　D. 征收拥堵费

57. 土地税成为效率最高税种的原因是（　　）。

　　A. 土地供给有弹性　　　　　　B. 土地需求有弹性

　　C. 土地供给无弹性　　　　　　D. 土地需求无弹性

58. 拥挤的城市道路具有下列哪种属性？（　　）

　　A. 竞争性与排他性　　　　　　B. 竞争性与非排他性

　　C. 非竞争性与排他性　　　　　D. 非竞争性与非排他性

59. 下列哪种情况下，"用脚投票"不能带来效率的提高？（　　）

　　A. 政府征收人头税　　　　　　B. 迁移成本很低

C. 居民消费偏好差异大 D. 公共服务溢出效应大

60. 下列哪种现象不属于过度城镇化?( )

    A. 人口过多涌进城市 B. 城市基础设施不堪重负

    C. 城市就业不充分 D. 乡村劳动力得不到充分转移

61. 北京提出建设中国特色世界城市主要是指(   )。

    A. 扩大城市规模 B. 提升城市职能

    C. 优化城市区位 D. 构建城市体系

62. 下列省区中,城市首位度最高的是(   )。

    A. 浙江 B. 辽宁 C. 江西 D. 新疆

63. 按照世界城市化进程的一般规律,当城市化超过 50% 时,城市化速度呈现下列哪种特征?(   )

    A. 缓慢增长 B. 均速增长

    C. 增速逐渐放缓 D. 增速持续增加

64. 下列哪项规划建设与中心地理论无关?(   )

    A. 村镇体系规划 B. 商业零售业布点

    C. 城市历史街区保护 D. 城市公共服务设施配置

65. 下列哪种方法不适用于大城市地区的小城镇人口规划预测?(   )

    A. 区域人口分配法 B. 类比法

    C. 区位法 D. 增长率法

66. 下列关于城市地理位置的概述,哪项是错误的?(   )

    A. 中心位置有利于区域内部的联系和管理

    B. 门户位置有利于区域与外部的联系

    C. 矿业城市位于矿区的首要位置

    D. 河港城市是典型的重心位置

67. 下列哪种方法不适用于城市吸引范围的分析?(   )

    A. 断裂点公式 B. 回归分析

    C. 经验调查 D. 潜力模型

68. 下列哪个学派与城市社会学发展无关?(   )

    A. 芝加哥学派 B. 奥地利学派

    C. 韦伯学派 D. 马克思主义学派

69. 下列哪项表述不是伯吉斯城市土地利用同心圆模型的特征?(   )

    A. 中央商务区是城市商业、社会和文化生活的焦点

    B. 在离中央商务区最近的过渡地带犯罪率最高

    C. 交通线对城市结构产生影响

    D. 符合人口迁居的侵入-演替原理

70. 下列关于社区的表述,哪项是正确的?(   )

    A. 邻里和社区的概念相同

    B. 社区与地域空间无关

C. 互联网时代社区的归属感变得不重要

D. "单位社区化"是中国城市社区的重要特点

71. 下列关于中国城市内部空间结构的表述,哪项是错误的?(　　　)

A. 计划经济时代,中国城市内部空间结构趋同性明显

B. 改革开放后,郊区化在中国大城市的空间重构进程中扮演了重要角色

C. 近 20 年来,中国大城市的中心区走向衰败

D. 改革开放后,中国城市社会空间重构的动力表现出多元化的特点

72. 下列关于"老龄化"的表述,哪项是正确的?(　　　)

A. 人口的年龄结构金字塔不直接反映老龄化程度

B. 老龄化的国际标准是 60 岁以上人口占总人口的比例超过 19%

C. 少年儿童比重与老龄化程度无关

D. 老龄化负担的轻重与老龄化程度无关

73. 下列关于社会问卷调查的表述,哪项是正确的?(　　　)

A. 调查问卷应随意发放

B. 可以边调查边修改问卷

C. 问卷的"有效率"是指回收问卷占所有发放问卷数量的比重

D. 问卷设计要考虑到调查者的填写时间

74. 下列有关人口素质的表述,哪项是错误的?(　　　)

A. 人口的受教育水平可以反映人口的素质结构特点

B. 地区人口的素质结构对地区的发展产生影响

C. 人口的年龄结构决定了人口的素质结构

D. 人口质量即人口素质

75. 下列关于城市规划公众参与的表述,哪项是错误的?(　　　)

A. 可有效地应对利益主体的多元化

B. 有助于不同类型规划的协调

C. 可体现城市管治和协调发展的思路

D. 可推进城市规划的民主化和法制化

76. 下列关于自然净化功能人工调节措施的表述,哪项是错误的?(　　　)

A. 综合治理城市水体、大气和土壤环境污染

B. 建设城乡一体化的城市绿地与开放空间系统

C. 引进外来植物提高城市生物多样性

D. 改善城市周围区域的环境质量

77. 下列关于城市"热岛效应"的表述,哪项是错误的?(　　　)

A. 与大量生产、生活燃烧放热有关

B. 与城市建成区地面硬化率高有关

C. 与空气中存在大量污染物有关

D. "热岛效应"对大气污染物浓度没有影响

78. 下列关于污染的表述,哪项是错误的?(   )

 A. 钢化玻璃反射的强光会增加白内障的发病率

 B. 镜面玻璃的反射系数比绿草地约大 10 倍

 C. 光污染误导飞行的鸟类,危害其生存

 D. 光污染对城市植物没有影响

79. 下列关于当今环境问题的表述,哪项是错误的?(   )

 A. 环境问题从城市扩展到全球范围

 B. 地球生物圈出现不利于人类生存的征兆

 C. 城市环境问题是贫困化造成的

 D. 海平面上升和海洋污染是全球性环境问题

80. 下列关于生态恢复的表述,哪项是错误的?(   )

 A. 生态恢复不是物种的简单恢复

 B. 生态恢复是自然生态系统的次生演替

 C. 生态恢复本质上是生物物种和生物量的重建

 D. 人类可以通过生态恢复对受损生物系统进行干预

二、多项选择题(共20题,每题1分。每题的备选项中有2~4个符合题意。多选、少选、错选都不得分)

81. 下列关于住宅设计的表述,哪些项是错误的?(   )

 A. 单栋住宅的长度大于 160m 时,应设消防车通道

 B. 高层住宅一般应有 2 部以上的电梯

 C. 单栋住宅的长度小于 100m 时,应设消防车通道

 D. 7 层以上的住宅为高层住宅

 E. 12 层以上的住宅每栋楼不应少于 2 部电梯

82. 下列关于综合医院选址的表述,哪些项是错误的?(   )

 A. 应符合医疗卫生网点的布局要求

 B. 宜面临两条城市道路

 C. 应布置在城市基础设施便利处

 D. 场地选择应临近儿童密集场所

 E. 宜选用不规则地形,以解决多功能分区问题

83. 下列关于建筑保湿和节能措施的表述,哪些项是正确的?(   )

 A. 平屋顶保温层必须将保温层设置在防水层之下

 B. 平屋顶保温层必须将保温层设置在防水层之上

 C. 平屋顶保温层可将保温层设置在防水层之上或防水层之下

 D. 建筑隔热可采用浅色外饰面

 E. 利用地热是建筑节能的有效措施

84. 下列关于色彩特征的表述,哪些项是正确的?(   )

 A. 每一种色彩都可以由色相、彩度及明度三个属性表示

    B. 红、橙、黄等色调称为彩度

    C. 色彩的明暗程度称为明度

    D. 不同的色彩易产生不同的温度感

    E. 色彩的距离感,以彩度影响最大

85. 下列关于艺术处理手法的表述,哪些项是正确的?(　　)

    A. 均衡的方式包括重复均衡、渐变均衡和动态均衡

    B. 均衡着重处理构图要素的左右或前后之间的轻重关系

    C. 稳定着重考虑构图中整体上下之间的轻重关系

    D. 再现的手法往往与对比和变化结合在一起使用

    E. 母题的重复可以增强整体的对比效果

86. 下列有关"环形交叉口"的表述,哪些项是正确的?(　　)

    A. 平面环形交叉口不适用于城市主干路

    B. 平面环形交叉口适用于左转交通量较大的交叉口

    C. 一般应布置3条以上的机动车道

    D. 比其他平面交叉口具有更好的车流通行连续性

    E. 机动车和非机动车可以混合行驶

87. 下列哪些项是实施现代化城市道路交通管理的目的?(　　)

    A. 减少交通延误   B. 提高通行能力

    C. 降低环境污染   D. 实现最高行驶车速

    E. 提升安全性

88. 下列哪些项属于城市轨道交通线网规划的主要内容?(　　)

    A. 交通需求预测   B. 线网方案与评价

    C. 运营组织规划   D. 用地控制规划

    E. 可行性研究

89. 下列关于缓解城市中心区交通拥堵状况的措施,哪些项是比较有效的?(　　)

    A. 在中心区建立智能交通系统

    B. 在中心区结合公共枢纽,设置大量的机动车停车设施

    C. 在高峰时段,提供免费的公共交通服务

    D. 提高中心区停车泊位的收费标准

    E. 在中心区实施拥堵收费政策

90. 下列关于城市道路交叉口常用的交通改善方法,哪些项是正确的?(　　)

    A. 错口交叉改为十字交叉   B. 斜角交叉改为正交交叉

    C. 环形交叉改为多路交叉   D. 合并次要道路

    E. 多路交叉改为十字交叉

91. 站前广场的基本功能包括(　　)。

    A. 交通   B. 集会   C. 景观   D. 防火

    E. 商业

92. 下列关于城市工程管线综合布置原则的表述,哪些是错误的?(　　)

    A. 城市各种管线的位置应采用统一的城市坐标系统及标高系统

B. 燃气管道一般不宜进入市政综合管沟与其他市政管道共沟敷设

C. 当新建管线与现状管线冲突时,现状管线应避让新建管线

D. 交叉管线垂直净距指上面管道内庭(内壁)到下面管道顶(外壁)之间的距离

E. 管线埋设深度指地面到管道内庭(内壁)的距离

93. 下列哪些项不属于可再生能源?(　　　)

    A. 风能　　　　　　B. 石油　　　　　　C. 沼气　　　　　　D. 水能

    E. 核能

94. 下列关于城市供电规划的表述,哪些项是错误的?(　　　　)

    A. 燃煤发电厂需要足够的储灰场

    B. 市区内新建变电站应采用全户外式结构

    C. 变电站可以与其他建筑物合建

    D. 有稳定冷、热需求的公共建筑区应建设三联供(热、电、冷)设施

    E. 核电厂限制区半径一般不得小于 3km

95. 下列哪些措施适用于解决资源型缺水地区的水资源供需矛盾?(　　　　)

    A. 调整产业和行业结构,将高耗水产业逐步搬迁

    B. 推广城市污水再生利用

    C. 推广农业滴灌、喷灌

    D. 采用外流域调水

    E. 改进城市自来水厂净水工艺

96. 在现状建成区内按照一定标准建设防洪堤,当堤防高度与景观保护发生矛盾时,下列哪些措施可以降低堤坝设计高程?(　　　　)

    A. 扩大堤距　　　　　　　　　　B. 在堤坝设置防浪墙

    C. 提高排水标准　　　　　　　　D. 增加透水面积

    E. 在上游建设具有防洪功能的水库

97. 下列抗震防灾规划措施中,正确的是(　　　　)。

    A. 应尽量选择对抗震有利的地段建设

    B. 现有未采取抗震措施的建筑应提出加固、改造计划

    C. 将河流岸边的绿地作为避震疏散场地

    D. 生命线工程抗震设防标准应达到一般建筑物水平

    E. 合理布局降低可能产生次生灾害风险的设施

98. 下列关于城市生态系统物质循环的表述,准确的是(　　　　)。

    A. 城市生态系统所需物质对外界有依赖性

    B. 生活性物质远远多于生产性物质

    C. 城市生态系统物质既有输入又有输出

    D. 城市生态系统物质循环不产生废物

    E. 物质循环在人为干预状态下进行

99. 根据《中华人民共和国环境影响评价法》,规划环境影响评价范围包括下列哪些项?(　　　　)

    A. 土地利用规划

B. 区域、流域、海域开发规划

C. 工业、农业、水利、交通、城市建设等 10 类专项规划

D. 环境整治规划

E. 宏观经济规划

100. 下列哪些项是实现区域生态安全格局的途径?（　　）

A. 协调城市发展、农业与自然保护用地之间的关系

B. 优化城乡绿化与开放空间系统

C. 制定城市生态灾害防治技术措施

D. 维护生物栖息地的整体空间格局

E. 维护生态过程和人文过程的完整性

真 题 解 析

一、单项选择题(共80题,每题1分。每题的备选项中,只有1个最符合题意)

1. C

【解析】 斗拱是我国木构架建筑特有的结构形式,由方形的斗和升、矩形的棋、斜的昂组成。故选 C。

2. D

【解析】 我国木构架建筑正面两柱间的距离称为"开间",各开间的总距离称为"通面阔",各侧面各开间宽度的总和称为"通进深"。故选 D。

3. C

【解析】 巴洛克建筑的风格特点包括:(1)追求新奇;(2)追求建筑形体和空间的动态,常用穿插的曲面和椭圆形空间;(3)喜好富丽的装饰、强烈的色彩,打破建筑与雕刻绘画的界限,使其相互渗透;(4)趋向自然,追求自由奔放的格调,表达世俗情趣,具有欢乐气氛,大量使用贵重的材料,充满了华丽的装饰,色彩鲜丽。因此 C 选项符合题意。

4. C

【解析】 维也纳分离派声称要和过去的传统决裂,他们主张造型简洁与集中装饰,但和新艺术运动的不同是装饰主题用直线和大片墙面以及简单的立方体,使建筑走向简洁的道路。因此 C 选项符合题意。

5. B

【解析】 人流疏散大体上可以分为正常和紧急两种情况,一般正常情况下的人流疏散有连续的(如医院、商店、旅馆等)和集中的(如剧院、体育馆等),有的公共建筑则属于两者兼有(如学校教学楼、展览馆等)。此外,在紧急情况下,不论哪种类型的公共建筑,都会变成集中而紧急的疏散性质。因而在考虑公共建筑人流疏散时,都应把正常与紧急情况下的人流疏散问题考虑进去。旅馆属于连续疏散人流,因此 B 选项符合题意。

6. B

【解析】 建筑入口及入口平台的无障碍设计应符合以下规定:建筑入口设台阶时,应设轮椅坡道和扶手,建筑入口的门不应采用力度大的弹簧门;在旋转门一侧应另设供残疾人使用的门;供轮椅通行的门净宽不应小于 0.80m;供轮椅通行的推拉门和平开门,在门把手一侧的墙面应留有不小于 0.5m 的墙面宽度,供轮椅通行的门扇应安装视线观察玻璃、横执把手和关门拉手,在门扇的下方应安装高 0.35m 的护门板;供轮椅通行的走道和通路宽度不应小于 1.20m。由以上分析可知,B 选项符合题意。

7. C

【解析】 最小转弯半径:单车 9m;带拖车 12m;电瓶车 5m。故选 C。

8. C

【解析】 旅馆的选址应注意：(1)基地选择应结合当地城市规划要求等基本条件；(2)与车站、码头、航空港及各种交通路线联系方便；(3)建造于城市中的各类旅馆应考虑使用原有的市政设施，以缩短建筑周期；(4)历史文化名城中休养、疗养、观光、运动等旅馆应与风景区、海滨及周围的环境相协调，应符合国家和地方的有关管理条例和保护规划的要求；(5)基地应至少一面邻接城市道路，其长度应满足基地内组织各功能区的出入口，如客货运输车路线、防火疏散及环境卫生等要求。由以上分析可知，C选项符合题意。

9. D

【解析】 内框架承重体系的外墙和框架柱都是主要承重构件。其荷载的主要传递路线是：(1)板—梁—外纵墙—基础—地基；(2)板—梁—柱—柱基础—地基。故选D。

10. D

【解析】 大跨度建筑结构包括：平面体系大跨度空间结构(单层钢架、拱式结构、简支梁结构、屋架)、空间结构体系(网架、薄壳、折板、悬索)，旋转曲面属薄壳结构的一种。因此D选项不属于大跨度建筑结构。

11. D

【解析】 建筑的形式美法则是传统建筑美学概念中的重要内容。人们认为，一个建筑给人们以美或不美的感受，在人们心理上、情绪上产生某种反应，存在某种规律。建筑形式美法则就体现了这种规律。建筑物是由各种构成要素如墙、门、窗、地基、屋顶等组成的。这些构成要素具有一定的形状、大小、色彩和质感，而形态(及其大小)又可抽象为点、线、面、体，建筑形式美法则就体现了这些点、线、面、体以及色彩和质感的普遍组合规律。古希腊的毕达哥拉斯学派认为万物最基本的元素是数，数的原则统摄着宇宙中心的一切现象，这个学派用这个观点研究美学。"返形式美学""结构建筑美学"均不遵循形式美学原则及理论，提倡"浑浊"和"无秩序"。因此D选项符合题意。

12. B

【解析】 一种材料往往具有多种功能，例如混凝土是典型的结构材料，但装饰混凝土(如彩色混凝土)则具有很好的装饰效果，而加气混凝土又是很好的绝热材料，具有很好的保温性能。因此B选项符合题意。

13. C

【解析】 项目建议书的内容有以下六条：(1)建设项目提出依据和缘由，背景材料，拟建地点的长远规划，行业及地区规划资料；(2)拟建规模和建设地点初步设想论证；(3)资源情况、建设条件可行性及协作可靠性；(4)投资估算和资金筹措设想；(5)设计、施工项目进程安排；(6)经济效果和社会效益的分析与初估。

项目预算不等于投资估算，因此C选项符合题意。

14. D

【解析】 城市道路规划设计应该遵循的原则包括：(1)城市道路的规划设计必须在城市规划，特别是在土地利用规划和道路系统规划的指导下进行，必要时可以提出修改规划道路的走向、横断面形式、道路红线等建议，经城乡主管部门批准后进行设计；(2)在经济合理的前提下,要充分考虑道路建设的远近结合、分期实施,尽量避免不符合规划的临时性建设;(3)要满足一定时期内交通发展的需求;(4)综合考虑道路的平面线形、纵断面的线形、横断面组合、道路交叉口、各种道路交通附属设施和路面类型,满足行人及各种车辆行驶的技术要求;(5)设计时应同时兼顾道路两侧的城市用地、建筑和各种工程管线设施的高程及功能要求,与周围环境协调,创造好的道路景观,并有利于整体的土地开发;(6)合理使用各项技术标准,在可能的条件下尽可能采用较高的线形技术标准,除特殊情况外,应避免采用极限标准。由以上分析可知,D选项符合题意。

15. B

【解析】 机动车净宽要求:小汽车为2.0m,公共汽车为2.6m,大货车为3.0m。故选B。

16. C

【解析】 机动车辆在行进过程中,突然遇到前方路上有行人或路面障碍物时不能绕越,必须及时在障碍物前停车,其保证安全的最短距离称为停车视距。停车视距由驾驶人员反应时间内车辆行驶的距离、车辆制动距离和车辆在障碍物前面停止的安全距离组成。

停车视距与行车速度的对应关系:

计算行车速度/(km/h)	120	100	80	70	60	50	40	30	20
停车视距/m	210	160	115	95	75	60	45	30	20

故选C。

17. D

【解析】 影响通行能力的因素很多。一般推荐的一条车道的平均最大通行能力如下表所示,故选D。

车 辆 类 型	小汽车	载重汽车	公共汽(电)车	混合交通
每小时最大通行车辆数	500～1000	300～600	50～100	400

18. B

【解析】 大型车车道或混合行驶车道的宽度选用3.75m。技术规范规定,两块板道路的单向机动车车道数不得少于2条,四块板道路的单向机动车车道数至少为2条;一般行驶公共交通车辆的一块板次干路,其停靠站附近单向行车道的最小宽度应能停靠一辆公共汽车,同时通行一辆大型汽车,再考虑适当的自行车道宽度即可。因此B选项符合题意。

19. D

【解析】 规范规定的人行带宽度和最大通行能力如下表所示,故选D。

所 在 地 点	人行带宽度/m	最大通行能力/(人/h)
城市道路	0.75	1800
车站码头、人行天桥和地道	0.90	1400

20. C

【解析】 城市道路横断面的选择与组合主要取决于道路的性质、等级和功能要求,同时还要综合考虑环境和工程设施等方面的要求。其基本原则如下：(1)符合城市道路系统对道路的规划要求；(2)满足交通畅通和安全的要求；(3)充分考虑道路绿化的布局；(4)满足各种工程管线布局的要求；(5)要与沿路建筑和公用设施的布置要求相协调；(6)对现有道路改建应采用工程措施与交通组织管理措施相结合的办法；(7)注意节省建设投资，集约使用和节约城市用地。因此 C 选项符合题意。

21．B

【解析】 渠化交通即在道路上设置各种交通管理标线及交通岛，用以组织不同线型、不同方向车流的行驶，使其互不干扰地通过交叉口。适用于交通量较小的次要交叉口、交通组织复杂的异形交叉口和城市边缘地区的道路交叉口。在交通量比较大的交叉口，配合信号灯组织渠化交通，有利于交叉口的交通秩序，增大交叉口的通行能力。B 选项的较大交通量的次要路口不正确。故选 B。

22．B

【解析】 互通式立交间距的确定主要依据交通流密度，在城市中主要取决于城市干路网的间距。同时，立交间距还必须满足车辆在内侧车道和外侧车道之间交织一次的要求和及时观察交通标志的要求。两座互通式立交相邻出入口之间的间距称为互通式立交的净距，互通式立交最小净距的规定如下表所示，故选 B。

干路设计车速/(km/h)	80	60	50	40
互通式立交最小净距值/m	1000	900	800	700

23．C

【解析】 "多路停车"一般用于主干路与次干路、次干路与次干路相交的路口。故选 C。

24．D

【解析】 城市轨道交通按路权可分为三种类型：完全封闭系统、不封闭系统、部分封闭系统。不封闭系统也称开放式系统，不实行物理上的封闭，轨道交通与路面交通混合行驶，在交叉口遵循道路交通信号或享有一定的优先权，有轨电车就属于此类。因此 D 选项符合题意。

25．A

【解析】 停车设施的停车面积规划指标是按当量小汽车进行估算的。露天地面停车场为 $25\sim30\,\text{m}^2$/停车位，路边停车带为 $16\sim20\,\text{m}^2$/停车位，室内停车库为 $30\sim35\,\text{m}^2$/停车位。因此 A 选项符合题意。

26．C

【解析】 非传统水资源是指江河水系和浅层地下含水层中的淡水资源之外的水资源，包括雨水、污水、微咸水、海水等。

城市供水设施应按最高日用水量配置，配水管网的设计流量应该按城市最高日最高时用水量计算。

总体规划阶段供水工程规划的主要内容是：(1)预测城市用水量；(2)进行水资源供需平衡分析；(3)确定城市自来水厂布局和供水能力；(4)布置输水管(渠)、配水干管和其他配水设施；(5)划定城市水源保护区范围,提出水源保护措施。

水资源总量是指一年中通过降水和其他方式产生的地表径流量和地下径流量。供水保证率越高,相应的水资源总量越小。

由以上分析可知,C选项符合题意。

27. C

【解析】 重要干道、重要地区或短期积水会引起严重后果的地区,重现期宜采用3～5年,其他地区重现期宜采用1～3年,特别重要地区和次要地区或排水条件好的地区重现期可酌情增减。建筑物屋面、混凝土和沥青路面等不透水材料覆盖的地面,径流系数最大,一般为0.9；公园绿地等透水面积较多的地面,径流系数最小,一般为0.15；其他类型的地面径流系数介于这两者之间。

排水分区划分时应高水高排,低水低排,避免将地势较高、易于排水的地段与低洼区划分在同一排水分区。因此C选项是错误的。

截流式合流制是直排式合流制的改进形式,在无雨天可以将全部污水截流到污水厂处理或输送到下游排放,大大减轻城市水环境压力,且工程量相对较小。而在有降雨的情况下,当降雨量较小时,旱流污水和污染物浓度较高的初期雨水全部通过截流管截走,有利于城市水环境保护；当降雨量和污水量超过截流管的截流能力时,多余部分的混合污水将从溢流井排入水体,仍然对城市水环境有影响。

故选C。

28. A

【解析】 城市变电所(站)选址应满足：(1)符合城市总体规划用地布局要求；(2)靠近负荷中心；(3)便于进出线；(4)交通运输方便；(5)应考虑对周围环境和附近工程设施的影响和协调；(6)宜避开易燃、易爆区和大气严重污染区及严重烟雾区；(7)应满足防洪标准要求；(8)应满足抗震要求；(9)应有良好的地质条件。

城市电力总体规划阶段的负荷预测方法,宜选用电力弹性系数法、回归分析法、增长率法、人均用电指标法、横向比较法、负荷密度法、单耗法等。

城市电力详细规划阶段的负荷预测方法选用原则：(1)一般负荷宜选用单位建筑面负荷指标法等；(2)点负荷宜选用单耗法,或由有关专业部门、设计单位提供负荷、电量资料。

城市供电系统包括城市电源、送电网和配电网三部分。35kV及以上高压架空电力线路应规划专用通道,并应加以保护；规划新建的66kV及以上高压架空电力线路,不应穿越市中心地区或重要风景旅游区。

由以上分析可知,A选项符合题意。

29. D

【解析】 根据调压站布置原则可知,调压站应尽量布置在负荷中心。因此D选项符合题意。

30. B

【解析】 城市固体废物分为生活垃圾、建筑垃圾、一般工业固体废物、危险固体废物四类。固体废物处理的总原则应优先考虑减量化、无害化、资源化,尽量回收利用,对无法回收利用的固体废物或其他处理方式产生的残留物进行最终无害化处理。生活垃圾填埋场距大、中城市规划建成区应大于 5km,距小城市规划建成区应大于 2km,距居民点应大于 0.5km。城市生活垃圾产生量预测方法一般用人均指标法和增长率法,规划时可以用两种方法结合历史数据进行校核。因此 B 选项符合题意。

31. B

【解析】 邮政支局的规模属于城市详细规划阶段的内容,因此 A 选项错误。架空电话线一般不能与电力线路合杆架设,如确实需要,与 1~10kV 电力线合杆时,电力线与电信线之间距离不小于 2.5m;与 1kV 电力线合杆时,距离不小于 1.0m,因此 B 选项正确。收发信场宜布置在交通方便、地形较平坦的台地,周围环境应无干扰影响。无线电收、发信场一般选择在大、中城市两侧的远郊区,并使通信主向避开市区,因此 C 选项错误。管道集中建设是现在管道建设的趋势,因此 D 选项错误。因此 B 选项符合题意。

32. A

【解析】 城市发电厂、区域变电所(站)、市区变电所(站)、高压线走廊等城市供电设施用地的控制界线属于城市黄线。因此 A 选项符合题意。

33. C

【解析】 根据城市地下工程管线避让原则,压力管让自流管。根据城市工程管线共沟敷设原则,热力管不应与电力、通信电缆和压力管道共沟。根据城市工程管线综合术语与技术规定,管线覆土深度指地面到管道顶(外壁)的距离。综合布置管线时,确定城市工程管线在地下敷设时的排列顺序和工程管线间的最小水平净距、最小垂直净距。因此 C 选项符合题意。

34. B

【解析】 根据总体规划阶段的内容与深度,应确定防洪(潮、浪)堤顶及堤内地面最低控制标高。根据城市用地的性质、功能,结合自然地形,可将地面划分为平坡、台阶、混合三种形式。纵横断面法多用于地形比较复杂地区的规划。设计等高线法多用于地形变化不太复杂的丘陵地区的规划。台地的长边宜平行于等高线布置,台地高度宜为 1.5~3.0m 或以其倍数递增,是为了与防护工程、挡土墙的经济高度、建筑物立面景观及垂直绿化要求相适应。由以上分析可知,B 选项符合题意。

35. A

【解析】 编制城市防灾专项规划的目的是落实和深化总体规划的相关内容,规划范围和规划期限一般与总体规划一致,规划内容一般都比总体规划中的防灾专业规划丰富,规划深度在其他条件具备的情况下还可能达到详细规划的深度;例如在城市防洪、抗震防灾消防等专项规划中,通常都要进行灾害风险分析评估;要考虑防灾专业队伍建设和必要的器材装备配置,因此更专业和更详细。因此 A 选项符合题意。

36. C

【解析】 消防站分为普通消防站、兼有责任区消防任务的特勤消防站和水上消防站。辖区划分的基本原则是:陆上消防站在接到火警后,按正常行车速度 5min 内可以到达辖区边缘;水上消防站在接到火警后,按正常行船速度 30min 可以到达辖区边缘。按照上述原则,普通消防站和兼有辖区消防任务的特勤消防站,在城区内辖区面积不大于 7km²,在郊区辖区面积不大于 15km²,水上消防站至辖区水域边缘距离不大于 30km²。

由以上分析可知,C选项符合题意。

37．C

【解析】 消防安全布局涉及危险化学物品生产、储存设施布局、危险化学物品运输、建筑物耐火等级、避难场地规划等,目的是通过合理的城市布局和设施建设,降低火灾风险,减少火灾损失。故选C。

38．A

【解析】 防洪排涝工程措施可分为挡洪、泄洪、蓄滞洪、排涝四类。挡洪工程主要包括堤防、防洪闸等,其功能是将洪水挡在防洪保护区外。泄洪工程主要包括现有河道整治、新建排洪河道和截洪沟等,其功能是增强河道排泄能力,将洪水引导到下游安全区域。蓄滞洪工程主要包括分蓄洪区、调洪水库等,其功能是暂时将洪水存续,削减下游洪峰流量。排涝工程主要是排涝泵站,其功能是通过动力强排低洼区积水。山区丘陵地区的城市,地形和洪水位变化较大,防洪工程重点是河道整治和山洪防治,应加强河道护岸工程和进行山洪疏导,防止河岸坍塌和山洪对城市的危害。根据建设条件,在城市上游建设具有防洪功能的水库,对于削减洪峰流量、降低洪水位可发挥重要作用,也是常见的防洪工程措施。由以上分析可知,A选项符合题意。

39．A

【解析】 地震烈度是指地震引起的地面震动及其影响的强弱程度。当以地震烈度为指示,按照某一原则,对全国进行地震烈度区划,编制成地震烈度区划图,并作为建设工程抗震设防依据时,区划图可标识烈度便被称为"地震基本烈度"。我国城市抗震防灾的设防区为地震基本烈度在六度及六度以上的地区。一般建设工程应按照基本烈度进行设防。重大建设工程和可能发生严重次生灾害的建设工程,必须进行地震安全性评价,并根据地震安全性评价结果确定抗震设防标准。故选A。

40．C

【解析】 用于工厂选址的信息系统属于决策支持系统。故选C。

41．C

【解析】 用于工商、金融企业的为com;用于教育机构的为edu;用于政府部门的为gov;用于非营利组织的为org。故选C。

42．D

【解析】 GIS用于管理相应的属性数据,以支持各种查询分析,典型的属性数据如环保监测站的各种监测资料,地下管线的用途、管径、埋深,行政区的常住人口、人均收入,等等。显然,城市人口是一个数字,不具备空间属性。因此D选项符合题意。

43．D

【解析】 栅格分析,比较常用的栅格功能有:坡度、坡向、日照强度的分析,地形的任意断面图生成,可视性检验,工程填挖方计算,根据点状样本产生距离图、密度图等。可视域不能基于地形数据产生。因此D选项符合题意。

44．B

【解析】 微波可穿进云层,可用于分辨地物的含水量、植物长势、洪水淹没范围等情况,具有全天候的特点。故选B。

45. C

【解析】 受大气环境、传感器性能、投影方式、成像过程等因素的影响,会造成同一幅图像上电磁辐射水平的不均匀或局部失真,同一时相的相邻图像之间也会有辐射水平的差异,同一观察范围但不同时相的图像之间更会有辐射水平的差异。辐射差异带来图像色调的差异,往往需要经过辐射校正后才能正常使用。故选 C。

46. A

【解析】 地物的形状、大小、阴影、纹理以及相互之间的位置关系,是图像解译的重要依据。例如,有经验的规划人员,对于建筑群的范围、建成区和非建成区的界线、郊区农田和市内绿地等,均可在影像图上依据几何特征比较容易地判读出来。又如,利用建筑物立面的成像可以数出建筑的层数,利用阳光的阴影可估计建筑物的大致高度等。由以上分析可知,A 选项符合题意。

47. D

【解析】 计算机辅助设计(CAD),是指利用电子计算机系统具有的图形功能来帮助设计人员进行设计,它可以提高设计工作的自动化程度,缩短设计时间。故选 D。

48. A

【解析】 城市经济学首先是经济学的一门分支学科,它运用经济学基础理论揭示出的经济运行原理来分析城市经济问题和城市政策,其理论基础主要包括微观经济学、宏观经济学和公共经济学。由于经济学研究的核心问题是市场中的资源配置问题,所以城市经济学也是从城市中最稀缺的资源——土地资源的分配问题开始着手,论证了经济活动在空间上如何配置可使土地资源得到最高效率的利用,并以此为基础,扩展到对劳动及资本利用效率的研究。因此城市经济学的出发点是资源利用效率。故选 A。

49. B

【解析】 公共经济关系是指政府与社会之间的经济关系。有些产品与服务大家都需要,但市场不能够有效地提供,如城市中的供水、道路、消防、交通管理等,只能由政府来提供。而政府提供这些产品与服务也需要资金的投入,政府的钱是通过税收从居民和企业的手中拿来的,这种政府和社会成员之间的经济关系称为公共经济关系。故选 B。

50. C

【解析】 城市规模难以在最佳规模上稳定下来的原因是平均收益仍能高于平均成本,还有企业或者个人会继续迁入城市。故选 C。

51. C

【解析】 土地和资本是最重要的两项投入,单位土地上投入的资本量称为资本密度,资本密度越高,建筑的高度就越高,在给定总成本的情况下,追求利润最大化的厂商要根据资本和土地的货币边际产出来决定二者的投入量。距中心区越远,土地的价格越低,单位货币能够购买的土地数量越多,其边际产出也就越高。因此,土地价格就会直接影响资本密度。故选 C。

52. B

【解析】 租用价格(R)和购买价格(P)之间存在一个基本关系 $P = \sum_{t=0}^{n} \dfrac{R}{(1+i)^t}$,即

购买价格等于多年租用价格贴现之后的"和"。式中 i 为贴现率(利率),t 代表年份,n 代表一共使用多少年。对于住房,n 可按其寿命年份计算。故选 B。

53. C

【解析】 对于单中心城市,促使城市土地的密集开发,有利于节约土地资源,防止城市向其周围"摊大饼"式的蔓延,导致地价、房价、资本密度由中心向外递减,住房面积由中心向外递增。因此 C 选项符合题意。

54. C

【解析】 有两种情况可以导致城市空间规模的扩展,第一种情况的发生是由城市的人口增长和经济的发展带来的,第二种情况包括城市交通的改善带来的交通成本下降和城市居民收入的上升。农业地租上升不会引起城市边界的扩展。故选 C。

55. A

【解析】 提高高峰小时出行成本、实行弹性工作时间是改善交通出行时间不均衡性的调控手段;征收汽油税是解决交通个人成本与社会成本错位的调控手段;对易达路段收费,可以提高到达此处的交通出行成本,让非必要前来车辆选择其他地方通行,从而缓解了交通在空间上需求的不均衡性,对易达路段收费是缓解交通供求不均衡性的调控手段。故选 A。

56. D

【解析】 从调控需求的方面来说,可以采用价格的杠杆,对进入拥堵区的车辆征收拥堵费,把交通拥堵的外部性内部化,使进入拥堵区的车辆减少,因此 D 选项符合题意。

57. C

【解析】 土地是一种自然生成物,不能通过人类的劳动生产出来,所以其总量是给定不变的,称为供给无弹性,对土地征税可以避免"无谓损失",因此土地税成为效率最高的税种。因此 C 选项符合题意。

58. B

【解析】 具有竞争性但不具有排他性的物品,如河湖中的水资源和拥挤的城市道路,大家都可以消费,但一个人的消费又会影响到其他人的消费量。故选 B。

59. A

【解析】 一些经济学家提出了"用手投票"和"用脚投票"的理论。在西方的政治体制之下,城市公共品的供给规模是由全体居民投票决定的,而公共品的供给规模决定了财政支出的规模并进一步决定了财政收入的规模,所以居民在考虑公共品的供给规模时也就同时考虑到了他们要为这些公共品支付的费用(即缴纳的税收)。政府征收人头税全国都一样,不存在"用脚投票"所谓选择的问题,不能带来效率的提高。由以上分析可知,A 选项符合题意。

60. D

【解析】 与经济发展同步的城镇化称为积极型城镇化(又称健康的城镇化)。反之,先于经济发展水平的城镇化,称为假城镇化或过度城镇化,这种城镇化往往会导致人口过多涌进城市,城市基础设施不堪重负,城市就业不充分等一系列问题;滞后于经济发展水平需要的城镇化则为低度城镇化,往往会导致城市产业发展不协调,城市服务能力不足,乡村劳动力得不到充分转移等一系列问题。因此 D 选项符合题意。

61．B

【解析】 北京提出建设中国特色世界城市主要是指提升城市职能。故选 B。

62．C

【解析】 一国最大城市与第二位城市人口的比重,即首位度,已成为衡量城市规模分布状况的一种常用指标。据我国相关统计数据,上述省区中城市首位度最高的是江西。故选 C。

63．C

【解析】 城镇化阶段性的一般规律是:第一阶段为城镇化的初级阶段,一般城镇人口占总人口的 20%左右,城镇人口增长缓慢;第二阶段城镇化进程速度加快,当城镇化水平为 33%～35%时出现持续递增的加速度,S 形曲线呈指数曲线攀升,一般到 50%左右出现城镇化拐点,城镇化加速度开始递减,城镇化的边际成本将逐渐增大,但城镇化率还是上升的,一直持续到城镇人口超过 70%以后才进一步趋缓。因此 C 选项符合题意。

64．C

【解析】 中心地理论的假设条件的基本特征是每一点均有接受一个中心地的同等机会,一点与其他任一点的相对通达性只与距离成正比,而不管方向如何,均有一个统一的交通面。各级供应点必须达到最低数量以使商人的利润最大化,一个地区的所有人口都应得到每一种货物的提供或服务。显然,城市历史文化街区与中心地理论无关。因此 C 选项符合题意。

65．D

【解析】 在小城镇人口规模预测过程中,常采用定性分析方法从区域层面估测小城镇的人口规模,包括区位人口分配法、类比法、区位法。而增长率法适用于大中城市规模预测。故选 D。

66．D

【解析】 中心位置有利于区域内部的联系和管理,门户位置有利于区域与外部的联系,各有优势。矿业城市要求邻接矿区。河口港是最典型的门户位置。故选 D。

67．B

【解析】 城市吸引范围的分析方法主要有经验的方法和理论的方法两类。经验方法主要包括合理确定同级别的中心城市和建立合理的调查指标体系;理论方法主要包括断裂点公式和潜力模型。故选 B。

68．B

【解析】 城市社会学的系统研究起源于美国,芝加哥大学是城市社会学的发源地,以帕克为首的芝加哥学派把人类对城市的理论研究提高到了学科化的水平,经过芝加哥学派对城市理论的发展,城市社会学完成了创立阶段。后来,又出现了人类生态学派、社区学派、结构功能学派、政治经济学派、马克思主义学派、新韦伯主义学派等,使城市社会学不断获得发展。由以上分析可知,B 选项符合题意。

69．C

【解析】 在伯吉斯的同心圆模型中,没有考虑交通线对城市结构的影响。因此 C 选项符合题意。

70. D

【解析】 中国传统的"单位社区"存在已久,可谓影响深远,计划经济体制下,单位是承担社会生活的重要组织,"企业办社会"是社区发展的指导思想。由于长期强调"先生产、后生活"的方针,居住建设资金从属于工业建设、基本建设投资中的开支,形成了极具特点的"单位社区",即社区隶属于某一单位,自设各类服务设施,也有些社区由几个单位共同筹建,拥有相同职业的成员居住在同一楼或几幢楼中。随着信息时代尤其是互联网时代的到来,城市社区的空间区位开始变得相对次要,而心理的归属变得越发重要。因此 D 选项符合题意。

71. C

【解析】 计划经济时期中国城市社会空间结构模式的最大特点是相似性大于差异性,整体上带有一定的同质性色彩。改革开放后,郊区化在中国大城市的空间重构进程中扮演了重要角色。20 世纪 90 年代,在原有中心商业区或中央商务区等雏形的基础上,一些城市的 CBD 获得了发展。改革开放以来,中国城市社会空间演化遵循一条定律,即中国城市正经历着从计划经济时期的同质性社会空间结构向市场经济时期的异质性社会空间结构的转变。故选 C。

72. D

【解析】 人口的年龄结构金字塔反映了不同时期人口的年龄构成特点,直接反映老龄化程度。按照国际标准,65 岁以上人口比重超过 7％ 就意味着进入老年社会(若按 60 岁以上人口比重来衡量,则要超过 10％)。少年儿童比重,即 0～14 岁人口数量占总人口数量的比重大于 30％ 即可认为符合老年社会标准。而老龄化负担的轻重与老龄化程度无关,主要与老龄化速度和经济社会发展有关。因此 D 选项符合题意。

73. D

【解析】 调查问卷应有针对性地发放,考虑调查问卷的对象要素。问卷调查工作的一大忌是在调查了相当多的样本以后,发现问卷设计得不好或相关问题有遗漏或有的问题答案选项设计不合理而重新设计问卷,从而导致同一项调查中使用了两种问卷。这样会给将来问卷的统计带来麻烦。因此,问卷一经确定最好不要更改,如果确要改变,那么就使用改变后问卷重新开始调查。问卷的发放有当面发放、邮寄发放、电话调查等方式,为了使问卷更有代表性,应注意调查样本的抽样问题。问卷的整体篇幅不宜太长,以 3 页以内为好,时间最好不要超过半小时(20min 以内或更短的时间为好)。有效率,即有效率问卷投量占所有回收问卷投量的比重。因此 D 选项符合题意。

74. C

【解析】 人口素质,又称人口质量。广义的人口素质或人口质量包括人口的身体素质、科学文化素质和思想素质(三分法),也有人认为只包括身体素质和科学文化素质(两分法)。狭义的人口素质指居民的科学文化素质。在城市规划中,人口素质一般指的是狭义的"人口素质"概念,即居民的科学文化素质,一般用居民的文化教育水平来衡量。文盲、半文盲人口和大学以上学历人口实际上反映了一个城市或地区人口素质结构的两个极端,前者与失业人口密切相关,后者与本城市或地区高新技术产业的发展息息相关。因此 C 选项符合题意。

75. B

【解析】 公众参与使城市规划有效应对利益主体的多元化,公众参与能够有效地体现城市规划的民主化和法制化,公众参与导致城市规划的社会化,公众参与可以保障城市空间实现利益的最大化。城市规划公众参与,可以体现城市管治和协调思路的运用。不同类型规划的协调是城市规划管理部门的事务,与公众参与的关系不大。因此 B 选项符合题意。

76. C

【解析】 由于城市人口干扰的范围十分大,城市的自然净化功能脆弱而且有限,必须进行人工的调节。一般包括以下途径:(1)综合治理城市水体、大气和土壤环境污染;(2)建设城乡一体化的城市绿地与开放空间系统;(3)改善城市周围区域的环境质量;(4)保护乡土植被和乡土生物多样性。故选 C。

77. D

【解析】 城市热岛效应对大气污染物的影响,主要表现为由于热岛效应引起了城乡间的局地环流,使四周的空气向中心辐合,尤其在夜间易导致污染物浓度的增大。因此 D 选项符合题意。

78. D

【解析】 光污染正在威胁着人们的健康,据测定,白色的粉刷墙面反射系数为 69% ~80%,镜面玻璃的反射系数达 82% ~90%,比绿色草地、森林、深色或毛面砖石装修的建筑物的反射系数大 10 倍左右,大大超过了人体所能承受的范围,从而成为新污染源之一。建筑物的钢化玻璃、釉面砖墙、铝合金板、磨光花岗岩、大理石和高级涂料等装饰反射的强光,会伤害人的眼睛,引起视力下降,增加白内障的发病率。长时间受光污染,还会造成人心理恐慌和生理机能失调,光污染还会改变城市植物和动物生活节律,误导飞行的鸟类,从而对城市动植物的生存造成危害。由以上分析可知,D 选项符合题意。

79. C

【解析】 环境问题的发展从生态环境的早期破坏到近代城市环境问题再到全球范围阶段。当代环境问题的特点是,在全球范围内出现了不利于人类生存和发展的征兆,主要包括酸雨、臭氧层破坏、全球变暖、生物多样性减少、海平面上升、海洋污染、荒漠化和水资源短缺等全球性环境问题,发展中国家的城市环境问题和生态破坏严重,贫困化日趋严重。环境问题的成因主要是:(1)人类自身发展膨胀;(2)人类活动过程规模巨大;(3)生物地球化学循环过程变化效应;(4)人类影响的自然过程不可逆改变或者恢复缓慢。C 项本末倒置,故选 C。

80. B

【解析】 生态恢复并不完全是自然的生态系统次生演替,人类可以有目的地对受损生态系统进行干预。生态恢复并不是物种的简单恢复,而是对系统的结构、功能、生物多样性和持续性进行全面的恢复。演替是生物系统的基本过程和特征,生态恢复本质上是生物物种和生物量的重建,以及生态系统基本功能恢复的过程。因此 B 选项是错误的,故选 B。

二、**多项选择题**(共20题,每题1分。每题的备选项中有2～4个符合题意。多选、少选、错选都不得分)

81. CD

【解析】 单栋住宅的长度大于160m时应设4m×4m的消防车通道,大于80m时应在建筑物底层设人行通道。高层住宅是指10～30层的住宅。12层以上住宅每栋设置电梯应不少于2部。长廊式高层住宅一般应有2部以上的电梯用于居民的疏散。因此CD选项符合题意。

82. DE

【解析】 综合医院选址要求:(1)应符合当地城镇规划和医疗卫生网店的布局要求;(2)交通方便,宜面临两条城市道路;(3)便于利用城市基础设施;(4)环境安静,远离污染源;(5)地形力求规整,以解决多功能分区和多出入口的合理布局;(6)远离易燃、易爆物品的生产和储存区,并远离高压线路及其设施;(7)不应邻近少年儿童活动密集的场所。因此DE选项符合题意。

83. CDE

【解析】 平屋顶保温层有两种位置:(1)将保温层放在结构层之上,防水层之下,成为封闭的保温层,称为内置式保温层;(2)将保温层放在防水层之上,称为外置式保温层。

隔热的主要手段为:(1)采用浅色光洁的外饰面;(2)采用遮阳-通风构造;(3)合理利用封闭空气间层;(4)绿化植被隔热。

利用太阳能、地热是建筑节能的有效措施。

因此CDE选项符合题意。

84. ACD

【解析】 每一种色彩都可由色相、彩度及明度三个属性表示,通常将色彩三属性以空间的三个方向的坐标表示各种不同的色彩。彩度又叫纯度、艳度,也就是色彩纯净和鲜艳的程度;明度指色彩的明暗程度。不同的色彩会使人产生不同的温度感。色彩的重量感觉以明度影响最大。故选ACD。

85. BCD

【解析】 均衡的方式包括对称均衡、不对称均衡和动态均衡,与均衡相联系的是稳定,如果说均衡着重处理建筑构图中各要素左右或前后之间的轻重关系的话,那么稳定则着重考虑建筑整体上下之间的轻重关系。在建筑中,往往借助某一母题的重复或再现来增强整体的统一性。随着建筑工业化和标准化水平的提高,这种手法已得到越来越广泛的运用。一般来说,重复或再现总是与对比和变化结合在一起,这样才能获得良好的效果。因此BCD为正确选项。

86. ABDE

【解析】 平面交叉口又称为转盘,相对于红绿灯管制来说避免了周期性的交通阻滞,具有更好的车流通行连续性,D选项正确。平面环形交叉口适用于多条道路相交会的交叉口、左转交通较大的交叉口和畸形交叉口,一般不适用于快速路和主干路,也不适用于有大量非机动车和行人的交叉口,AB 选项正确。一般环形交叉口布置 3 条机动车道,1 条车道绕行,1 条车道交织,1 条车道右转,C 选项的 3 条以上错误。环形交叉口可根据交通流的情况布置为机动车与非机动车混合行驶,E 选项正确。故选 ABDE。

87. ABE

【解析】 城市道路交通管理是城市交通系统的重要组成部分。现代化的道路交通建设,只有具备了科学的管理与控制条件,才能获得最好的交通安全性、最少的交通延误、最高的运输效率、最大的通行能力、最低的运营费用,从而取得更好的运输经济效益、社会效益和环境效益。因此 ABE 选项符合题意。

88. ABCD

【解析】 城市轨道交通线网规划的主要内容一般包括:(1)城市和城市交通现状;(2)交通需求预测;(3)城市轨道交通建设的必要性;(4)城市轨道交通发展目标与功能定位;(5)线网方案与评价;(6)车辆基地、主变电站等主要设施的布局与规模;(7)运营组织规划;(8)资源共享研究;(9)用地控制规划。故选 ABCD。

89. ACDE

【解析】 在中心区建立智能交通系统,借助各种先进的技术和设备对交通状况进行处理,从而使道路变得"聪明"起来,使车辆变得具有"头脑",通过人、车、路的密切配合,达到和谐的统一,对缓解中心区交通的拥堵有一定的作用,因此 A 选项正确。在中心区外围公共交通枢纽位置,设置机动车停车设施,能有较好的截流效果,减少进入中心城区的车辆,对交通拥堵有一定的缓解,因此 B 选项错误。高峰时段提供免费公共交通服务,可以让一部分上班人群选择免费公交,能减少私家车的使用,从而减少进入城市中心的车辆,因此 C 选项正确。提高中心区的停车泊位收费标准,能加快停车位的周转速度,从而能让路上需要停车的车辆快速停车,减少道路占有率,因此 D 选项正确。对拥堵路段收费,如对进入城市中心区的车辆收费,从而把驾车者的成本由平均成本提高到边际成本,或是通过征收汽油税的办法,提高所有驾车者的出行成本,来使得他们减少自驾车出行,因此 E 选项正确。故选 ACDE。

90. ABDE

【解析】 历史上形成的城市道路中的一些交叉口,或者由于交叉形状不合理,或者由于与交通流量流向不适应,而影响了交叉口的通行效率和行车安全,需要进行改善。除了渠化、拓宽路口、组织环形交叉和立体交叉外,改善的方法主要有以下几种:(1)错口交叉改善为十字交叉;(2)斜角交叉改为正交交叉;(3)多路交叉改为十字交叉;(4)合并次要道路,再与主要道路相交。故选 ABDE。

91. ACE

【解析】 城市广场按照其性质、用途及其在路网中的地位可以分为公共活动广场、集散广场、交通广场、纪念性广场与商业广场等几类。城市中的广场有时兼有多种功能。站前广场综合了轨道交通(包括火车、地铁、轻轨等)、公交车、长途汽车、出租车、私人小汽车及自行车等多种交通方式并在换乘枢纽前供各种车辆停靠以及乘客利用的空间,实现了多种交通方式之间客货流的转换与流动。此外,站前广场还兼有防灾(紧急避难)、环境景观等多种功能,有的还承担着某些商业功能,而且还是体现城市面貌的窗口。集会不是站前广场的基本功能,防火不是防灾。故选 ACE。

92. CD

【解析】 城市各种管线的位置采用统一的城市坐标系统及标高系统,局部地区内部的管线定位也可以采用自己定出的坐标系统,但区界管线进出,则应与城市主干管线的坐标一致。火灾危险性属于甲、乙、丙类的液体,液化石油气管道、可燃气体管道、毒性气体和液体管道以及腐蚀性介质管道,不应共沟敷设,并严禁与消防水管共沟敷设。根据城市地下工程管线避让原则,新建的让现有的。管线垂直净距指两条管线上下交叉敷设时,从上面管道外壁最低点到下面管道外壁最高点之间的垂直距离;管线埋设深度指地面到管道底(内壁)的距离,即地面标高减去管底标高。故选 CD。

93. BE

【解析】《中华人民共和国可再生能源法》第二条规定:本法所称可再生能源,是指风能、太阳能、水能、生物质能、地热能、海洋能等非化石能源。故选 BE。

94. BE

【解析】 燃煤发电厂应有足够的储灰场,储灰场的容量要能容纳电厂 10 年的储灰量。市区内规划新建的变电所(站),宜采用户内式或半户外式结构,变电所(站)可与其他建筑物混合建设,或建设地下变电所(站)。核电厂非居民区周围应设置限制区,限制区的半径(以反应堆为中心)一般不得小于 5km。有稳定冷、热需求的公共建筑区应建设三联供(热、电、冷)设施。故选 BE。

95. ABCD

【解析】 针对资源型缺水,可以采取的对策措施有节水和非传统水资源的利用。

节水方面,编制城市规划要研究城市的用水构成、用水效率和节水潜力,通过调整产业结构,限制高耗水工业发展,逐步将高耗水产业搬出或关闭,推广使用先进的节水技术工艺和节水器具,加强输配水管网建设和改造等措施,提高用水效率,减少用水量。因此 A 选项正确。

非传统水资源利用方面,一些水质要求不高的用水,例如工业冷却、浇洒道路、绿化、洗车、冲厕等,完全可以将非传统资源经过适当处理进行利用,如城市污水再生利用等, B 项正确。农业灌溉用水应推广先进的节水灌溉技术,如滴灌、喷灌技术,C 选项正确。另外,也可采用外流域调水,例如南水北调工程。D 选项正确。

改进城市自来水厂净水工艺属于水质型缺水的措施。E 选项错误。

故选 ABCD。

96. ABE

【解析】 堤距,即河流两岸堤防的间距,它受建设条件控制,同时将影响堤顶标高,扩大堤距可降低堤顶设计高程。堤距过小时,为保证行洪要求,必然要提高堤顶标高,影响城市景观,堤顶标高由设计洪水位和设计洪水位以上超高组成。设计洪水位根据防洪标准、相应洪峰流量、河道断面分析计算。设计洪水位以上超高包括风浪爬高和安全超高,风浪爬高根据风力资料分析计算,安全超高根据堤防级别选取,在城市建成区内,可采用在堤顶设置防浪墙的方式降低堤顶标高,但堤顶标高不应低于设计洪水位加 0.5m。上游建设具有调洪功能的水库则可控制洪水位,在堤坝设计高程时,只要符合控制洪水的要求,设计高程可降低。由以上分析可知,ABE 选项符合题意。

97. ABE

【解析】 编制城市规划,首先要认真分析研究城市的自然条件,尽量选择对抗震有利的地段进行城市建设,避免将城市建设用地选择在地震危险地段,重要建筑尽量避开对抗震不利的地段。编制城市规划,不但要对新建建筑提出设防要求,而且还必须对原有建筑进行详细的调查分析,对未采取设防措施的建筑提出加固、改造计划。避震疏散场地按功能可分为两大类:一是在临震前用于临时性紧急避难,可利用广场、学校操场、小区绿地等空旷地;二是用于破坏性地震发生后人员安置。可利用不会发生次生灾害的市、区级公共绿地、体育场等开阔空间。对于重要的生命线工程设施,设防标准应提高到 100 年一遇。编制抗震防灾规划,应十分重视次生灾害的预防,有关设施首先要合理布局,降低次生灾害风险,同时要加强抗震设防,提高抗震能力。故选 ABE。

98. ACE

【解析】 城市生态系统物质循环具有以下特征:(1)城市生态系统所需物质对外界有依赖性;(2)城市生态系统物质既有输入又有输出;(3)生产性物质远远大于生活性物质;(4)城市生态系统的物质流缺乏循环;(5)物质循环在人为干预状态下进行;(6)物质循环过程中产生大量废物。故选 ACE。

99. ABC

【解析】 2003 年 9 月 1 日开始实施的《中华人民共和国环境影响评价法》中确定了战略环境影响评价在国家宏观决策中的地位。该法明确要求对土地利用规划,区域、流域、海域开发规划和工业、农业、畜牧业、林业、能源、水利、交通、城市建设、旅游、自然资源开发等十类专项规划进行环境影响评价,这是对我国环境影响评价制度的重大完善。故选 ABC。

100. ABDE

【解析】 实现区域生态安全格局的途径具体的出发点包括:(1)在土地极其紧张的情况下如何更有效地协调各种土地利用之间的关系;(2)如何在各种空间尺度上优化防护林体系和绿道系统,使之具有高效的综合功能;如何在现有城市基质中引入绿色斑块和自然生态系统,以最大限度地改善城市的生态环境;(3)如何在城市发展中形成一种有效的战略性的城市生态灾害(如洪水和海潮)控制格局;(4)如何使现有各类孤立分布的自然保护地通过尽可能少的投入形成最优的整体空间格局,以保障物种的空间迁徙和保护生物多样性;(5)如何在最关键的部位引入或改变某种景观斑块,便可大大改善城乡景观的某些生态和人文过程。

生态安全格局构建制定的是城市生态灾害防治战略控制,不是制定具体的技术措施,因此 C 选项错误。故选 ABDE。

2014 年度全国注册城乡规划师职业资格考试真题与解析

城乡规划相关知识

真　题

一、**单项选择题**(共 80 题,每题 1 分。每题的备选项中,只有 1 个最符合题意)

1. 下列关于中国古典园林的表述,哪项是错误的?(　　)
   A. 按照园林基址的开发方式可分为人工山水园和天然山水园
   B. 按照园林的隶属关系可分为皇家园林、私家园林、寺观园林
   C. 秦、汉时期的园林主要是尺度较小的私家园林
   D. 中国古典造园活动从生成到全盛的转折期是魏、晋、南北朝时期

2. 下列关于我国古代宫殿形制发展历史的表述,哪项是错误的?(　　)
   A. 周代宫殿的形制为"三朝五门"
   B. 汉代首创了"东西堂制"
   C. 宋代设立了宫殿的"御街千步廊"制度
   D. 元代宫殿多用回字形大殿形式

3. 下列关于古希腊建筑美学思想风格的表述,哪项是错误的?(　　)
   A. 体现人本主义世界观　　　　B. 具有强烈的浪漫主义色彩
   C. 追求度量和秩序所构成的"美"　　D. 风格特征为庄重、典雅、精致

4. 下列哪项不属于勒·柯布西埃提出的新建筑五点设计原则?(　　)
   A. 屋顶花园　　B. 底层架空　　C. 纵向长窗　　D. 自由平面

5. 依据我国现行《住宅建筑设计规范》,下列关于住宅建筑套内空间低限面积的表述,哪项是错误的?(　　)
   A. 单人卧室为 $6m^2$　　　　　　B. 双人卧室为 $10m^2$
   C. 卫生间为 $2m^2$　　　　　　　D. 起居室为 $12m^2$

6. 下列关于工业建筑中化工厂功能单元的表述,哪项是错误的?(　　)
   A. 生产单元包括车间、实验楼等
   B. 动力单元包括锅炉房、变电间、空气压缩车间等
   C. 生活单元包括宿舍、食堂、浴室等
   D. 管理单元包括办公楼等

7. 关于建筑选址与布局的表述,下列哪项是正确的?(　　)
   A. 停车库出入口应置于主要道路交叉口
   B. 旅游宾馆宜置于风貌保护区
   C. 电视台尽可能远离高频发生器
   D. 档案馆应尽量远离市区

8. 下列哪项不是确定场地设计标高的主要考虑因素?(　　)
   A. 建设项目性质　B. 场地植被状况　C. 交通联系条件　D. 地下水位高低

9. 下列哪项不属于建筑的空间结构体系?(　　)

    A. 折板结构　　　　B. 薄壳结构　　　　C. 简支结构　　　　D. 悬索结构

10. 下列哪项称为一般建筑工程的三大材料?(　　)

    A. 木材、水泥、钢材　　　　　　　B. 无机材料、有机材料、复合材料

    C. 结构材料、维护材料、装饰材料　　D. 混凝土材料、金属材料、砖石材料

11. 南方地区夏季 24 小时的太阳辐射对(　　)的辐射量最大。

    A. 东墙　　　　　B. 屋顶　　　　　C. 西墙　　　　　D. 南墙

12. 下列关于色彩的表述,哪项是错误的?(　　)

    A. 色彩的原色纯度最高　　　　　　B. 红、黄、蓝为色光三原色

    C. 青、品红、黄为色料三原色　　　　D. 固有色指的是物体的本色

13. 下列关于建筑设计工作的表述,哪项是错误的?(　　)

    A. 大型建筑设计可以划分为方案设计、初步设计、施工图设计三个阶段

    B. 小型建筑设计可以用方案设计阶段代替初步设计阶段

    C. 施工单位可以根据施工中的具体情况修改设计方案

    D. 方案设计的编制深度,应满足编制初步设计文件和控制概算的需求

14. 根据实际经验,停车视距与会车视距的比值一般为(　　)。

    A. 2.0　　　　　B. 1.5　　　　　C. 1.0　　　　　D. 0.5

15. 在城市道路设计中,支路的车道宽度一般不小于(　　)m。

    A. 3.00　　　　　B. 3.25　　　　　C. 3.50　　　　　D. 3.75

16. 下列哪项属于城市道路路面设计的内容?(　　)

    A. 行车安全视距验算　　　　　　　B. 街头绿地绿化设计

    C. 雨水管干管平面布置　　　　　　D. 人行道铺地图案设计

17. 下列关于道路交叉口交通组织方式的表述,哪项是错误的?(　　)

    A. 无交通管制适用于交通量很小的次要交叉口

    B. 渠化交通适用于交通量较小的次要交叉口

    C. 实施交通指挥常用于平面十字交叉口

    D. 立体交叉适用于交通复杂的异形交叉口

18. 下列关于城市道路设计的表述,哪项是正确的?(　　)

    A. 平曲线与竖曲线应重合设置

    B. 平曲线与竖曲线不应交错设置

    C. 平曲线应设置在竖曲线内

    D. 小半径竖曲线应设在长的直线段上

19. 下列关于环形交叉口中心岛设计的表述,哪项是错误的?(　　)

    A. 主、次干路相交的椭圆形中心岛的长轴应沿次干路方向布置

    B. 中心岛的半径与车辆进出交叉口的交织距离有关

    C. 中心岛上不应设置人行道

    D. 中心岛上的绿化不应影响绕行车辆的视距

20. 城市公共停车设施可分为( )两大类。
    A. 路边停车带和集中停车场　　　　B. 路边停车带和路外停车场
    C. 露天停车带和室内停车场　　　　D. 路边停车带和室内停车场

21. 下列哪项不是错层式(单坡道式)停车库的特点?( )
    A. 停车楼面之间用短坡道相连
    B. 停车楼面采用错开半层的两段或三段布置
    C. 行车路线对停车泊位无干扰
    D. 用地较为节省

22. 站前广场的主要功能是( )。
    A. 集会　　　　B. 交通　　　　C. 商业　　　　D. 休憩

23. 下列哪项不属于城市轨道交通线网规划的主要内容?( )
    A. 确定线路大致的走向和起讫点　　　B. 确定换乘车站的功能定位
    C. 确定联络线的分布　　　　　　　　D. 确定车站规模

24. 下列关于城市供水规划内容的表述哪项是正确的?( )
    A. 非传统水资源包括污水、雨水,但不包括海水
    B. 城市供水设施规模应按照平均日用水量确定
    C. 划定城市水源地保护区范围是供水总体规划阶段的内容
    D. 城市水资源总量越大,相应的供水保证率越高

25. 下列关于城市排水系统规划内容的表述,哪项是错误的?( )
    A. 重要地区雨水管道设计宜采用 0.5～1 年一遇重现期标准
    B. 道路路面的径流系数高于绿地的径流系数
    C. 为减少投资,应将地势较高区域和地势低洼区域划在不同的雨水分区
    D. 在水环境保护方面,截流式合流制与分流制各有利弊

26. 下列关于城市供电规划内容的表述,哪项是正确的?( )
    A. 容载比过大将使电网适应性变差
    B. 单位建筑面积负荷指标法是总体规划阶段常用的负荷预测方法
    C. 城市供电系统包括城市电源、输电网和配电网
    D. 城市管道可以布置在 220kV 供电架空走廊下

27. 下列关于城市燃气规划内容的表述,哪项是正确的?( )
    A. 液化石油气储配站应尽量靠近居民区
    B. 小城镇应采用高压三级管网系统
    C. 城市气源应尽可能选择单一气源
    D. 燃气调压站应尽可能布置在负荷中心

28. 下列关于城市环卫规划的表述,哪项是正确的?( )
    A. 医疗垃圾可以与生活垃圾混合进行填埋处理
    B. 固体废物处理应考虑减量化、资源化、无害化
    C. 生活垃圾填埋场距大中城市规划建成区不应小于 3km
    D. 万元产值法用于生活垃圾产生量预测

29. 下列关于城市通信工程规划内容的表述,哪项是错误的?(   )

    A. 研究确定城市微波通信

    B. 架空电话线可与电力线合杆架设,但是要保证一定的距离

    C. 确定电信局的位置和用地面积

    D. 不同类型的通信管道分建分管是目前国内外通信行业发展的主流

30. 下列哪项属于城市蓝线?(   )

    A. 城市变电站用地边界线   B. 城市道路边界线

    C. 文物保护范围界线   D. 城市湿地控制线

31. 下列关于城市工程管线综合规划的表述,哪项是正确的?(   )

    A. 管线交叉时,自流管道应避让压力管道

    B. 布置综合管廊时,燃气管通常与电力管合杆敷设

    C. 管线覆土深度指地面到管顶(外壁)的距离

    D. 工程管线综合主要考虑管线之间的水平净距离

32. 下列关于城市用地竖向规划的表述,哪项是错误的?(   )

    A. 总体规划阶段需要确定防洪排涝及排水方式

    B. 纵横断面法多用于地形不太复杂地区

    C. 地面规划形式包括平坡、台阶、混合三种形式

    D. 台地的长边应平行于等高线布置

33. 在详细规划阶段,防灾规划的主要任务是(   )。

    A. 研究城市灾害类型

    B. 确定城市设防标准

    C. 提出防灾设施

    D. 落实总体规划确定的防灾设施位置和用地

34. 承担危险化学物品事故处置的主要消防力量是(   )。

    A. 航空消防站   B. 陆上普通消防站

    C. 特勤消防站   D. 水上消防站

35. 城市排涝泵站排水能力确定与下列哪项因素无关?(   )

    A. 排涝标准   B. 服务区面积

    C. 服务区平均地面高程   D. 服务区内水体调蓄能力

36. 通过控制地下水开采量,可以有效地防治下列哪类地质灾害?(   )

    A. 滑坡   B. 崩塌   C. 地面塌陷   D. 地面沉降

37. 下列有关地震烈度的表述,哪项是错误的?(   )

    A. 地震烈度是反映地震对地面和建筑物造成破坏的指标

    B. 地震烈度与震级具有一一对应关系

    C. 我国地震烈度区划图是各地确定抗震设防烈度的依据

    D. 在抗震设防区内一般建设工程应按地区地震基本烈度设防

38. 在数据库管理系统中,某个数据表有 20 个字段,1000 条记录,如果查找其中符合某条件的 200 条记录的 5 个字段,应进行哪项操作?(   )

A. 投影＋选择   B. 选择

C. 投影   D. 选择＋删除列

39. 在互联网中,能够定位一份文档或数据(如主机中一个文件)的是(　　)。

A. 邮件地址   B. IP 地址

C. 域名   D. 通用资源标识符

40. 下面哪种空间关系属于拓扑关系?(　　)

A. 远近 B. 包含 C. 南北 D. 角度

41. 下面哪项空间分析结果受地图比例尺影响最大?(　　)

A. 线地物长度   B. 面地物面积

C. 两点间距离   D. 两点间方向

42. 在城市人口疏散规划中,通常采用下列哪种分析方法?(　　)

A. 网络分析 B. 栅格分析 C. 缓冲区分析 D. 叠加分析

43. 如图所示,为了计算道路红线扩展涉及的房屋拆迁面积,需要利用下列哪项空间分析方法组合?(　　)

A. 叠合分析＋邻近分析＋几何量算

B. 叠合分析＋网络分析＋格网分析

C. 几何量算＋邻近分析

D. 网络分析＋几何量算＋叠合分析

44. 下列关于遥感数据在城市规划研究中应用的表述,哪项是错误的?(　　)

A. 遥感数据可以用于监测城市大气污染

B. 遥感数据可以直接用于获取地物的社会属性

C. 气象卫星数据可以用于监测城市热岛效应

D. 高分辨率影像可以用于分析城市道路交通状况

45. 下列哪项几何遥感影像数据适用于林火监测?(　　)

A. LandsatTM 影像   B. SpotHRV 数据

C. 风云气象卫星影像   D. MODIS 影像

46. 下列哪项是城市经济学的主要研究内容?(　　)

A. 市场的供求平衡   B. 政府的运行效率

C. 经济的稳定增长   D. 土地利用的空间结构

47. 下列哪项是经济学研究的核心问题?(　　)

    A. 资源配置效率　　　　　　　　　B. 社会公平程度

    C. 公众行为规范　　　　　　　　　D. 政府组织结构

48. 下列哪项是政府行为有利于控制城市中的外部性?(　　)

    A. 投资改善城市交通　　　　　　　B. 对排污企业征收污染费

    C. 制定最低工资法　　　　　　　　D. 完善社会福利制度

49. 根据城市经济学基本原理,下图中哪个城市规模是最佳规模?(　　)

    A. N_0　　　　　B. N_1　　　　　C. N_2　　　　　D. N_3

50. 下列哪项是单中心城市中住房面积从中心向外递增的原因?(　　)

    A. 建筑高度递减　　　　　　　　　B. 交通成本递减

    C. 住房价格递减　　　　　　　　　D. 日用消费价格递减

51. 在市场中,下列哪项变化会导致资本密度上升?(　　)

    A. 利率上升　　　　　　　　　　　B. 地价上升

    C. 工资上升　　　　　　　　　　　D. 建筑技术提高

52. 根据城市空间扩张的经济学原理,下列哪一因素导致了城市的郊区化?(　　)

    A. 居民收入增加　　　　　　　　　B. 城市人口增加

    C. 农地价格上升　　　　　　　　　D. 交通成本上升

53. 下列哪项是外部负效应导致的结果?(　　)

    A. 零售业集聚形成商业中心　　　　B. 工业企业扩大生产规模

    C. 小企业集聚形成产业集群　　　　D. 道路上车辆过多造成交通拥堵

54. 城市交通早高峰的需求弹性小是由于(　　)。

    A. 出行价格是刚性的　　　　　　　B. 上班时间是刚性的

    C. 交通供给是刚性的　　　　　　　D. 就业中心是刚性的

55. 大城市采用公共交通的合理性在于(　　)。

    A. 初始成本低　　　　　　　　　　B. 平均成本低

    C. 时间成本低　　　　　　　　　　D. 价格低

56. 下列哪项税收可以同时实现公平与效率两个目标?(　　)

    A. 增值税　　　　B. 所得税　　　　C. 消费税　　　　D. 土地税

57. 居民"用脚投票"来选择公共品会形成下列哪种社区?(　　)
    A. 收入相同社区　　　　　　　　B. 年龄相同社区
    C. 消费偏好相同社区　　　　　　D. 教育水平相同社区

58. 下列关于城市空间分布地理特征的表述,哪项是错误的?(　　)
    A. 世界大城市分布向中纬度地带集中
    B. 中国的设市城市分布向沿海低海拔地区集中
    C. 世界多数国家城市空间分布属于典型的集聚分布
    D. 中国小城市分布具有明显的均衡分布特征

59. 下列关于城镇化的表述,哪项是错误的?(　　)
    A. 区域城镇化水平与经济发展水平之间呈对数相关关系
    B. 工业化带动城镇化是近现代城镇化快速推进的一个重要特点
    C. 发展中国家的城镇化已经构成当今世界城镇化的主体
    D. 当代发展中国家的城镇化速度低于发达国家的城镇化速度

60. 从城镇化进程与经济社会发展之间是否同步的角度,可以将城镇化分为(　　)。
    A. 积极型城镇化与消极型城镇化　　B. 向心型城镇化与离心型城镇化
    C. 外延型城镇化与飞地型城镇化　　D. 新型城镇化与旧型城镇化

61. 下列哪项不属于世界城市体系的主要层次?(　　)
    A. 全球城市　　　　　　　　　　B. 具有全球服务功能的专业化城市
    C. 有较高国际性的生产和装配城市　D. 具有世界自然与文化遗产的城市

62. 下列关于城市地域概念的表述,哪项是错误的?(　　)
    A. 城市建成区是城市研究中最基本的城市地域概念
    B. 区域经济社会越发达,城市地域的边界越模糊
    C. 城市实体地域一般比功能地域大
    D. 随着城市的发展,城市实体地域的边界是动态变化的

63. 下列关于城市经济活动基本部分与非基本部分比例关系 B/N 的表述,哪项是错误的?(　　)
    A. 综合性大城市通常 B/N 小
    B. 地方性中心城市通常 B/N 小
    C. 专业化程度高的城市通常 B/N 大
    D. 大城市郊区开发区通常 B/N 小

64. 在克里斯塔勒中心地理论中,下列哪项不属于支配中心地体系形成的原则?(　　)
    A. 市场原则　　　B. 交通原则　　　C. 居住原则　　　D. 行政原则

65. 下列哪项规划建设可以用增长极理论来解释?(　　)
    A. 开发区建设　　　　　　　　　B. 旧城改造
    C. 新农村建设　　　　　　　　　D. 风景名胜区保护

66. 下列哪种方法适用于城市吸引范围的分析?(　　)
    A. 回归分析　　　B. 潜力分析　　　C. 聚类分析　　　D. 联合分析

67. 下列关于城市社会学各学派的描述,哪项是错误的?(　　)

　　A. 芝加哥学派创建了古典城市生态学理论

　　B. 哈维是马克思主义学派的代表人物

　　C. 全球化是信息化城市发展的重要动力

　　D. 政治经济学无法应用于城市空间研究

68. 下列关于社会调查方法的表述,哪项是错误的?(　　)

　　A. 部门访谈和针对居民个体的深度访谈在访谈方法上有一定的差别

　　B. 质性方法和定性方法是两回事

　　C. 质性方法强调在访谈过程中构建研究者的理论

　　D. 问卷调查方法有抽样的要求和数量要求

69. 下列关于城市人口结构的描述,哪项是正确的?(　　)

　　A. 人口性别比与城市或区域的发展没有关系

　　B. 人口的素质结构一直没有合适的指标和数据来度量

　　C. 一个地区社会的老龄化程度与少年儿童的比重有关

　　D. 人口普查中的行业人口是按就业地进行统计的

70. 我国东部地区某城市,按第六次人口普查数据,60岁以上人口占总人口比重为13%;而按2010年本市公安系统提供的户籍数据,60岁以上人口占总人口的比重为21%。以下哪项对上述现象的解读有误?(　　)

　　A. 不同的人口统计口径造成上述结果的差异

　　B. 比较而言,户籍人口的老年负担系数更大

　　C. 外来人口总体带眷系数大

　　D. 外来人口延缓了人口老龄化进程

71. 下列关于流动人口的表述,哪项是错误的?(　　)

　　A. 按照第六次人口普查数据,"常住人口"包括了在当地居住一定时间的外来人口

　　B. 就近年我国的情况而言,每个行业的流动人口的性别比都大于100

　　C. 公安系统的"暂住人口"与人口普查的"迁移人口"采用了统一的统计标准

　　D. 一般意义上,一个城市的"流动人口"数量既包括流入人口数量,也包括流出人口数量

72. 市场转型时期中国大城市内部空间结构模式的特点表现为(　　)。

　　A. 差异性大于相似性　　　　　　　B. 城乡接合部绅士化

　　C. 城市中心衰落　　　　　　　　　D. 单位社区的强化

73. 下列关于社区归属感的表述,哪项是错误的?(　　)。

　　A. 近年学术界讨论热烈的"门禁社区"也存在归属感

　　B. 社会现代化水平的提高一定程度上削弱了社区归属感

　　C. 归属感在实体社区和虚拟社区中都扮演了重要角色

D. 现代社会中,城市社区的空间区位会影响归属感

74. 下列哪项不是城市规划公众参与的要点?(   )。

A. 发挥各种非政府组织的作用并重视保障其利益

B. 强调政府的权力主导和规划的空间调控属性

C. 强调市民社会的作用

D. 重视城市管制和协调思路的作用

75. 下列关于生物与生物之间的关系的表述,哪项是错误的?(   )

A. 种群是物种存在的基本单元

B. 群落是生态系统中有生命的部分

C. 生物个体与种群既相互联系又相互区别

D. 群落一般保持稳定的外貌特征

76. 下列关于城市生态系统基本特征的表述,哪项是正确的?(   )

A. 绿色植物和动物在城市中占主体地位

B. 城市中的山体、河流和沼泽等的形态与功能发生了巨大变化

C. 城市生态系统是流量大、容量大、密度高、运转快的封闭系统

D. 通过自然调节维持系统的平衡

77. 下列关于城市能量流动与环境问题的表述,哪项是错误的?(   )

A. 每个能源使用环节都会释放一定的热量进入环境

B. 有效能源包括原生能源和次生能源

C. 减少化石能源消耗能够减轻整体环境污染

D. 减少生物能源的消耗能够减轻整体环境污染

78. 下列关于我国当前环境问题主要成因的表述,哪项是错误的?(   )

A. 原生环境问题频发

B. 人类自身发展膨胀

C. 生物地球化学循环过程变化的环境负效应

D. 人类活动过程规模巨大

79. 下列关于环境保护工程措施的表述,哪项是错误的?(   )

A. 目的是减少环境污染和生态影响

B. 关闭矿山、报废工厂属于生物工程措施

C. 植树造林属于生物性生态工程

D. 地下水回灌属于工程性生态工程

80. 下列关于区域生态安全格局的表述,哪项是错误的?(   )

A. 对区域景观过程的健康与安全具有关键意义

B. 关注城市扩张、物种空间活动、水和风的流动,以及灾害扩散等内容

C. 是根据景观过程的现状进行判别和设计的

D. 是由具有战略意义的关键性景观元素、空间设置及其相互联系形成的格局

二、多项选择题（共20题，每题1分。每题的备选项中有2～4个符合题意。多选、少选、错选都不得分）

81. 下列哪些项是中国古建筑区别尊卑关系的常用做法？（　　）
    A. 空间方位的不同
    B. 屋顶形式的差异
    C. 建筑体量的大小
    D. 开间数量的多少
    E. 植物种类的选择

82. 下列关于住宅建筑的表述，哪些项是错误的？（　　）
    A. 住宅的功能空间包括公共楼梯间
    B. 住宅的功能空间包括服务阳台
    C. 4～6层的住宅建筑为多层住宅
    D. 9～30层的住宅建筑为高层住宅
    E. 单栋住宅的长度超过80m时应设置消防车通道

83. 下列哪些项是编制建筑工程设计文件的依据？（　　）
    A. 项目评估报告
    B. 城市规划
    C. 项目批准文件
    D. 区域规划
    E. 建设工程勘察设计规划规范

84. 下列关于公共建筑交通联系空间的表述，哪些项是错误的？（　　）
    A. 交通联系空间的形式与功能有关，与建筑空间处理无关
    B. 交通联系空间的形式与功能无关，与建筑空间处理有关
    C. 交通联系空间的位置与功能有关，与建筑空间处理无关
    D. 交通联系空间的位置与功能无关，与建筑空间处理有关
    E. 交通联系空间的大小与功能有关，与建筑空间处理也有关

85. 下列关于建筑形式美的表述，哪些项是错误的？（　　）
    A. 对比可以借助相互烘托陪衬求得调和
    B. 微差利用相互间的协调和连续性以求得变化
    C. 空间渗透是指空间各部分的互相连通与贯穿
    D. 均衡包括对称均衡、不对称均衡和动态均衡
    E. 韵律分为简洁韵律和复杂韵律

86. 下列关于城市道路交叉口常用的改善方法，哪些项是正确的？（　　）
    A. 渠化和拓宽路口
    B. 错口交叉改为十字交叉
    C. 斜角交叉改为正交交叉
    D. 环形交叉改为多路交叉
    E. 合并次要道路，再与主路相交

87. 下列关于道路纵坡的表述，哪些项是正确的？（　　）
    A. 道路最大纵坡与设计车速无关
    B. 道路最小纵坡与道路排水有关
    C. 道路纵坡与道路等级有关
    D. 道路纵坡与道路两侧绿化有关
    E. 道路纵坡与地下管线的敷设有关

88. 下列哪些项是在交叉口合理组织自行车交通时通常采用的措施？（　　）
    A. 设置自行车右转车道
    B. 设置自行车左转等待区

C. 设置自行车横道　　　　　　D. 将自行车停车线前置

E. 将自行车设置在人行道上

89. 下列哪些项属于中低速磁浮系统的特征？（　　）

A. 车辆荷载相对均衡　　　　　B. 噪声较大

C. 轨道的维护费用较高　　　　D. 车辆费较高

E. 属于中运量交通方式

90. 下列关于城市铁路客运站站前广场规划设计的表述,哪些项是错误的？（　　）

A. 大城市的公交站点应布置在广场内部

B. 轨道交通车站应远离站房

C. 社会车辆停车场可修建在广场地下

D. 自行车停车场一般应在站前广场内部集中设置

E. 大型铁路客运站应把出租车停车场的接客区和送客区分开设置

91. 下列关于城市轨道交通车站设置的表述,哪些项是错误的？（　　）

A. 尽量远离主要客流集散点　　B. 高架车站应控制体量和造型

C. 经过铁路客运站时一般应设站　D. 避免在公路客运枢纽站设置

E. 车站位置应有利于乘客集散

92. 下列关于城市工程管线综合布置原则的表述,哪些项是错误的？（　　）

A. 城市各种管线的位置应采用统一的城市坐标系统及标高系统

B. 热力管道一般不与电力、通信电缆共沟敷设

C. 当新建管线与现状管线冲突时,现状管线应避让新建管线

D. 交叉管线垂直净距指上面管道内底(内壁)到下面管道顶(外壁)之间的距离

E. 管线埋设深度指地面到管道底(内壁)的距离

93. 下列哪些项不属于可再生能源？（　　）

A. 风能　　　B. 石油　　　C. 沼气　　　D. 煤炭

E. 核能

94. 下列关于城市供电规划的表述,哪些项是正确的？（　　）

A. 大型燃煤发电厂应尽量靠近水源

B. 市区内新建变电站应采用全户外式结构

C. 变电站可以与其他建筑物合建

D. 有稳定冷、热需求的公共建筑区应建设燃气热电冷三联设施

E. 核电厂限制区半径一般不得小于 3km

95. 下列哪些措施适合解决资源性缺水地区的水资源供需矛盾？（　　）

A. 调整产业和行业结构,将高耗水产业逐步搬迁

B. 推广城市污水再生利用

C. 推广农业滴灌、喷灌

D. 控制城市发展规模

E. 改进城市自来水厂净水工艺

96. 下列哪些防洪措施属于城市防洪安全布局的内容?(　　)

　　A. 在城市上游兴建具有防洪功能的水库

　　B. 选择城市建设用地时避开洪水高风险区

　　C. 在排洪河道上留出足够的行洪空间

　　D. 在河道两侧建设高标准防洪堤

　　E. 将防洪设施作为城市黄线进行严格管理

97. 下列哪些防洪排涝措施是正确的?(　　)

　　A. 在建设用地标高低于设计洪水的城市兴建堤防

　　B. 在地形和洪水位变化较大的城市依靠泵站强排城市雨水

　　C. 在坡度较大的山坡上建设截洪沟防治山洪

　　D. 若城区河段行洪能力难以提高,在上游设置一定蓄洪区

　　E. 将公园绿地、广场、运动场等布置在洪涝风险相对较大的地段

98. 下列关于生态系统服务的表述,哪些项是错误的?(　　)

　　A. 从生态系统获得食物属于供给服务

　　B. 水体净化属于供给服务

　　C. 保持水土属于调节服务

　　D. 减轻侵蚀属于调节服务

　　E. 生物生产属于供给服务

99. 下列关于废气污染对人体健康影响的表述,哪些项是错误的?(　　)

　　A. 烟雾导致慢性支气管炎

　　B. 铅尘导致儿童记忆力低下

　　C. 气溶胶刺激眼和咽喉

　　D. 二氧化碳导致消化道疾病

　　E. 二氧化硫导致呼吸道疾病

100. 下列关于生态恢复的表述,哪些项是正确的?(　　)

　　A. 生态恢复不是物种的简单恢复

　　B. 人类可以通过生态恢复对受损生态系统进行干预

　　C. 生态恢复本质上是生物物种和生物量的重建

　　D. 生态恢复是指自然生态系统的次生演替

　　E. 生态恢复可以用于被污染土地的治理

真 题 解 析

一、单项选择题(共 80 题,每题 1 分。每题的备选项中,只有 1 个最符合题意)

1. C

【解析】 按照园林基址的选择和开发方式的不同,中国古典园林可分为人工山水园和天然山水园两大类型。按照园林的隶属关系分类,可分为皇家园林、私家园林、寺观园林。殷、周、秦、汉以规模宏大的贵族宫苑和皇家宫廷园林为主流。中国古典园林从生成到全盛的转折期是魏、晋、南北朝。因此 C 选项符合题意。

2. D

【解析】 宋代宫殿的创造性发展是御街千步廊制度,另一特点是使用工字形殿。元代宫殿喜用工字形殿,受游牧生活、喇嘛教及西亚建筑影响,用多种色彩的琉璃,金、红色装饰,挂毡毯毛皮帷幕。因此 D 选项符合题意。

3. B

【解析】 古希腊建筑美学思想与古希腊建筑中反映出的人本主义世界观,体现着严谨的理性精神,追求理想的美,认为美是由度量和秩序所组成的。建筑风格特征为庄重、典雅、精致、有性格、有活力。因此 B 选项符合题意。

4. C

【解析】 勒·柯布西埃的早期作品萨伏伊别墅体现了"新建筑五点"原则:①底层架空;②屋顶花园;③自由平面;④横向长窗;⑤自由立面。因此 C 选项符合题意。

5. C

【解析】 套内空间数量和低限面积见下表,故选 C。

空间名称	数量	低限面积/m²
起居室(厅)	1	12
双人卧室	1	10
单人卧室		6
厨房	1	4
兼起居卧室		12
卫生间	1	3
餐室(厅)		6
书房		6

6. A

【解析】 实验楼属于管理单元。专业化工厂的功能单元常分为生产单元、辅助生产单元、仓储单元、动力单元、管理单元、生活单元。因此 A 选项符合题意。

7. C

【解析】 停车库进出车辆频繁,库址宜选在道路通畅、交通方便的地方,但须避免直接建在城市交通干道旁和主要道路交叉口处。历史文化名城、风景区的旅游宾馆应与周边环境相协调,符合国家相关规定,在保护的核心景区和风貌保护区之外。电视台选址应尽可能考虑环境比较安静,场地四周的地上和地下没有强振动源和强噪声源,空中没有飞机航道通过,并尽可能远离高压架空输电线和高频发生器。档案馆应建在交通便利,且城市公用设施比较完备的地区。故选C。

8. B

【解析】 设计标高确定的主要因素:(1)用地不被水淹,雨水能顺利排出,注意防洪,而设计洪水位视建设项目的性质、规模、使用年限确定;(2)考虑地下水位、地质条件影响;(3)考虑交通联系的可能性;(4)减少土石方工程量。因此B选项符合题意。

9. C

【解析】 空间结构体系包括网架、薄壳、折板、悬索等结构形式。故选C。

10. A

【解析】 通常将水泥、钢材及木材称为一般建筑工程的三大材料。故选A。

11. B

【解析】 由于南方地区和北方地区相比太阳入射角较大,夏季太阳入射角更高,故屋顶的辐射量最大。因此B选项符合题意。

12. B

【解析】 存在三种最基本的色光,它们的颜色分别为红色、绿色和蓝色;青、品红、黄三色为色料的三原色;固有色即物体的本色——可理解为日光下所显示的颜色;纯度、艳度也就是色彩纯净和鲜艳的程度。三棱镜折射出的光色即色环上的色,也就是原色,没有一丝杂色的混入,其纯度最高。由以上分析可知,B选项符合题意。

13. C

【解析】 施工单位可以根据施工中的具体问题向建设单位(甲方)提出设计修改意见,由建设单位要求原设计单位做出设计修改方案。C选项明显错误。故选C。

14. D

【解析】 根据实际经验,会车视距按停车视距的2倍计算。因此D选项符合题意。

15. A

【解析】 一般城市主干路小型车车道宽度选用3.5m,大型车车道或混合行驶车道选用3.75m,支路车道最窄不宜小于3.0m。因此A选项符合题意。

16. A

【解析】 城市道路平面设计的主要内容:确定道路中心线的具体位置,选定合理的平曲线,论证设置必要的超高、加高缓和段;进行必要的行车安全视距验算;详细布置道路红线范围内道路各组成部分,包括道路排水设施、公共交通停靠站等其他设施和交通标志标线的布置;确定与两侧用地联系的各路口、相交道路交叉口、桥涵等的具体位置和设计标准、选型、控制尺寸等。行车安全视距验算属于道路路面设计的内容。因此A选项符合题意。

17. D

【解析】 交叉口的通行能力和行车安全在很大程度上取决于交叉口的交通组织与管理。交叉口的交通组织方式有四种。

（1）无交通管制：适合于交通量很小的次要道路交叉口。

（2）采用渠化交通：适用于交通量较小的次要交叉口、交通组织复杂的异形交叉口和城市边缘地区的道路交叉口。在交通量比较大的交叉口,配合信号灯组织渠化交通,有利于交叉口的交通秩序,增大交叉口的通行能力。

（3）实施交通指挥（信号灯控制或交通警察指挥）：常用于一般平面十字交叉口。

（4）设置立体交叉：适用于快速、有连续交通要求的大交通量交叉口。

由以上分析可知,D选项符合题意。

18. B

【解析】 城市道路设计时一般希望将平曲线与竖曲线分开设置。如果确实需要重合设置时,通常要求将竖曲线在平曲线内设置,而不应有交叉现象。为了保持平面和纵断面的线形平顺,一般取凸形竖曲线的半径为平曲线半径的10～20倍。应避免将小半径的竖曲线设在长的直线段上。显然,B选项符合题意。

19. A

【解析】 环形交叉口中心岛多采用圆形,主、次干路相交的环形交叉口也可采用椭圆形的中心岛,并使其长轴沿主干路的方向。因此A选项符合题意。

20. B

【解析】 城市公共停车设施可分为路边停车带和路外停车场（库）两大类。故选B。

21. C

【解析】 错层式停车库是由直坡道式停车库发展而形成的,停车楼面分为错开半层的两段或三段楼面,楼面之间用短坡道相连,因而大大缩短了坡道长度,坡度也可适当加大。错层式停车库用地较节省,单位停车面积较少,但交通路线对部分停车位的进出有干扰,建筑外立面呈错层形式。由以上分析可知,C选项符合题意。

22. B

【解析】 站前广场承担交通换乘枢纽、某些商业、防灾、环境景观等功能,其中,交通功能是其基本功能。因此B选项符合题意。

23. D

【解析】 城市轨道交通线网规划的内容有：（1）确定各条线路的大致走向和起讫点位置,提出线网密度等技术指标。（2）确定换乘车站的规划布局,明确各换乘车站的功能定位。（3）处理好城市轨道交通线路之间的换乘关系,以及城市轨道交通与其他交通方式的衔接关系；根据沿线地形、道路交通和两侧土地利用的条件,提出各条线路的敷设方式。（4）根据城市与交通发展要求,在交通需求预测的基础上,提出城市轨道交通分期建设时序。（5）按照城市轨道交通分期建设时序和车辆基地规划等要求,确定线网中联络线的分布。

确定车站规模不属于轨道交通网规划的内容,其应在线网规划确定后在站点建设中依据线网规划确定的功能定位等因素进行确定。故选D。

24. C

【解析】 城市供水规划内容包括:(1)总体规划阶段应划定城市水源保护区范围,提出水源保护措施。(2)城市供水工程规划中,城市供水设施应该按最高日用水量配置。(3)非传统水资源是指江河水系和浅层地下含水层中的淡水资源之外的水资源,包括雨水、污水、微咸水、海水等。(4)通常要考虑到50%、75%、95%三种保证率,分别代表平水年、枯水年和特枯年。保证率越高,相应的水资源总量越小。显然,C选项符合题意。

25. A

【解析】 重要干道、重要地区或短期积水能引起严重后果的地区,重现期宜采用3~5年,其他地区重现期宜采用1~3年,特别重要地区和次要地区或排水条件好的地区重现期可酌情增减。建筑物屋面、混凝土和沥青路面等不透水材料覆盖的地面,径流系数最大,一般为0.9;公园绿地等透水面积较多的地面,径流系数最小,一般为0.15;其他类型的地面径流系数介于这两者之间。排水分区划分时应高水高排,低水低排,避免将地势较高、易于排水的地段与低洼区划分在同一排水分区。截流式合流制是直排式合流制的改进形式,在无雨天可以将全部污水截流到污水厂处理或输送到下游排放,大大减轻城市水环境压力,且工程量相对较小。而在有降雨的情况下,当降雨量较小时,旱流污水和污染物浓度较高的初期雨水全部通过截流管截走,有利于城市水环境保护,当降雨量和污水量超过截流管的截流能力时,多余部分的混合污水将从溢流井排入水体,仍然对城市水环境有影响。由以上分析可知,A选项符合题意。

26. C

【解析】 容载比过大将使电网建设投资增大,电能成本增加;容载比过小将使电网适应性差,调度不灵,甚至发生"卡脖子"现象,A选项错误。单位建筑面积负荷指标法是详细阶段常用负荷预测方法,B选项错误。城市供电系统分为城市电源、送电网(输电网)、配电网,C选项正确。220kV供电架空走廊下不得布置城市管道,以免管道物质挥发造成灾害,D选项错误。故选C。

27. D

【解析】 根据调压站布置原则可知,调压站应尽量布置在负荷中心。因此D选项符合题意。

28. B

【解析】 A选项的医疗垃圾属于危险废物,需集中焚烧,不可以和生活垃圾混合填埋处理,故A选项错误。固体废物管理的"三化"原则是指减量化、资源化、无害化,因此B选项正确。生活垃圾填埋场距大中城市规划建成区不应小于5km,故C选项错误。工业固体废物产生量预测方法有:(1)单位产品法;(2)万元产值法。D选项错误。故选B。

29. D

【解析】 管道集中建设、集约使用、差异化管理是国内外通信行业发展的主流。故选D。

30. D

【解析】 A选项属于黄线控制;B选项属于红线控制;C选项属于紫线控制;D选项属于蓝线控制。故选D。

31. C

【解析】 根据城市地下工程管线避让原则,压力管让自流管,A选项错误。根据城市工程管线共沟敷设原则,燃气管不应与电力管道共沟,有安全隐患,B选项错误。根据城市工程管线综合术语与技术规定,管线覆土深度指地面到管道顶(外壁)的距离,C选项正确。综合布置管线时,确定城市工程管线在地下敷设时的排列顺序和工程管线间的最小水平净距、最小垂直净距,D选项错误。故选C。

32. B

【解析】 必须分清楚总规阶段和详规阶段的工作内容,三种工程竖向设计方法的差异和使用原则。纵断面法多用于地形比较复杂地区的规划。故选B。

33. D

【解析】 详细规划阶段,需要在规划中落实的防灾内容有:(1)落实总体规划布置的防灾设施位置、用地;(2)按照防灾要求合理布置建筑、道路,合理配置防灾基础设施。因此D选项符合题意。

34. C

【解析】 城市消防站有多种分类。按照消防站责任区的地域类型,城市消防站分为陆上消防站、水上消防站和航空消防站。陆上消防站按照扑救火灾的类型分为普通消防站和特勤消防站,其中普通消防站负担一般性火灾扑救,特勤消防站除负责一般性火灾扑救外,还要承担高层建筑火灾扑救和危险化学物品事故处置的任务。因此C选项符合题意。

35. C

【解析】 排涝泵站规模(即排水能力)根据排涝标准、服务区面积和排水分区内水体调蓄能力确定。显然,C选项符合题意。

36. D

【解析】 地面沉降的成因多种多样,例如地壳运动、地下矿藏开采、地下水开采等都可能发生。因此控制地下水开采量可以有效防治地面沉降。D选项符合题意。

37. B

【解析】 地震震级是反映地震过程中释放能量大小的指标,释放能量越多,震级越高,强度越大。截至目前,世界上记录到的最大地震震级为8.9级。地震烈度是反映地震对地面和建筑物造成破坏的指标,烈度越高,破坏力越大。地震烈度与地质条件、距震源的距离、震源深度等多种因素有关。同一次地震,主震震级只有一个,而烈度在空间上呈现明显差异。

一般建设工程应按照基本烈度进行设防。重大建设工程和可能发生严重次生灾害的建设工程,必须进行地震安全性评价,并根据地震安全性评价结果确定抗震设防标准。

地震烈度区划图采用了地震危险性分析的概率方法,并直接考虑了一般建设工程应遵循的防震标准,确定以50年超越概率10%的风险水准编制而成。

由以上分析可知,B选项符合题意。

38. A

【解析】 关系数据库的表由行和列组成,每一行代表一条记录,每一列代表一种属性。投影是指按需要选择列,选择则是按某种条件对表中的行进行选择。题目中是在20个字1000条记录中查找5个字符和200条记录,需要用到列和行的功能,也就需要投影＋选择的操作。因此A选项符合题意。

39. D

【解析】 Web上可用的每种资源,如HTML文档、图像、视频片段、程序等,由一个通用资源标识符(URI)进行定位。URI一般由三部分组成:(1)主机名——存放资源的主机;(2)相对URI——访问资源的命名机制;(3)标识符——资源自身的名称,由路径表示。因此D选项符合题意。

40. B

【解析】 拓扑关系,是指满足拓扑几何学原理的各空间数据间的相互关系。即用节点、弧段和多边形所表示的实体之间的邻接、关联、包含和连通关系。故选B。

41. B

【解析】 比例尺关系最直接地体现在长度上。故线地物长度和两点间距离的影响倍数为K,而地物面积影响为K^2,至于方向,其不影响。因此B选项符合题意。

42. A

【解析】 危机状况下人口的疏散也是网络分析的应用之一。故选A。

43. A

【解析】 对红线扩展之后涉及的房屋拆迁面积进行量算,需要通过以下三个步骤:通过邻近分析得出涉及的包络区;再对地形图上的房屋建筑进行叠合分析;最后进行几何量算。故选A。

44. B

【解析】 城市规划中需要获取地物的社会属性,但靠遥感数据只能获取范围等,社会属性主要还得靠实地调查得到。因此B选项符合题意。

45. C

【解析】 对林火进行监测,不但要监测林火的发生地点,还需要对林火的势头、方向、面积等进行多次观测和对比,要求一日进行多次监测。LandsatTM可以在同一地点成像18d;SpotHRV的监测时间为5d;MODIS的监测时间为1d或者2d;风云气象卫星可一日数次进行监测。由分析可知,C选项符合题意。

46. D

【解析】 城市经济学首先是经济学的一门分支学科,它运用经济学基础理论揭示出的经济运行原理来分析城市经济问题和城市政策,其理论基础主要包括微观经济学、宏观经济学和公共经济学。由于经济学研究的核心问题是市场中的资源配置问题,所以城市经济学也是以城市中最稀缺的资源——土地资源的分配问题开始着手,论证了经济活动在空间上如何配置可以使土地资源得到最高效率的利用。城市经济学又是经济学中具有独特特征的一门分支学科,其特征表现在对经济活动空间关系的分析。故选D。

47. A

【解析】 经济学研究的核心问题是市场中的资源配置效率问题,经济利益的最大化。故选A。

48. B

【解析】 城市的外部性造成了城市的均衡规模大于城市最佳规模,单就控制外部性而言,就是要让最佳规模趋向均衡规模,也就是要阻止企业进来,只有让企业或者个人承担其直接成本而不是转移给所有人来承担(变成平均成本),故选 B。

49. C

【解析】 当边际成本等于边际收益的时候,就达到城市的最佳规模;平均成本等于平均收益的时候是均衡城市规模。

当边际成本等于边际收益的时候,平均收益大于平均成本,仍然有人或者企业进入城市,人口继续增加,城市规模扩大。所以,均衡规模大于最佳规模。故选 C。

50. C

【解析】 替代效应是指:离城市中心越远,房屋租金越低,房价越便宜。而收入一定的情况下,住房的边际效益和其他生活成本的边际效益会在作用过程中尽量最大化,这样的结果是花一定的费用在郊区买房子的边际效益远远大于其他生活成本边际效益。故选 C。

51. B

【解析】 替代效应会造成地价与资本密度之间的关系变化,因此,地价上升会导致资本密度的上升。因此 B 选项符合题意。

52. A

【解析】 当城市居民收入增加时,他们会消费更多的商品,也会选择更大的住房。根据房价曲线我们知道,离中心区越远,房价越低,所以对大房子的需要使得人们向外迁移,而收入的增加也使得人们可以支付由于外迁带来的通勤交通成本的上升。这样的行为就导致了接近中心区房价的下降和外围地区房价的上升,即价格曲线发生了扭转,变得更平缓了,房价的变化又导致相应的地价曲线发生同样的变化,结果就是城市边界的外移和城市空间规模的扩大。这里谈到的地租曲线斜率变化导致的城市空间扩展,就是郊区化的现象。显然,A 选项符合题意。

53. D

【解析】 正外部性是指某个经济行为个体的活动使他人或社会受益,而受益者无须花费代价;负外部性是指某个经济行为个体的活动使他人或社会受损,而造成负外部性的人却没有为此承担成本。很显然,ABC 选项是正外部效应导致的结果。故选 D。

54. B

【解析】 城市交通早高峰的需求弹性小是由于上班时间是刚性的,故有些大城市鼓励错峰出行,甚至规定国家机关、事业单位、国有企业等晚半小时上班、晚半小时下班。因此 B 选项符合题意。

55. B

【解析】 小汽车初始成本低,但平均成本高;公交车初始成本高,但平均成本低,而平均成本和客流量有关,所以,城市越大,客流量越大,公交车的优越性越显著。而有些大城市中公交车出现亏损的原因主要是交通需求的波动性。故选 B。

56. D

【解析】 土地税是可以实现公平和效率两个目标的方法。故选 D。

57. C

【解析】 "用脚投票"会形成消费偏好相同的社区。故选 C。

58. D

【解析】 城市的空间分布具有典型的不均衡分布特征,但也不是随机分布,而是呈典型的聚集分布。世界大城市主要向中纬度聚集,中国城市分布具有明显的东密西疏的特征。故选 D。

59. D

【解析】 区域城镇化水平(注意不是单个城市的城市化)与经济社会发展水平成对数相关关系,因此 A 选项正确。工业化出现后,带动生产力的大力发展,需要大量的劳动力,是近现代城镇化的快速推动的基石,故 B 选项正确。城镇化进程大大加快,发展中国家逐渐成为城镇化的主体,故 C 选项正确,D 选项错误。因此 D 选项符合题意。

60. A

【解析】 从城镇化与经济社会发展之间是否协调的角度来讲,城镇化可分为积极型城镇化和消极型城镇化。二者相协调的称为积极型城镇化,反之,城镇化过快或者过慢都称为消极型城镇化。故选 A。

61. D

【解析】 世界城市体系的分类为:(1)全球城市;(2)亚全球城市(专业化服务城市);(3)具有较高国际性的大量进行生产和装配的城市。因此 D 选项符合题意。

62. C

【解析】 城市功能地域一般比城市实体地域要大,包括联系的建成区以外的一些城镇和城郊,也可能包括一部分乡村地域。因此 C 选项符合题意。

63. D

【解析】 大城市郊区开发区由于内部服务系统不完善,通常 B/N 可能较大。因此 D 选项符合题意。

64. C

【解析】 支配中心地体系形成的原则有:(1)市场原则;(2)交通原则;(3)行政原则。故选 C。

65. A

【解析】 增长极理论认为是否发动增长,取决于是否有主导产业(发动型工业),一旦出现发动型工业,则产生强大的经济吸引力,从而形成核心。再逐渐形成"圈层理论"扩大发展。开发区的建设就是先由政府引进大量工业企业,形成主导产业,慢慢形成强大的吸引力,最后形成核心。因此 A 选项符合题意。

66. B

【解析】 城市吸引力分析主要采用(1)经验的方法;(2)理论的方法,其中包括断裂点公式和潜力模型。从分析可知,B 选项符合题意。

67. D

【解析】 马克思主义学派创建的初始目的就是弥补古典生态学忽视政治和经济制度的作用。政治经济学对城市空间研究有重大作用(比如:资本集聚与空间节点的关系),因此 D 选项符合题意。

68. A

【解析】 部门访谈和针对居民个体的深度访谈在方法上都是相互谈话互动,即在方法上是一致的,只是在形式上有差别。

部门访谈和质性研究的深度访谈在方法上是有一定差别的。故选 A。

69. C

【解析】 人口性别比与城市或区域的发展有关系,因为人口的流动与经济社会发展有关,而流动人口多为年轻男性,因此 A 选项错误。

人口素质结构包括身体、科学、思想等素质,而有些指标是无法定性地测量的,规划上采用的人口素质指标为狭义的科学文化素质,可以用指标和数据度量,因此 B 选项错误。

人口普查中的行业人口是以该行业的就业数据来统计的,而不是按就业地来统计,因此 D 选项错误。老龄化程度,指 65 岁人口占总人口的比重,青少年儿童比重大时,老龄化程度就低,故 C 选项正确,符合题意。

70. C

【解析】 人口普查是按常住人口而不是户籍人口进行的。外来常住人口多为正式劳动力,所以,外来人口对城市而言延缓了该城市的人口老龄化进程。另外,统计口径的不一致也造成题目数据的差异。很明显,上述数据显示,户籍人口的老龄化负担系数更大。外来人口的总体带眷系数不能说明问题,且带眷系数大可能造成老龄化加重(比如带眷人口中老人占比过大)。由以上分析可知,C 选项符合题意。

71. B

【解析】 每个行业的流动人口性别比都大于 100 显然是错误的。暂住人口只是暂时的居住,不涉及永久性居住情况,而迁移人口则是流动人口,通常会涉及永久性居住地由迁出地到迁入地的变化。流动人口包括流入和流出两部分,但一般城市意义上流动人口指流入人口。因此 B 选项符合题意。

72. A

【解析】 市场转型期的中国城市空间结构,差异性大于相似性,整个社会由计划经济时期的同质性社会空间结构向市场经济时期的异质性社会空间结构转变。显然,A 选项符合题意。

73. B

【解析】 现代社会的现代化水平的归属感偏向心理归属感,而互联网等信息时代的到来,一定程度上增加了社会的归属感。而实际调查也显示多数城市居民的社区归属感仍然较强。B 选项显然错误,故选 B。

74. B

【解析】 强调政府的权力主导和规划的空间调整属性显然不是公众参与城市规划的要点。因此 B 选项符合题意。

75. D

【解析】 种群是物种存在的基本单元,是生物群落的基本组成单位和生态系统研究的基础,故 A 选项正确。群落包括植物、动物和微生物等各个物种的种群,共同组成生态系统中有生命的部分,因此 B 选项正确。种群虽然是由同种个体组成的,但并不等于个体的简单相加。个体与种群各自具有既相互联系又互为区别的特征,故 C 选项正确。在随时间变化的过程中,生物群落经常改变其外貌,并具有一定的顺序状态,即具有发展和演变的动态特征,因此 D 选项错误。故选 D。

76. B

【解析】 城市是以人为主体的生态系统,A 选项错误;城市生态系统是流量大、容量大、密度高、运转快的开放系统,C 选项错误。生态系统所具有的自然调节而保持平衡功能在城市生态系统中显得很弱,城市需要不断的人为干预来维持,因此 D 选项错误。城市生态系统与自然生态系统在形态与功能上均发生了变化,城市生态系统形态有更多的人为干预痕迹,功能上也更强调对人的服务。因此 B 选项正确。

77. B

【解析】 每个能源使用环节都会有热量进入环境,而原生能源和次生能源可以经过转化或者直接成为有效能源,其三者不是包含关系。所以 A 选项正确,B 选项错误。

C 选项明显是正确的,化石能源主要是煤炭、石油等,减少其消耗可以减轻环境污染。

D 选项中生物能源是介于化石能源和新能源之间的能源,其本身来源于太阳能,但使用过程中会产生污染,比如秸秆的燃烧,但是由于其直接来自太阳能,缺少第二次的能量源,其本身的使用是减轻环境污染的。

故选 B。

78. A

【解析】 环境问题的成因主要是:(1)人类自身发展膨胀;(2)人类活动过程规模巨大;(3)生物地球化学循环过程变化的环境负效应;(4)人类影响的自然过程不可逆改变或者恢复缓慢。进入工业化社会,次生环境问题频发加剧。因此 A 选项符合题意。

79. B

【解析】 关闭矿山、报废工厂属于管理措施。显然,B 选项符合题意。

80. C

【解析】 区域生态格局以景观生态学理论和方法为基础,基于区域的景观过程和格局的关系,通过对景观过程的分析和模拟,来判别对这些过程的健康与安全具有关键意义的景观格局,是用动态分析和模拟来判别的过程,并不仅仅是对过程现状的判别。由以上分析可知,C 选项错误。故选 C。

二、多项选择题(共20题,每题1分。每题的备选项中有2~4个符合题意。多选、少选、错选都不得分)

81. ABCD

【解析】 利用单体体量的大小和在院落中的位置、利用建筑物屋顶形式、利用建筑的开间数量、利用建筑色彩等来区别尊卑关系。E 选项无法区别尊卑关系。故选 ABCD。

82．ADE

【解析】 一套住宅可包括居室(起居室、卧室)、厨房、卫生间、门厅或过道、储藏间、阳台等,公共楼梯间不属于住宅功能空间,故 A 选项错误。按照层数的不同,可将住宅建筑分为四类:低层住宅,1~3 层;多层住宅,4~6 层;中高层住宅,7~9 层;高层住宅,10~30 层,故 D 选项错误。单栋住宅的长度超过 160m 时应设置 4m×4m 消防车通道,超过 80m 时应在建筑物底层设置人行通道,故 E 选项错误。故选 ADE。

83．BCE

【解析】 编制建筑工程设计文件的依据有:(1)项目批准文件;(2)城市规划;(3)工程建设强制性标准;(4)国家规定的建设工程勘察、设计深度要求。

建设工程设计具体到建筑本身的设计,不能把项目可行性和区域规划等远远高于单独建筑设计本身的上层规划的规定和限制作为依据,而应该层层相扣。由分析可知,AD选项不属于工程设计文件的依据。故选 BCE。

84．ABCD

【解析】 通常将过道、过厅、门厅、出入口、楼梯、电梯、自动扶梯、坡道等称为建筑的交通联系空间。交通联系空间的形式、大小和位置,服从于建筑空间处理和功能关系的需要。故选 ABCD。

85．ABE

【解析】 对比是显著的差异,微差则是细微的差异。就形式美而言,两者都不可少。对比可以借相互烘托陪衬求得变化,微差则借彼此之间的协调和连续性以求得调和;渗透是各部分空间互相连通、贯穿,呈现出极其丰富的层次变化;均衡的方式包括对称均衡、不对称均衡和动态均衡;表现在建筑中的韵律可分为连续韵律、渐变韵律、起伏韵律和交错韵律。由以上分析可知,ABE 选项符合题意。

86．ABCE

【解析】 历史上形成的城市道路中的一些交叉口,或者由于交叉形状不合理,或者由于与交通流量流向不适应,而影响了交叉口的通行效率和行车安全,需要进行改善。除了渠化、拓宽路口、组织环形交叉和立体交叉外,改善的方法主要有以下几种:(1)错口交叉改为十字交叉;(2)斜角交叉改为正交交叉;(3)多路交叉改为十字交叉;(4)合并次要道路,再与主要道路相交。由以上分析可知,ABCE 选项符合题意。

87．BCE

【解析】 道路纵坡主要取决于自然地形、道路两旁地物、道路构筑物净空限界要求、车辆性能和道路等级等;城市道路机动车道的最大纵坡取决于道路的设计车速;城市道路最小纵坡主要取决于道路排水和地下管道的埋设要求,也与雨量大小、路面种类有关。故选 BCE。

88．ABCD

【解析】 常用措施主要有以下几种:(1)设置自行车右转专用车道;(2)设置自行车左转候车区;(3)停车线提前法;(4)两次绿灯法;(5)设置自行车横道。故选 ABCD。

89．ADE

【解析】 中低速磁浮线路半径不小于 50m,线路坡度不大于 70%,最高行车速度不大于100km/h。中低速磁浮系统由于行车速度相对较低,对于城市区域内站间距大于1km的中短程客运交通线路较为适宜。中低速磁浮系统的主要特征包括:(1)曲线和道岔性能与单轨等新交通系统相近;(2)噪声小,轨道的维护费用少;(3)车辆荷载平均分布、车身较轻,桥梁等构造建筑的费用相应减少;(4)车辆费用较高;(5)属于中运量系统。故选ADE。

90．BD

【解析】 大、中城市的站前广场因其庞大的公交线网,需要把公交站点布置在广场的内部,以充分体现换乘的便捷性。在有轨道交通的大城市和特大城市,一般都把轨道交通的车站设置在站前广场的地下(或高架位置)以实现旅客的无缝换乘。考虑到实际情况,社会车辆停车场可以修建在广场的地下,而且可以是多层。这样,广场的人、车拥挤状况会得到明显改善。自行车停车场一般设置在站前广场外围的左右两侧;流量特别大或者站前用地比较宽余的火车站一般都把出租车停车场、接客区和送客区分开来设置,一般情况下考虑采用停车场与接送站台相结合的方式。由以上析可知,BD选项符合题意。

91．AD

【解析】 车站应布设在主要客流集散点和交通枢纽处;高架车站应控制造型和体量,中运量轨道交通的车站长度不宜超过100m;当线路经过铁路客运车站时,应设站换乘。车站间距应根据线路功能、沿线用地规划确定。由以上分析可知,AD选项符合题意。

92．CD

【解析】 工程管线的平面位置和竖向位置均应采用城市统一的坐标系统和高程系统,A选项正确。热力管不应与电力、通信电缆和压力管共沟,B选项正确。新建管线与现状管线冲突时,新建管线避让现状管线,C选项错误。交叉管线垂直净距指上面管道内庭(外壁)到下面管道顶(外壁)之间的距离,D选项错误。管线埋设深度指地面到管道底(内壁)的距离,E选项正确。故选CD。

93．BDE

【解析】 《中华人民共和国可再生能源法》第二条规定:本法所称可再生能源,是指风能、太阳能、水能、生物质能、地热能、海洋能等非化石能源。故选BDE。

94．ACD

【解析】 大型燃煤发电厂首先应考虑靠近水源,直流供水。市区内规划新建的变电所(站),宜采用户内式或半户外式结构。核电厂的限制区半径5km,禁止区半径1km。变电所(站)可与其他建筑物混合建设,或建设地下变电所(站)。有稳定冷、热需求的公共建筑区应建设燃气热电冷三联设施,以最大化利用能源。显然,ACD选项符合题意。

95．ABCD

【解析】 资源性缺水地区的水资源供需矛盾主要解决措施为节水和对非传统水资源的利用。调整产业和行业结构,将高耗水产业逐步搬迁,推广农业滴灌、喷灌能从源头上节约水资源。推广城市污水再生利用属于对非传统水资源的利用,为解决供需矛盾,控制城市发展规模有时也是一种措施。故选ABCD。

96．BC

【解析】 (1)城市建设用地应避开洪涝、泥石流灾害高风险区;(2)城市建设用地应根据洪涝风险差异,合理布局;(3)在城市建设中,应当根据防洪排涝需要,为行洪和雨水调蓄留出足够的用地。BC选项均属于安全布局方面的考虑内容,AD选项属于工程措施内容,E选项属于管理措施的内容。故选BC。

97．ABCD

【解析】 建设用地标高低于设计洪水位,城市防洪堤是重要的工程措施;在地形和水位变化较大的城市,难以形成自然的顺畅的排水分区,在局部地区会形成较多的凹点,而设置泵站可以作为解决措施。在行洪能力无法提高的地区,可在上游设置蓄洪区来调节;若是坡度较大的山坡上,应建设截洪沟截流山区,以防进入城区。洪涝风险较小的地段,可设公园、广场、运动场等短停留设施。故选ABCD。

98．BCE

【解析】 生态系统服务指人类从生态系统获得的所有惠益,具体包括四个方面:供给服务,指由生态系统生产的或提供的服务,如提供食物纤维、淡水、遗传资源和生物化学物品;调节服务,指由生态系统过程的调节功能所得到的惠益,包括调节大气质量、调节气候、减轻侵蚀、净化水、调节疾病、调节病虫害、授粉作用和调节自然灾害等;文化服务,指由生态系统获取的非物质惠益,具体包括如精神和宗教价值、知识价值、教育价值、灵感审美价值;支持服务,是生态系统为提供其他服务(供给服务、调节服务和文化服务)而必需的一种服务功能。A选项属于供给服务,B选项属于调节服务,C选项属于支持服务,D选项属于调节服务,E选项属于支持服务。故选BCE。

99．CD

【解析】 气溶胶会引起呼吸器官疾病;二氧化碳不会导致消化道疾病,因此CD选项符合题意。

100．ABCE

【解析】 生态恢复并不是对某个物种的简单恢复,而是对系统的结构、功能、生物多样性和持续性进行全面的恢复。生态恢复并不完全是自然的生态系统次生演替,人类可以有目的地对受损生态系统进行干预,生态恢复本质上是生物物种和生物量的重建,以及生态系统基本功能恢复的过程。生态恢复可以应用于自然或者人为影响下的生态破坏、被污染土地的治理,包括灾后重建、湿地保护、城市绿地建设等。由以上分析可知,D选项错误。故选ABCE。

2017 年度全国注册城乡规划师职业资格考试真题与解析

城乡规划相关知识

真 题

一、**单项选择题**(共 80 题,每题 1 分。每题的备选项中,只有 1 个最符合题意)

1. 下列关于天坛的说法哪个是正确的?(　　)
   A. 建筑用于祭祖　　　　　　　　　B. 建筑建于明末清初
   C. 建筑群为二重垣　　　　　　　　D. 形式为南圆北方

2. 下列建筑对应哪个是正确的?(　　)
   A. 卢浮宫东立面是浪漫主义风格
   B. 凡尔赛宫是洛可可风格
   C. 德国宫廷剧院是希腊复兴风格
   D. 法国巴黎万神庙是哥特复兴的建筑作品

3. 下列哪项不属于一般建筑物防灾设计考虑的内容?(　　)
   A. 地震　　　　B. 火灾　　　　C. 地面沉降　　　　D. 电磁辐射

4. 依据我国现行的《住宅设计规范》,单人卧室的最小面积为多少?(　　)
   A. 4m²　　　　B. 5m²　　　　C. 6m²　　　　D. 7m²

5. 下列关于工业建筑总平面设计的表述,哪项是错误的?(　　)
   A. 以人为尺度
   B. 应考虑材料的输入输出
   C. 功能单元应包括生活单元
   D. 生产流线包括纵向、横向和环线三种方式

6. 下列关于建设项目场地选择的要求,哪项是错误的?(　　)
   A. 应尽可能利用自然资源条件　　　B. 场地边界外形应尽可能简单
   C. 应了解场地的冻土深度　　　　　D. 不能在 8 度地震区选址

7. 工业建筑的适宜坡度是(　　)。
   A. 0.05%～0.1%　　　　　　　　　B. 0.15%～0.4%
   C. 0.5%～2.0%　　　　　　　　　　D. 3.0%～5.0%

8. 下列关于大型工业项目总平面布局的表述,哪项是错误的?(　　)
   A. 综合交通组织要考虑不同运输方式的车流衔接
   B. 应方便内部车辆及过境车辆的疏解和导入
   C. 考虑人车分流,非机动车宜有专线
   D. 车流应尽可能避免在人流活动集中的地段通行

9. 在砖混建筑横向承重体系中,荷载的主要传递路线是(　　)。
   A. 屋顶—板—横墙—基础　　　　　B. 屋顶—板—横墙—地基
   C. 板—横墙—基础—地基　　　　　D. 板—梁—横墙—基础

10. 下列哪项不属于建筑的八大构件？（　　　）

    A. 楼面　　　　　　B. 地面　　　　　　C. 基础　　　　　　D. 地基

11. 下列关于绿色建筑的理念与做法，哪项是错误的？（　　　）

    A. 提倡节能节材优先　　　　　　　　B. 考虑全寿命周期

    C. 全面降低工程造价　　　　　　　　D. 追求健康、适用和高效

12. 下列关于建筑色彩的物理属性及应用的表述，哪项是错误的？（　　　）

    A. 黄白色系的反射系数高，浅蓝淡绿次之

    B. 高反射系数色彩的屋顶会加剧城市热岛效应

    C. 炎热地区建筑宜采用浅色调外墙

    D. 居住建筑宜采用高亮度与低彩度颜色

13. 下列关于建筑工程造价估算应考虑因素的表述，哪项是全面的？（　　　）

    A. 国土有偿使用费、地方市政配套费、建筑投资、人工费

    B. 国土有偿使用费、建筑投资、设备投资、设计费率

    C. 环境投资、建筑投资、设备投资、设计费率

    D. 环境投资、地方市政配套费、设备投资、设计费率

14. 下列关于道路红线规划宽度的表述，哪项是正确的？（　　　）

    A. 道路用地控制的总宽度

    B. 道路机动车道的总宽度

    C. 道路机动车道和非机动车道的宽度之和

    D. 道路机动车道、非机动车道和人行道的宽度之和

15. 下列关于机动车车道数量的计算依据，哪项是正确的？（　　　）

    A. 一条车道的高峰小时交通量　　　　B. 单向高峰小时交通量

    C. 双向高峰小时交通量　　　　　　　D. 单向平均小时交通量

16. 下列哪项不是城市道路平面设计的主要内容？（　　　）

    A. 确定各路口的具体位置

    B. 论证设置必要的超高、加宽和缓和路段

    C. 进行必要的行车安全设置验算

    D. 选定合理的竖曲线半径

17. 下列关于交叉口设计的基本要求的表述，哪项是错误的？（　　　）

    A. 确保行人和车辆的安全

    B. 使车流和人流受到的阻碍最小

    C. 使交叉口通行能力适应主要道路交通量要求

    D. 考虑与地下管线、绿化、照明等的配合和协调

18. 下列关于立体交叉口的分类，哪项是正确的？（　　　）

    A. 简单交叉和复杂交叉　　　　　　　B. 定向交叉和非定向交叉

    C. 分离式立交和互通式立交　　　　　D. 互通式立交和环形立交

19. 下列关于平面环形交叉口设计的表述，哪项是错误的？（　　　）

    A. 相交道路的夹角不应小于 60°

B. 机动车道须与非机动车道隔离

C. 转角半径须大于 20m

D. 满足车辆进出交叉口在环岛上的交织距离要求

20. 规划路边停车带的用途是（　　）。

    A. 短时停车　　　　B. 全日停车　　　　C. 分时停车　　　　D. 固定停车

21. 下列哪项不是城市公共停车设施的分类？（　　）

    A. 地面停车场、地下停车库　　　　B. 路边停车带、路外停车场

    C. 专用停车场、社会停车场　　　　D. 收费停车场、免费停车场

22. 下列关于螺旋坡道式停车库特点的表述，哪项是错误的？（　　）

    A. 每层之间用螺旋式坡道相连　　　　B. 布局简单，交通线路明确

    C. 上下行坡道干扰大　　　　D. 螺旋式坡道造价较高

23. 下列关于城市广场的表述，哪项是错误的？（　　）

    A. 大型体育馆、展览馆等的门前广场属于集散广场

    B. 机场、车站等交通枢纽的站前广场属于交通广场

    C. 商业广场是结合商业建筑的布局而设置的人流活动区域

    D. 公共活动广场主要为居民文化休憩活动提供场所

24. 下列关于城市供水规划内容的表述，哪项是正确的？（　　）

    A. 常规水资源可利用量是在考虑生态环境用水后人类可以从天然径流中开发利用的水量

    B. 水质标准达到国家《地表水环境质量标准》（GB 3838—2002）Ⅴ类水体的湖泊可以作为城市饮用水源

    C. 城市配水管网的设计流量应按照城市平均用水量确定

    D. 城市供水设施规模应按照最高日最高时用水量确定

25. 下列关于城市排水系统规划内容的表述，哪项是正确的？（　　）

    A. 我国南方多雨城市应采用强排的雨水排放方式

    B. 污水处理厂应邻近城市污水量集中的居民区

    C. 城市污水处理深度分为一级、二级两种

    D. 再生水利用是解决城市水资源紧缺的重要措施

26. 下列关于城市供电规划的表述，哪项是正确的？（　　）

    A. 城市中心城区新建变电站宜采用户外式结构

    B. 供电可靠性越高，则发电成本越高

    C. 核电厂隔离区外围应设置限制区

    D. 城市供电系统包括城市电源和配电网两部分

27. 详细规划阶段燃气用量预测的主要任务是确定（　　）。

    A. 小时用气量和日用气量　　　　B. 日用气量和月用气量

    C. 月用气量和季度用气量　　　　D. 季用气量和年用气量

28. 下列关于供热规划的表述，哪项是正确的？（　　）

    A. 集中锅炉房应靠近热负荷比较集中的地区

B. 热电厂应尽量远离热负荷中心,避免对城市环境产生影响

C. 新建城市的供热系统应采用集中供热管网

D. 供热管道穿越河流时应采用虹吸管由河底通过

29. 下列关于城市通信工程规划内容的表述,哪项是错误的?（　　）

　　A. 邮政通信枢纽应设置在市区中心

　　B. 电信局(所)可与邮政局等其他市政设施共建以便于集约利用土地

　　C. 无线电收、发信区一般选择在大城市两侧的远郊区

　　D. 城市微波站选址应避免本系统干扰和外系统干扰

30. 下列哪项不属于城市黄线?（　　）

　　A. 消防站控制线　　　　　　　　B. 历史文化保护街区控制线

　　C. 防洪闸控制线　　　　　　　　D. 高压架空线控制线

31. 下列关于城市工程管线综合规划的表述,哪项是错误的?（　　）

　　A. 在交通繁忙的重要地区可以采用综合管沟将工程管线集中敷设

　　B. 大型输水管线选项时应注意与沿江河流、排水管线的交叉

　　C. 管线埋设深度指地面到管顶(外壁)的距离

　　D. 城市工程管线综合应充分预留未来发展空间

32. 下列关于城市用地竖向规划的表述,哪项是错误的?（　　）

　　A. 规划内容应包括确定城市建设用地坡度、控制好高程和规划地面形式

　　B. 应与城市用地选择和用地布局同步进行

　　C. 台地的短边一般平行于等高线布置

　　D. 设计等高线法多用于地形变化不太复杂的丘陵地区

33. 依据城市总体规划编制城市防灾专项规划的目的是（　　）。

　　A. 提高设防标准　　　　　　　　B. 扩大规划范围

　　C. 延长规划期限　　　　　　　　D. 落实和深化总体规划

34. 消防安全布局的主要目的是（　　）。

　　A. 合理布局消防站　　　　　　　B. 及时扑灭大火

　　C. 保障消防设施安全　　　　　　D. 降低大火风险

35. 下列关于陆上普通消防站责任区划分的表述,哪项是正确的?（　　）。

　　A. 按照行政区界划分

　　B. 按照接警后一定时间内消防车能够到达责任区边缘划分

　　C. 按照河流等自然界限划分

　　D. 按照城市用地性质划分

36. 哪项用地可以布置在洪水风险相对较高的地段?（　　）

　　A. 住宅用地　　　B. 工业用地　　　C. 广场用地　　　D. 仓储用地

37. 下列关于抗震设防标准的表述,哪项是错误的?（　　）

　　A. 一般建筑按基本烈度设防

　　B. 重大建设工程按地震安全性评价结果设防

　　C. 核电站按当地可能发生的最大地震震级设防

　　D. 地震基本烈度低于Ⅵ度的地区可不考虑抗震设防

38. 下列哪种空间分析手段适用于农作物种植区的多要素(如深度、地形、土壤等)综合分析?(   )

    A. 缓冲区分析　　　　　　　　　　B. 网络分析

    C. 可视域分析　　　　　　　　　　D. 叠加复合分析

39. 下列哪种传感器可提供高光谱分辨率影像?(   )

    A. Landsat 卫星的专题制图仪 TM

    B. Terra 卫星的中分辨率成像光谱仪 MODIS

    C. QuickBird 卫星上的多光谱传感器

    D. NOAA 气象卫星的传感器

40. 下列哪项城市信息不适合采用常规遥感手段调查?(   )

    A. 土地利用　　B. 城市热岛　　　C. 地下管线　　　D. 城市建设

41. 利用 CAD 软件生成下图的建筑表达,主要利用了其何种功能?(   )

    A. 交互设计　　　B. 图形编辑　　　C. 三维渲染　　　D. 空间分析

42. 利用一个较长时间段的海量出租车轨迹数据,不能获取的信息是(   )。

    A. 城市建筑密度　　　　　　　　　B. 道路交通状况

    C. 城市用地功能　　　　　　　　　D. 市民活动热点区域

43. 遥感影像已广泛用于城市规划中,最有可能是下列何种遥感影像?(   )

    A. 雷达影像　　　　　　　　　　　B. TM 影像

    C. LiDAR 影像　　　　　　　　　　D. 高空间分辨率影像

44. CAD 与网络技术的结合带来的主要好处是(   )。

    A. 提高设计的精度

    B. 提高设计结果的表现力

    C. 实现远程协同设计,提高工作效率

    D. 提高设计结果透明性

45. WWW 服务器所采用的基本网络协议是(   )。

    A. FTP　　　　　B. HTTP　　　　C. TCP　　　　　D. SMTP

46. 城市经济学的应用性主要表现在( )。
    A. 揭示土地市场的运行规律
    B. 提出医治"城市病"的经济学思路
    C. 资源的有效保护
    D. 资源的可持续性

47. 经济学研究的基本问题是( )。
    A. 资源的利用效率
    B. 资源的公平分配
    C. 资源的有效保护
    D. 资源的可持续性

48. 下列哪项不是城市经济学中衡量城市规模的常用指标?( )
    A. 人口规模
    B. 用地规模
    C. 就业规模
    D. 产出规模

49. 根据城市经济学原理,调控城市规模的最好手段是( )。
    A. 财政政策
    B. 货币政策
    C. 户籍政策
    D. 产业政策

50. 在多中心的城市中,决定某一地点地价的因素是( )。
    A. 与最大中心的距离
    B. 与最近中心的距离
    C. 与最大中心和最近中心距离的叠加影响
    D. 与所有中心距离的叠加影响

51. 根据城市经济学,城市中某地点的土地利用密度与下列哪项因素无关?( )
    A. 与城市中心区的距离
    B. 土地使用年限
    C. 土地的价格
    D. 资本的价格

52. 根据城市经济学原理,下列哪项因素导致城市空间扩展是不合理的?( )
    A. 收入增长
    B. 人口增加
    C. 交通改善
    D. 外部效应

53. 下列哪项措施可以缓解城市供求的时间不均衡?( )
    A. 对拥堵路段收费
    B. 征收汽油税
    C. 建设大运量公共交通
    D. 实行弹性工作时间

54. 为了尽可能让每个出行者都实现效用最大化,应采取下列哪种交通政策?( )
    A. 大力发展公共交通
    B. 提倡使用私家车
    C. 提供尽可能多的交通方式
    D. 对拥堵路段收费

55. 对于城市发展来说,下列哪项生产要素的供给无弹性?( )
    A. 资本
    B. 劳动
    C. 土地
    D. 技术

56. 与其他税种相比,土地税的明显优点是( )。
    A. 可以实现经济效率的目标
    B. 可以实现社会公平的目标
    C. 可以同时实现效率和公平两个目标
    D. 可以实现"单一税"的目标

57. 下列哪种情况下,"用脚投票"不能带来效率的提高?( )
    A. 政府征收人头税
    B. 公共品具有规模经济
    C. 迁移成本很低
    D. 有很多个地方政府

58. 下列关于改革开放以来中国城镇化特征的表述,哪项是错误的?( )
    A. 城镇化经历了起点低、速度快的发展阶段

B. 沿海城市群成为带动经济快速增长的主要平台

C. 城镇化过程吸纳了大量农村劳动力转移就业

D. 城镇化过程缩小了城乡居民的收入差距

59. 下列关于中国城市边缘区特征的表述,哪项是错误的?（　　　）

  A. 城市景观与乡村景观混杂   B. 城市与乡村人口居住混杂

  C. 社会问题较为突出   D. 空间变化相对缓慢

60. 《国家新型城镇化规划》提出"以城市群为主体形态,推动大、中、小城市和小城镇协调发展",其主要是指（　　　）。

  A. 扩大城市范围   B. 提升城市职能

  C. 优化城市结构   D. 完善城镇体系

61. 下列关于城市经济活动的基本部分与非基本部分比例关系（B/N）的表述,哪项是正确的?（　　　）

  A. 综合性大城市通常 B/N 大 B. 专业化程度低的城市通常 B/N 大

  C. 地方性中心城市通常 B/N 小 D. 大城市郊区开发区通常 B/N 小

62. 在克里斯塔勒的中心地理论中,下列哪项不属于支配中心地体系形成的原则?（　　　）

  A. 交通原则   B. 市场原则   C. 行政原则   D. 就业原则

63. 下列哪项规划建设可依据中心地理论?（　　　）

  A. 城市新区建设   B. 城市旧区改造

  C. 村庄环境整治   D. 村镇体系规划

64. 下列省区中,城市首位度最高的是（　　　）。

  A. 山东   B. 浙江   C. 湖北   D. 江西

65. 下列哪种方法适合于大城市近郊的小城镇人口规模预测?（　　　）

  A. 增长率法 B. 回归模型 C. 类比法   D. 时间序列模型

66. 下列哪种方法适合于城市吸引力范围的分析?（　　　）

  A. 断裂点公式 B. 聚类分析 C. 联合国法 D. 综合平衡法

67. 质性研究（qualitative research）方法是近年新兴起的非常重要的社会调查方法。下列有关质性研究方法的描述中,哪项是正确的?（　　　）

  A. 质性研究是一种改进后的定量研究方法

  B. 质性研究注重对人统一行为主题的理解,因而反对理论建构

  C. 质性研究强调研究者与被研究者之间的互动

  D. 质性研究的调查方法与深度访谈法是两种截然不同的方法

68. 下列关于人口性别比的表述,哪项是错误的?（　　　）

  A. 性别比以女性人口为 100 时相应男性人口数量来定义

  B. 一般情况下,人类的性别比会大于 100

  C. "婚姻挤压"是性别比偏低造成的

  D. 就出生人口性别比而言,未必经济越落后其数值越高

69. 按 2010 年第六次人口普查数据,中国 60 岁以上人口占总人口的比重为 13.26%,65 岁以上人口的比重为 8.87%,中国已经迈入老龄化社会。与西方国家相比,

下列哪项不是当前中国老龄化社会的特点？（　　）

    A. 长寿老龄化   B. 快速老龄化   C. 重负老龄化   D. 少子老龄化

70. 下列关于流动人口特征的表述，哪项是错误的？（　　）

    A. "留守儿童"是人口流动所造成的社会问题

    B. 流动人口的年龄结构总体上以青壮年为主

    C. 近年一些地区出现的"回归工程"与流动人口无关

    D. 流动人口总体上男性多余女性

71. 下列关于城市社会阶层的表述，哪项是错误的？（　　）

    A. 收入和职业分化会导致社会阶层分化

    B. 二元劳动力市场是城市社会分层的动力之一

    C. 马克思的阶级理论提供了有关城市社会分层的基本理论模型

    D. 社会阶层与城市社会空间结构的形成没有关系

72. 下列关于城市社会空间结构及经典模型的表述，哪项是正确的？（　　）

    A. 人口迁移的过渡理论来自同心圆模型

    B. 城市空间结构呈现扇形格局主要是由于交通导致的

    C. 在同心圆模型中，"红灯区"位于区位偏远的地区

    D. 多中心模型是出于理论上的考虑，在现实中是不存在的

73. 下列关于社区的表述，哪项是正确的？（　　）

    A. 邻里和社区是没有差别的两个概念

    B. 社区的三大要素包括功能、共同纽带和归属感

    C. 精英论和多元论都可用来诠释社区权利

    D. 在互联网时代，社区的归属感越来越淡化

74. 下列关于公众参与的表述，哪项是错误的？（　　）

    A. 公众参与可以使城市规划有效应对多元利益主体的诉求

    B. 安斯汀的《市民参与的梯子》为公众参与提供了重要的理论基础

    C. 城市管治（urban governance）与公众参与无关

    D. 公众参与有利于城市规划实现空间利益的公平

75. 下列基于群落概念的城市绿地建设，哪项是错误的？（　　）

    A. 保留一些原生栖息地斑块   B. 使用外来物种提高生物多样性

    C. 以乡土植物材料为主   D. 营造多样化微地形环境

76. 下列关于城市生态系统物质循环的表述，哪项是错误的？（　　）

    A. 输入大于输出   B. 输入大于实际需求

    C. 生物循环大于人类生产循环   D. 人类影响大于自然影响

77. 下列关于城市生态系统物质循环的表述，哪项是错误的？（　　）

    A. 生态恢复不是物种的简单恢复

    B. 生态恢复是指自然生态系统的次生演替

    C. 生态恢复本质上是生物物种和生物量的重建

    D. 生态恢复可以用于被污染土地的治理

78. 下列关于光污染的表述,哪项是错误的?（　　）

    A. 光污染有益于城市植物生长

    B. 由钢化玻璃造成的光污染会增加白内障的发病率

    C. 光污染欺骗飞行的鸟类,改变动物的生活节律

    D. 白色粉刷墙面和镜面玻璃的反光系数是自然界森林、草地的 10 倍

79. 下列关于建设项目环境影响评价的表述,哪项是错误的?（　　）

    A. 重视项目多方案的比较论证

    B. 建设项目的技术路线和技术工程不属于评价范畴

    C. 重视建设项目对环境的积累和长远效应

    D. 重视环保措施的技术经济可行性

80. 下列关于规划环境影响评价的表述,哪项是错误的?（　　）

    A. 提倡开发活动全过程中的循环经济理念

    B. 注重分析规划中对环境资源的需求

    C. 实施排污总量控制的原则

    D. 只需考虑规划产生的直接环境影响

二、多项选择题(共 20 题,每题 1 分。每题的备选项中有 2～4 个符合题意。多选、少选、错选都不得分)

81. 下列关于居住建筑与小区规划布局的表述,哪些选项是正确的?（　　）

    A. 居住小区出入口不能少于 2 个

    B. 出入口应尽量布置在城市干道

    C. 托幼和小学应尽量在小区内部布置

    D. 高层住宅面宽的选择应考虑现实遮挡因素

    E. 低纬度山地住宅布局应优先满足日照需求

82. 下列关于住宅设计的表述,哪些选项是错误的?（　　）

    A. 多层住宅为 1～6 层

    B. 应保证客厅和至少一间卧室有良好朝向

    C. 11 层住宅应设两部电梯

    D. 长廊式高层住宅应设一部防火楼梯

    E. 卫生间和厨房最好直接采光通风

83. 下列关于场地设计类型的表述,哪些选项是正确的?（　　）

    A. 场地设计类型有平坡式、台阶式和混合式三种

    B. 场地设计类型的选择与场地面积有关

    C. 场地设计类型的选择应考虑场地坡度

    D. 自然地形坡度小于 3% 时,应采用锯齿形排水台阶

    E. 自然地形坡度大于 8% 时,应采用台阶式

84. 下列关于建筑材料基本性质的表述,哪些选项是正确的?（　　）

    A. 材料抵抗外力破坏的能力称为材料的强度

B. 材料在承受外力的作用后其几何形状能够恢复原形的性能称为材料的弹性

C. 材料中孔隙体积占材料总体积的百分率称为材料的孔隙率

D. 在自然状态下的材料单位体积内所具有的质量称为材料的密度

E. 散粒状材料在自然堆积状态下,颗粒之间空隙体积占总体积的百分率称为材料的空隙率

85. 下列关于中国古代建筑色彩的表述,哪些选项是正确的?（　　　）

A. 西周规定青、赤、黄、白、黑为正色

B. 唐代多用灰白色系配青绿色系

C. 宋代的梁枋斗拱流行青绿色系

D. 从元代开始黄色成为皇室专用色

E. 在五行理论中白色代表西方

86. 下列关于城市道路横断面形式选择考虑因素的表达,哪些选项是正确的?（　　　）

A. 符合道路性质、等级和红线宽度的要求

B. 满足交通畅通和安全要求

C. 考虑道路停车的技术要求

D. 满足各种工程管线的布置

E. 注意节省建设投资,节约城市用地

87. 下列关于城市道路交叉口采用渠化交通目的的表述,哪些选项是正确的?（　　　）

A. 增加交叉口用地面积　　　　　　B. 方便管线建设

C. 增大交叉口通行能力　　　　　　D. 改善交叉口景观

E. 有利于交叉口的交通秩序

88. 下列关于在城市道路设计中不需要设置竖曲线的条件的表述,哪些选项是错误的?（　　　）

A. 相邻坡段坡度差小于 0.5%　　　B. 外距小于 5cm

C. 切线长小于 20cm　　　　　　　D. 城市次干路

E. 城市主干路

89. 下列哪些选项属于有轨电车系统的特征?（　　　）

A. 属于中运量轨道交通　　　　　　B. 轨道主要敷设在城市道路路面上

C. 可以与其他道路交通混合运行　　D. 与城市道路交叉时采用立体交叉

E. 线路可以采取封闭隔离

90. 下列哪些选项属于城市客运枢纽规划设计的主要内容?（　　　）

A. 枢纽的客流预测　　　　　　　　B. 枢纽的内部交通组织

C. 枢纽的平面布局　　　　　　　　D. 枢纽的外部交通组织

E. 枢纽的周边集散道路工程设计

91. 下列哪些选项是无环放射型城市轨道交通线网的特点?（　　　）

A. 加剧中心区的交通拥堵

B. 减小居民的平均出行距离

C. 造成郊区与郊区之间的交通联系不畅

D. 有利于防止郊区之间"摊大饼"式蔓延

E. 适合于规模较大的多中心城市

92. 下列关于城市蓝线规划的表述,哪些是正确的?(　　　)

　　A. 城市蓝线是城市地表水体保护和控制的地域界线

　　B. 总体规划阶段应当确定城市蓝线

　　C. 控制性详细规划阶段应明确城市蓝线坐标

　　D. 城市蓝线范围内不宜进行绿化

　　E. 城市湿地控制线不属于城市蓝线的范畴

93. 下列关于城市排水规划内容的表述,哪些选项是正确的?(　　　)

　　A. 城市不同区域的雨水管道系统应采用统一的设计重现期

　　B. 建筑物屋面、混凝土路面的径流系数低于绿地的径流系数

　　C. 降雨量稀少、地面渗水性强的新建城市可以考虑不建设雨水管道系统

　　D. 分流制的环境保护效果优于截留式合流制

　　E. 污水处理厂布局时应考虑污水回用需求

94. 在供水管网设计中,设计流速的确定主要应考虑下列哪些因素?(　　　)

　　A. 日供水量大小　　　　　　　　B. 水厂布局

　　C. 水厂出厂水压　　　　　　　　D. 管网投资

　　E. 用水量变化

95. 下列哪些项是截留式合流制排水系统特有的排水设施?(　　　)

　　A. 合流管　　　B. 截留管　　　C. 污水提升泵站

　　D. 溢流井　　　E. 检查井

96. 在河流两岸建设防洪堤,设计洪水位与下列哪些因素有关?(　　　)

　　A. 防洪标准　　　B. 风浪　　　C. 堤距

　　D. 堤防级别　　　E. 安全超高

97. 下列哪些抗震防火规划措施是正确的?(　　　)

　　A. 城市建设用地应避开地震危险地段

　　B. 现有未进行抗震设防的建筑必须拆除重建

　　C. 城市内绿地应全部作为避震疏散场地保护建设

　　D. 紧急避难场地的服务半径不宜超过 500m

　　E. 避难场地应有疏散通道连接

98. 根据《中华人民共和国环境影响评价法》的要求,下列哪些规划需要进行环境影响评价?(　　　)

　　A. 土地利用规划　　　　　　　　B. 宏观经济规划

　　C. 环境整治规划　　　　　　　　D. 区域、流域、海域开发规划

　　E. 工业、能源、交通、城市建设、自然资源开发等 10 类专项规划

99. 构建区域生态安全格局包括(　　　)。

　　A. 协调城市发展、农业与自然保护用地之间的合理格局

　　B. 优化城乡绿化与开发空间系统

　　C. 制定城市生态灾害防治战略性控制格局

　　D. 维护生物栖息地的整体空间格局

E. 分别控制人文过程和生态过程的完整性

100. 下列关于区域生态适宜性评价的表述,哪些项是错误的?(　　　)

A. 在区域内,按行政区域划分评价空间单元

B. 独立地评价每个空间单元

C. 资源的经济价值是划分生态适宜性的重要标准

D. 生态环境的抗干扰性影响生态适宜性

E. 生物多样性越高,生态适宜性越强

真 题 解 析

一、单项选择题(共80题,每题1分。每题的备选项中,只有1个最符合题意)

1. C

【解析】 天坛是世界上最大的祭天建筑群,建于明初,有二重垣,北圆南方。故选C。

2. C

【解析】 卢浮宫立面和凡尔赛宫均属于典型古典主义建筑;法国巴黎万神庙是罗马复兴的代表建筑。故选C。

3. D

【解析】 我国城市易发生并致灾的有地震、火、风、洪水、地质破坏五大灾种。故选D。

4. B

【解析】 我国现行的《住宅设计规范》(GB 50096—2011)第5.2.1条规定:单人卧室不应小于$5m^2$。故选B。

5. A

【解析】 民用建筑以人为尺度单位,而工厂建筑物的体量取决于生产净空的需求,常常与人的尺度相差悬殊,其形态又受工艺的制约,不同工艺的工业建筑其形态往往有明显的不同。因此A选项错误,故选A。

6. D

【解析】 可以在8度地震区选址,但是必须做好工程抗震设防工作。故选D。

7. C

【解析】 工业用地的适宜坡度为$0.5\%\sim2.0\%$。故选C。

8. B

【解析】 大型工业用地项目应方便内部车辆出入及应避免过境车辆导入,减少对项目内交通的干扰。故选B。

9. C

【解析】 在砖混建筑横向承重体系中,荷载的主要传递路线是板—横墙—基础—地基,故C选项正确。

10. D

【解析】 建筑的八大构件有基础、墙体、门、窗、屋顶、楼面、地面、楼梯。故选D。

11. C

【解析】 应在建筑全寿命周期内兼顾资源节约和环境保护的要求,而单项技术的过度采用,虽可提高某一方面的性能,但可能造成新的浪费,所以,不能单独以降低工程造价为目的。故选C。

12. B

【解析】 采用高反射系数的色彩可以增加环境的亮度,而非热岛效应。故选 B。

13. C

【解析】 建设工程造价应考虑的因素有:环境投资、建筑投资、设备投资、设计费。故选 C。

14. A

【解析】 城市道路宽度是规划的道路红线之间的道路用地总宽度。故选 A。

15. B

【解析】 在一条车道的平均最大通行能力确定的情况下,通常以规划确定的单向高峰小时通行量除以一条车道的通行能力来确定单向所需的车道数,乘以 2 为双向所需机动车道数。故选 B。

16. D

【解析】 竖曲线属于城市道路纵断面设计中的内容。故选 D。

17. C

【解析】 使交叉口的通行能力适应各道路的交通量要求,而不是主要道路。故选 C。

18. C

【解析】 立体交叉口分为分离式立交和互通式立交。故选 C。

19. B

【解析】 环形车行道可根据交通流的情况布置为机动车与非机动车混合形式或分道行驶,也就是机动车道与非机动车道不一定要隔离。故选 B。

20. A

【解析】 路边停车带车辆停放没有一定规律,多系短时停车,随到随开。故选 A。

21. A

【解析】 停车设施按建筑类型分为:地面停车场、地下停车库、地上停车楼,因此 A 选项不完整。故选 A。

22. C

【解析】 螺旋坡道式停车库布局简单整齐,交通线路明确,上下坡道干扰少,速度较快,但螺旋式坡道造价高,用地稍比直行坡道节省。其单位停车面积较多,是常用的一种停车类型。故选 C。

23. B

【解析】 机场、车站等交通枢纽的站前广场为集散广场,并兼有防灾、环境景观等多种功能。故选 B。

24. A

【解析】 水质标准达到国家《地表水环境质量标准》V 类的水体主要适用农业用水区和一般景观要求水域;城市配水管网的设计流量应按城市最高日最高时用水量确定;城市用水量按照最高日用水量确定,因此 BCD 选项错误。故选 A。

25. D

【解析】 强排雨水,就是使用水泵将自然流淌到低洼处的雨水提升到相对较高的排水渠内,再借助高差使其自然流淌到别处,因此 A 选项采用强排显然不对,只能在实在没办法的时候才采取强排,A 选项错误。污水处理厂可按传统的布局原则,适度集中地布置在城市下游,如果污水需要再利用,污水处理厂宜适度分散,尽量布置在大的用户附近。B 选项错误。污水处理深度分为一级处理、二级处理和深度处理几种,C 选项错误。故选 D。

26. C

【解析】 城市中心城区新建变电站宜采用户内式结构;供电可靠性越高,则相应地需要加强电网结构,增加投资,提高电能成本,而不是发电成本;城市供电系统包括城市电源、送电网、配电网。故选 C。

27. A

【解析】 燃气的日用气量与小时用气量是确定燃气气源、输配设施和管网管径的主要依据。故选 A。

28. A

【解析】 热电厂应尽量靠近热负荷中心,如果远离热用户,压降和温降过大,就会降低供热质量,而且供热管网的造价较高;新建城市应采用先进的分散采暖方式;供热管道穿越河流或大型渠道时,可随桥架设或单独设置管道,也可采用虹吸管由河底(或渠底)通过。故选 A。

29. A

【解析】 电信局(所)可与邮政局等其他市政设施共建,以便于集约利用土地,因此 B 选项正确;无线电收、发信区要选择在城市的两侧,避免城市中心区高层建筑对信号的遮挡,从而造成信息的延后或者缺失,因此 C 选项正确;城市微波站选址既要考虑避免本系统的干扰,又要考虑避免外部系统的干扰,因此 D 选项正确。邮政通信枢纽应结合火车站或者汽车站布置,避免在城市中心区,因此 A 选项错误。故选 A。

30. B

【解析】 历史文化保护街区控制线属于城市紫线。故选 B。

31. C

【解析】 地面到管顶(外壁)的距离属于管线覆土深度。而管线埋设深度是地面到管道底(内壁)的距离。故选 C。

32. C

【解析】 台地的长边宜平行于等高线布置,即短边一般垂直于等高线布置。故选 C。

33. D

【解析】 编制城市防灾专项规划的目的是落实和深化总体规划的相关内容。故选 D。

34. D

【解析】 消防安全布局涉及危险化学品生产、储存设施布局,危险化学物品运输,建筑物耐火等级,避难场地规划等,目的是通过合理的城市布局和设施建设,降低火灾风险,减少火灾损失。故选 D。

35. B

【解析】 陆上普通消防站责任区应按照接警 5min 内消防车能够到达责任区边缘划

分。故选 B。

36. C

【解析】 将生态湿地、公园绿地、广场、运动场等重要设施少,便于人员疏散的用地布置在洪涝风险相对较高的地段。故选 C。

37. C

【解析】 重大建设工程和可能发生严重次生灾害的建设工程,必须进行地震安全性评价,并根据地震安全性评价结果确定抗震设防标准。核电站属于可能发生严重次生灾害的建设工程(参见《中华人民共和国防震减灾法》)。故选 C。

38. D

【解析】 叠加复合分析用于社会、经济指标的分析,资源、环境指标的评价。故选 D。

39. B

【解析】 Terra 卫星的中分辨率成像光谱仪 MODIS 属于高光谱分辨率遥感。故选 B。

40. C

【解析】 常规遥感手段尚不能调查地下管线情况。故选 C。

41. C

【解析】 利用 CAD 软件在城市规划中设计三维表现。故选 C。

42. C

【解析】 城市用地功能是属性数据,无法通过观测得到。故选 C。

43. D

【解析】 城市规划中常用高分辨率遥感影像。故选 D。

44. C

【解析】 Internet 与 CAD 相结合,将使远程协同设计得到发展。故选 C。

45. B

【解析】 FTP 协议为文本传输协议;TCP 为传输控制协议;SMTP 为邮电传输协议;WWW 服务器是基于 HTTP 的浏览器协议。故选 B。

46. B

【解析】 城市经济学首先是经济学界的一门分支学科,由于经济学研究的核心问题是市场中的资源配置问题,所以城市经济学也是以城市中最稀缺的资源——土地资源的分配问题开始着手,论证了经济活动在空间上如何配置可以使土地资源得到最高效率的利用;城市经济学又是经济学中具有独特特征的一门分支学科,其特征表现在对经济活动空间关系的分析;城市经济学还是一门应用性经济学,为医治"城市病"提供了基本思路。故选 B。

47. A

【解析】 经济学研究的基本问题是资源的利用效率。故选 A。

48. D

【解析】 城市经济学中最常见的城市规模衡量指标有就业规模、人口规模和用地规模。故选 D。

49. A

【解析】 外部性是造成均衡规模与最佳规模不相等的重要原因,外部性也造成资源利用的低下,政府可以通过对负的外部性征税、对正的外部性补贴,从而使平均成本向边际成本靠近,也就是城市的均衡规模向最佳规模靠近。因此,一个更好的政策手段是通过政府的财政政策来调控城市规划。故选 A。

50. D

【解析】 如果城市有多个就业中心,围绕着每一个就业中心都会形成下行的房租曲线,曲线交会的地方构成各中心吸引范围的分界。当代城市,尤其是大城市,往往有多个中心,其地租曲线也就比较复杂,是多条地租曲线叠加而成的。所以,决定某一点地价的因素是与所有中心距离的叠加影响。故选 D。

51. B

【解析】 依据城市经济学"替代效应",区位、土地价格、资本价格之间具有替代效应,与土地利用密度关系较大。土地使用年限是国家规定,商业用地年限少于居住用地,但往往商业的土地利用密度比居用地的大,因此,土地使用年限与土地利用密度无关,B 选项符合题意。

52. A

【解析】 当居民收入增加时,他们会消费更多的商品,也会选择更大的住房。根据房价曲线我们知道,离中心区越远,房价越低,所以由于对大房子的需要使得人们向外迁移,而收入的增加也使得人们可以支付由于外迁带来的通勤交通成本的上升。这样的行为就导致了接近中心房价的下降和外围地区房价的上升,即价格曲线发生了扭转,变得更平缓了,房价的变化又导致相应的地价曲线发生同样的变化,结果就是城市边界的外移和城市空间规模的扩大。这里谈到的地租曲线斜率变化导致的城市空间扩展就是郊区化的现象,也称为城市蔓延。故选 A。

53. D

【解析】 供求关系的时间不均衡性,只有时间的差异化能解决,D 选项正确。ABC 选项均为空间的不均衡性的处理方式。故选 D。

54. C

【解析】 如果我们的交通系统可以提供众多的选择,使得每一个人都能实现他的最优选择,就会实现效用最大化。故选 C。

55. C

【解析】 土地作为生产要素,在供给方面是无弹性的。故选 C。

56. C

【解析】 征收土地税,把不是由于个人的劳动创造的土地价值以税收的形式收到政府手中来,用于公共支出,这样既可以实现社会公平,也可以减少土地闲置,提高土地的利用效率,是一种可以同时达到公平与效率两个目标的方法。故选 C。

57. A

【解析】 政府征收人头税,意思是无论在任何地方,税费不变,因此,通过"用脚投票"的选择地方的方式,无法带来效率的提高。故选 A。

58. D

【解析】 随着城镇化的进行,城乡居民的收入差距进一步加大。故选 D。

59. D

【解析】 在我国现阶段,城市郊区(城市边缘区)主要有以下特征:(1)城市景观与乡村景观混杂;(2)城市与乡村人口居住混杂;(3)社会问题更加突出;(4)是城市开发的主要区域,空间变化相对较快。故选 D。

60. D

【解析】 《国家新型城镇化规划》在完善城镇体系方面提出,"以城市群为主体形态,推动大、中、小城市和小城镇协调发展"。故选 D。

61. C

【解析】 为外地服务的部分,是从城市以外为城市创造收入的部分,它是城市得以生存和发展的经济基础,这一部分活动成为城市的基本活动,是导致城市发展的主要动力。基本部分的服务对象都在城市以外。城市的非基本部分为城市自身的生存和运转提供基本的保障。一般来说:综合性大城市通常 B/N 小;专业化程度高的城市通常 B/N 大;地方性中心城市通常 B/N 小;大城市郊区开发区通常 B/N 大。故选 C。

62. D

【解析】 中心地体系形成的原则包括:(1)交通原则;(2)市场原则;(3)行政原则。故选 D。

63. A

【解析】 克氏中心地理论的假设条件的基本特征是每一点均有接受一个中心地的同等机会,一点与其他任一点的相对通达性只与距离成正比,而不管方向如何,均有一个统一的交通面。旧城改造、村庄环境整治、城镇体系规划等明显是无法具有同等机会的。而新区的建设则具有同等的机会,且和距离呈正相关。故选 A。

64. C

【解析】 武汉市在湖北一家独大,首位度最高。故选 C。

65. C

【解析】 区域人口分配法、类比法、区位法都属于小城镇规模预测的定性分析模型。故选 C。

66. A

【解析】 城市吸引力范围的分析方法有:(1)经验的方法;(2)理论的方法。理论的方法又分为断裂点公式、潜力模。BCD 选项均为城镇化预测方法。故选 A。

67. C

【解析】 质性研究不再只是对一个固定不变的"客观事实"的了解,而是一个研究双方能够彼此互动、相互构成、共同理解的过程。质性研究是一种更细致的定性分析方法,它注重对人统一行为为主题的理解,强调构建理论体系。质性研究和深度访谈都是定性分析的研究方法。故选 C。

68. C

【解析】 城市人口性别比最常见的问题就是性别比偏高,即男性人口过多。性别比偏高除了会造成婚姻的纵向挤压(即年龄挤压)以外,还可能导致婚姻市场的地域挤压。在少数经济发达地区和城市,如广东、北京、厦门与海口,出生性别比很高,说明未必地区经济越落后出生性别比越高,因为出生性别比还受文化等其他因素的影响。故选C。

69. C

【解析】 与发达国家相比,中国老龄化存在四个显著特点:少子老龄化、轻负老龄化、长寿老龄化。因此C选项错误,故选C。

70. C

【解析】 近年来出现的一些返乡回流的"回归工程"显然和人口流动是有关系的。故选C。

71. D

【解析】 城市社会空间结构可定义为,在一定的经济、社会背景下,综合了人口变化、经济职能的分布变化以及社会空间类型等要素而形成的复合性城市地域形式,而人口变化与社会阶层存在密不可分的关系,因此D选项错误,故选D。

72. B

【解析】 人口迁移的过滤理论来自霍伊特的扇形模型。在同心圆模型中,"红灯区"位于环带Ⅱ离中央商务区最近的过渡地带。多核心模型与现实更为接近,并不是在现实中不存在。而扇形模型中,空间结构呈现扇形格局的因素很多,但主要是由于交通导致的。故选B。

73. C

【解析】 "邻里"和"社区"的一个最大的区别就在于有没有形成"社会互动"。社区普遍认同的要素包括3个方面,即(1)地区;(2)共同纽带;(3)社会互动。多数现代城市居民的社区归属感较强。随着信息时代,尤其是互联网时代的到来,城市社区的空间趣味开始变得相对次要,而心理的归属变得越发重要。故选C。

74. C

【解析】 公众参与使城市规划有效应对利益主体的多元化,满足多元利益主体的诉求,A选项正确。1969年,安斯汀发表了《市民参与的梯子》一文,被视为公众参与的最佳指导文章,为公众参与提供了重要的理论基础,B选项正确。公众参与是实现城市公共空间利益最大化的保证,因为人类文化需求的多样性决定了城市公共空间设计方法的多途径,同时也决定了城市公共空间性质的多重性,而公众参与能提供多途径的对城市空间安排的思考,可以保障城市空间实现利益的最大化,D选项正确。居民是城市的主人,要充分发挥主人翁的意识与政府一起对城市进行管治,才能让城市的发展"以人为本",C选项错误,故选C。

75. B

【解析】 城市绿地建设应避免使用外来物种,外来物种可能改变和危害本地生物多样性,造成物种入侵。故选B。

76. C

【解析】 在城市生态系统物质循环中,生物循环小于人类生产循环。故选C。

77. B

【解析】 生态恢复并不完全是自然的生态系统次生演替,城市的自然净化功能脆弱而且有限,必须进行人工调节,人类可以有目的地对受损生态系统进行干预。故选 B。

78. A

【解析】 光污染会改变城市植物和动物的生活节律,误导飞行的鸟类,从而对城市动植物的生存造成危害。故选 A。

79. B

【解析】 建设项目环境影响评价应注意的事项有:(1)加强建设项目多方案论证。(2)重视建设项目的技术问题,采取不同的技术路线和技术工艺,将极大地制约建设项目对环境的影响程度。(3)重视环境预测评价。建设项目,特别是一些大型项目,往往带有长期性和永久性的特点,一旦建成,就很难改变。因此,环境影响评价不能只着眼于眼前,更重要的是要着眼于长远,不仅要重视建设项目短时间的影响,更要重视建设项目对环境的积累和长远影响。(4)环保措施的技术经济可行性是指在现有技术和经济水平上可能实施的保护措施和所能达到的保护水平。建设项目的技术路线和技术工程属于评价的范畴,但评价的重点是技术路线和计划工程中的问题,因此 B 选项符合题意。

80. D

【解析】 规划环境影响评价应综合考虑间接连带性的环境影响。故选 D。

二、多项选择题(共 20 题,每题 1 分。每题的备选项中有 2～4 个符合题意。多选、少选、错选都不得分)

81. AD

【解析】 《城市居住区规划设计规范(2002 年版)》(GB 50180—1993)第 8.0.5.1 条规定:小区内主要道路至少应有 2 个出入口,小区出入口应避免布置在城市干道,减少出入口对城市干道交通造成的干扰。中小学一般在居住区内设置。低纬度山地住宅布局应优先考虑减少土方的布局和通风问题。高层住宅面宽的选择应考虑现实的被遮挡日照等因素。故选 AD。(注:《城市居住区规划设计规范(2002 年版)》(GB 50180—1993)已经废止,《城市居住区规划设计标准》(GB 50180—2018)为现行标准。)

82. ABCD

【解析】 多层住宅为 4～6 层。应保证每户至少有 1 间居室布置在良好朝向(居室不一定是卧室,可以是客厅)。12 层以上住宅每栋楼设置电梯应不少于 2 部。长廊式高层住宅一般应有 2 部以上的电梯用于解决居民的疏散问题。厨房、卫生间最好能直接采光、通风,可将厨房、卫生间布置于朝向和采光较差的部位。故选 ABCD。

83. ABCE

【解析】 根据《城乡建设用地竖向规划规范》(CJJ 83—2016)第 4.0.2 条、4.0.3 条可知,ABCE 选项正确。第 6.0.2 条:地面自然排水坡度不宜小于 0.3%,小于 0.3% 时应采用多坡向或特殊排水措施,因此,D 选项错误,故选 ABCE。

84. ABCE

【解析】 材料在经受外力作用时抵抗破坏的能力称为材料的强度,因此 A 选项正确。材料在承受外力作用的过程中必然产生变形,如撤除外力的作用后,材料几何形状恢复原状,则材料的这种性能称为弹性,故 B 选项正确。材料中孔隙体积占材料总体积的百分率称为孔隙率,C 选项正确。散粒状材料在自然堆积状态下,颗粒之间空隙体积占总体积的百分率称为空隙率,E 选项正确。材料在绝对密实状态下单位体积内所具有的质量称为密度;在自然状态下的材料单位体积内所具有的质量应为材料的表观密度,D 选项错误。故选 ABCE。

85. ACE

【解析】 西周奴隶主用色来"明贵贱、辨等级"。规定"正色"为青、赤、黄、白、黑五色,A 选项正确。据宋《营造法式》卷三十四记载,朱白色系配上灰瓦很可能是唐朝建筑的主色,B 选项错误。北宋绿色琉璃瓦大量生产后,唐代以赤白装饰衬以灰色的做法就显得单调而不相称,因此建筑外观开始趋向华丽,梁枋斗拱也随之变为宋朝流行的青绿系统,C 选项正确。自唐代开始,黄色成为皇室特用的色彩,D 选项错误。周代阴阳五行理论中,以五种颜色代表方位:青绿色象征青龙,表示东方;以朱色象征朱雀,指南方;白色象征白虎,表示西方;黑色象征玄武,表示北方;黄色象征龙,指中央,这种方位思想一直延续到清末。E 选项正确。故选 ACE。

86. ABDE

【解析】 城市道路横断面形式的选择与组合的基本原则为:符合城市道路系统对道路的规划要求;满足交通畅通和安全要求;充分考虑道路绿化的布置;满足各种工程管线布置的要求;要与沿街建筑和公用设施的布置要求相协调;对现有道路改建应采用工程措施与交通组织管理措施相结合的办法;注意节约建设投资,集约和节约城市用地。故选 ABDE。

87. CE

【解析】 采用渠化交通,即在道路上施画各种交通管理标线及设置交通岛,用以组织不同类型、不同方向车流分道行驶,互不干扰地通过交叉口。在交通量比较大的交叉口,配合信号等组织渠化交通,有利于交叉口的交通秩序,增大交叉口的通行能力。故选 CE。

88. CDE

【解析】 一般城市干路相邻坡段坡度差小于 0.5% 或外距小于 5cm 时,可以不设置竖曲线。故选 CDE。

89. BCE

【解析】 有轨电车按运输能力分类,属于低运量轨道交通系统,按路权分类属于不封闭系统,也称开放系统,路权不实行物理上的封闭,轨道交通与路面交通混合行驶,在交叉口遵循道路交通信号或享有一定的优先权。因此 BCE 选项符合题意。

90. ABCD

【解析】 城市客运交通枢纽集多种交通方式于一身,但不是简单的排列和叠加,既要在有限的场地内解决各种车辆的流线组织,以及与外部各种交通系统和周边道路进行衔接,更要通过枢纽的规划和建设,改善该地区的整体交通环境。城市客运交通枢纽规划设计的主要内容包括:(1)根据城市客运交通枢纽总体布局,进一步确定枢纽的具体选址与功能定位;(2)枢纽的客流预测及各种交通方式之间的换乘客流量预测;(3)枢纽内部和外部的平面布置与空间设计;(4)内部流线设计;(5)外部交通组织。故选 ABCD。

91. ACD

【解析】 由于没有环形线,圆周方向缺少直接的轨道交通联系,城市中心区外围之间的出行需要通过市中心中转,绕行距离长,或者通过其他交通方式来实现,这种交通的不便程度随着城市规模的扩大而扩大,所以 AC 选项正确,B 选项错误。这种结构有利于城市形成一个强大的城市中心,促使城市土地的密集开发,引导城市向单中心结构发展。这有利于节约土地资源,防止城市向周围"摊大饼"式的蔓延。因此 D 选项正确,E 选项错误。故选 ACD。

92. ABC

【解析】 《城市蓝线管理办法》第二条规定:城市蓝线,是指城市规划确定的江、河、湖、库、渠和湿地等城市地表水体保护和控制的地域,故 A 选项正确,E 选项错误。第七条规定:在城市总体规划阶段,应当确定城市规划区范围内的需要保护和控制的主要地表水体,划定城市蓝线,并明确城市蓝线保护和控制的要求。第八条规定:在控制性详细规划阶段,应当依据城市总体规划划定的城市蓝线,规定城市蓝线范围内的保护要求和控制指标,并附有明确的城市蓝线坐标和相应的界址地形图,故 BC 选项正确。第十条内容规定不包含禁止进行绿化,故 D 选项错误。故选 ABC。

93. CE

【解析】 重要干道、重要地区或短期积水能引起严重后果的地区,重现期宜采用 3～5 年,其他地区重现期宜采用 1～3 年,特别重要地区和次要地区或排水条件好的地区重现期可酌情增减,因此 A 选项错误。建筑物屋面、混凝土路面的径流系数高于绿地的径流系数,因此 B 选项错误。在我国西北地区,降雨量稀少,地面渗水性强的新建城市,可以考虑不建设雨水管道体系,因此 C 选项正确。在水环境保护方面,截流式合流制与分流制各有利弊,因此 D 选项错误。城市污水处理厂应考虑污水回用的需求,因此 E 选项正确。故选 CE。

94. CD

【解析】 设计流速要考虑管网造价和运行费,流速大时管径可以减小,管网投资可以降低,但将增加水头损失,从而增加水厂出厂压力,使日常的动力费提高。故选 CD。

95. BD

【解析】 截留式合流制是在直排式合流制的基础上,沿排放口附近新建一条污水管渠,将污水截留到污水处理厂处理或输送到下游排放,雨水通过附属的溢流井仍排入原来的水体。截留管和溢流井是截留式合流制特有的。故选 BD。

96. AC

【解析】 设计洪水位根据防洪标准、相应洪峰流量、河道断面分析计算。设计洪水位以上超高包括风浪爬高和安全超高,风浪爬高根据风力资料分析计算,安全超高根据堤防级别选取。所以,BDE 选项是设计洪水位以上超高考虑的因素。堤距是河道断面分析的因素之一,因此 AC 选项符合题意。

97. ADE

【解析】 城市建设用地的选择应避开地震危险地段,A 选项正确。现有未进行抗争设防的建筑应加固、改造,经加固、改造后仍有危险的建筑,应拆除,B 选项错误。在城市中,规划为避难疏散场地或者满足疏散场地要求的绿地应进行场地保护,C选项错误。《城市抗震防灾规划标准》第8.2.10条:紧急避难场地的服务半径在500m为宜,D选项正确。避难的场地,应有可以对外的疏散场地,E选项正确。因此ADE选项符合题意。

98. ADE

【解析】《中华人民共和国环境影响评价法》明确要求对土地利用规划,区域、流域、海域开发规划和工业、农业、畜牧业、林业、能源、水利、交通、城市建设、旅游、自然资源开发等10类专项规划进行环境影响评价。故选ADE。

99. ABCD

【解析】 区域生态安全格局的途径具体的出发点包括:(1)在土地极其紧张的情况下如何更有效地协调各种土地利用之间的关系;(2)如何在各种空间尺度上优化防护林体系和绿道系统,使之具有高效的综合功能;如何在现有城市基质中引入绿色斑块和自然生态系统,以最大限度地改善城市的生态环境;(3)如何在城市发展中形成一种有效的战略性的城市生态灾害(如洪水和海潮)控制格局;(4)如何使现有各类孤立分布的自然保护地通过尽可能少的投入形成最优的整体空间格局,以保障物种的空间迁徙和保护生物多样性;(5)如何在最关键的部位引入或改变某种景观斑块,便可大大改善城乡景观的某些生态和人文过程。改善城乡景观的生态过程和人文过程,而不是分别控制,因此E选项错误。故选ABCD。

100. ABC

【解析】 生态适宜性分析是生态规划的核心,其目标是以规划范围内生态类型为评价单元,根据区域资源与生态环境特征、发展需求与资源利用要求,选择有代表性的生态特性,从规划对象尺度的独特性、抗干扰性、生物多样性、空间地理单元的空间效应、观赏性、和谐性方面分析规划范围内在的资源质量以及与相邻空间地理单元的关系,确定范围内生态类型对资源开发的适宜性和限制性,进而划分适宜性等级。故选ABC。

2018 年度全国注册城乡规划师职业资格考试真题与解析

城乡规划相关知识

真 题

一、**单项选择题**(共80题,每题1分。每题的备选项中,只有1个最符合题意)

1. 下列关于中国古代建筑构件与模数单位的表述,哪项是错误的?( )
   A. 斗拱随历史发展尺寸越变越小
   B. 斗拱是唐代建筑重要的装饰构件
   C. "材"是宋代建筑使用的模数单位
   D. "斗口"是清代建筑使用的模数单位

2. 下列关于中国古代建筑专用名词"步"的表述,哪项是正确的?( )
   A. 建筑柱子中心线之间的水平距离
   B. 建筑侧面各开间之间的水平距离
   C. 前后挑檐中心线之间的水平距离
   D. 屋架上檩与檩中心线之间的水平距离

3. 下列关于西方古代建筑柱式的表述,哪项是错误的?( )
   A. 多立克柱式比例较粗壮,柱身收分和卷杀较明显
   B. 爱奥尼柱式的柱身带有小圆面的凹槽,柱础复杂
   C. 科林斯柱式的柱身、柱础与整体比例与多立克柱式相似
   D. 古希腊的三柱式包括多立克、科林斯和爱奥尼

4. 下列关于建筑交通联系空间及布局的表述,哪项是错误的?( )
   A. 过厅、自动扶梯、出入口属于交通联系空间
   B. 应服从于建筑空间处理和功能关系的需要
   C. 可分为水平交通、综合交通和枢纽交通三种
   D. 流线设计应简单明确并避免迂回曲折

5. 下列关于砖混结构的表述,哪项是错误的?( )
   A. 使用最早、最广泛的一种建筑结构形式
   B. 经济适用,有利于因地制宜和就地取材
   C. 常用于体育馆、高层商住等建筑的建造
   D. 包括内框架承重、横向承重与纵向承重三种承重体系

6. 下列关于砖混结构纵向承重体系的荷载传递路线的表述,哪项是正确的?( )
   A. 板—纵墙—梁—基础—地基
   B. 板—梁—纵墙—基础—地基
   C. 纵墙—板—梁—地基—基础
   D. 梁—板—纵墙—地基—基础

7. 下列关于结构受力特点的表述,哪项是错误的?( )
   A. 网架的杆件主要承受轴力
   B. 悬索主要承受其垂度方向的拉力
   C. 拱结构的主要内力是轴向压力
   D. 屋架的杆件只受弯矩和拉力

8. 下列关于建筑材料力学性能的表述,哪项是正确的?( )
   A. 材料在经受外力作用时抵抗破坏的能力,称为材料的硬度
   B. 材料在承受外力并在撤除外力之后,形状能恢复原状的性能称为刚性
   C. 材料受力时,在无明显变形的情况下突然破坏,这种现象称为脆性破坏

D. 材料强度一般分为抗冲击强度、抗拧强度和抗剪切强度等

9. 绿色建筑"四节一环保"中的四节是（　　）。
   A. 节水、节地、节能、节材　　　　B. 节能、节材、节地、节油
   C. 节材、节水、节碳、节地　　　　D. 节能、节水、节碳、节地

10. 下列关于工厂场地布置要求的表述,哪项是错误的？（　　）
    A. 应符合所在地域的上位规划　　　B. 应尽可能利用自然资源条件
    C. 应满足外部交通的直接穿行　　　D. 应尽可能采用外形简单的场地边界

11. 下列关于工业建筑总平面设计要求的表述,哪项是错误的？（　　）
    A. 适应物料加工流程,运距短捷　　B. 与竖向设计和环境布置相协调
    C. 满足货运与主要人流交织要求　　D. 力求紧缩道路敷设面积

12. 下列关于场地布置与地基处理的表述,哪项是错误的？（　　）
    A. 场地设计分为平坡、斜坡和台阶式三种
    B. 台阶式在连接处可作挡土墙或护坡处理
    C. 地下水位高的地段不宜挖方处理
    D. 冻土深度大的地方地基应深埋

13. 下列关于外国古代建筑用色的表述,哪项是错误的？（　　）
    A. 古希腊建筑用色华丽　　　　　　B. 古罗马建筑用色丰富
    C. 拜占庭建筑用色明亮　　　　　　D. 巴洛克建筑用色对比强烈

14. 下列关于城市道路平曲线与竖曲线设计的表述,哪项是正确的？（　　）
    A. 凸形竖曲线的设置主要满足车辆行驶平稳的要求
    B. 平曲线与竖曲线不应有交错现象
    C. 平曲线应在竖曲线内
    D. 小半径曲线应设在长的直线段上

15. 下列哪项不属于城市轨道交通线网规划的主要内容？（　　）
    A. 确定线路的大致走向和起讫点位置
    B. 确定车站的分布
    C. 确定联络线的分布
    D. 确定车站总平面布局

16. 下列对道路交通标志的描述,哪项是错误的？（　　）
    A. 警告标志是警告车辆、行人交通行为的标志
    B. 警告标志的形状为圆形,颜色为黄底黑边、黑图案
    C. 禁令标志是禁止或限制车辆、行人交通行为的标志
    D. 禁止驶入标志形状为圆形,红底、白杠或白字

17. 下列对机动车道通行能力的表述,哪项是正确的？（　　）
    A. 靠近道路中线的车道最小,最右侧的车道最大
    B. 靠近道路中线的车道最小,最右侧的车道次之,二者中间的车道最大
    C. 靠近道路中线的车道最大,最右侧的车道最小
    D. 靠近道路中线的车道最大,最右侧的车道次之,二者中间的车道最小

18. 下列哪项不属于交叉口交通组织的方式?(　　)
    A. 渠化交通　　B. 立体交叉　　C. 单双号限行　　D. 交通指挥

19. 城市公共停车设施可分为(　　)。
    A. 路边停车带和路外停车带
    B. 路边停车带和路外停车场
    C. 露天停车场和封闭式停车场
    D. 路边停车带、露天停车场和封闭式停车场

20. 斜楼板式停车库的优点是(　　)。
    A. 坡道长度可以大大缩短
    B. 坡道和通道合一,不需要再设上下坡道
    C. 上下行坡道干扰少
    D. 进出停车库便捷

21. 下列关于机动车停车库的表述,哪项是错误的?(　　)
    A. 斜楼板式停车库坡道和通道合一,对停车进出干扰较小
    B. 直坡道式停车库坡道可设在库内,也可设在库外
    C. 错层式停车库缩短了坡道长度,用地较节省
    D. 螺旋式停车库用地比直坡道式停车库节省

22. 下列关于站前广场规划设计中交通组织说法的表述,哪项是错误的?(　　)
    A. 公交站点应离站房最近,出租车停车场次之,社会车辆停车场最远
    B. 合理布置相应的自行车停车场
    C. 长途汽车站应当远离铁路站前广场
    D. 应当限制车辆进入站前广场

23. 在进行城市道路桥涵设计时,桥下通行公共汽车的高度限界为(　　)。
    A. 2.5m　　B. 3.0m　　C. 3.5m　　D. 4.0m

24. 城市轨道交通按最大运输能力由大到小的排序,下列哪项是正确的?(　　)
    A. 地铁系统、轻轨系统、有轨电车　　B. 地铁系统、有轨电车、轻轨系统
    C. 磁浮系统、地铁系统、有轨电车　　D. 磁浮系统、有轨电车、地铁系统

25. 下列关于城市供水规划内容的表述,哪项是正确的?(　　)
    A. 水资源供需平衡分析一般采用最高日用水量
    B. 城市供水设施规模应按照平均日用水量确定
    C. 城市配水管网的设计流量应按照城市最高日最高时确定
    D. 城市水资源总量越大,相应的供水保证率越高

26. 关于城市污水处理厂选址原则的表述,下列哪项是错误的?(　　)
    A. 便于收集城市污水
    B. 厂址尽量靠近城市污水量集中的居住区
    C. 便于污水处理厂出水排放以及事故退水
    D. 交通、供电条件方便

27. 在城市详细规划阶段预测用电负荷,一般采用下列哪种方法?(　　)
   A. 人均综合用电量指标法　　　　B. 单位建设用地负荷指标法
   C. 单位建筑面积负荷指标法　　　D. 电力弹性系数法

28. 关于城市燃气规划的表述,下列哪项是正确的?(　　)
   A. 液化石油气储配站应邻近城市集中居民区
   B. 特大城市燃气管网应采取一级管网系统
   C. 城市气源应尽可能选择单一气源
   D. 燃气调压站应尽量布置在负荷中心

29. 下列关于城市供热规划的描述,哪项是错误的?(　　)
   A. 集中供热系统的热源有热电厂、专用锅炉房等
   B. 热电厂热效率高于集中锅炉房和分散小锅炉
   C. 依据热源的供热范围,划分城市供热分区
   D. 热电厂应尽量靠近热负荷中心

30. 下列关于城市环卫设施的表述,哪项是正确的?(　　)
   A. 生活垃圾填埋场应远离污水处理厂,以避免对周边环境双重影响
   B. 生活垃圾堆肥场应与填埋或焚烧工艺相结合,便于垃圾综合处理
   C. 生活垃圾填埋场距大中城市规划建成区至少1km
   D. 建筑垃圾可以与工业固体废物混合储运、堆放

31. 下列哪项属于城市黄线?(　　)
   A. 湿地控制线　　　　　　　　　B. 历史文化保护街区控制线
   C. 城市道路控制线　　　　　　　D. 高压架空线控制线

32. 下列关于城市地下工程管线避让原则,哪项表述是错误的?(　　)
   A. 新建的让现有的　　　　　　　B. 重力流让压力流
   C. 临时的让永久的　　　　　　　D. 易弯曲的让不易弯曲的

33. 下列哪项属于城市总体规划阶段用地竖向规划的主要内容?(　　)
   A. 确定挡土墙、护坡等室外防护工程的类型
   B. 确定防洪(潮、浪)堤顶及堤内地面最低控制标高
   C. 确定街坊的规划控制标高
   D. 确定建筑室外地坪规划控制标高

34. 下列哪项属于总体规划阶段防洪规划的内容?(　　)
   A. 确定防洪标准　　　　　　　　B. 确定截洪沟纵坡
   C. 确定防洪堤横断面　　　　　　D. 确定排涝泵站位置和用地

35. 下列哪类地区应当设置特勤消防站?(　　)
   A. 国家级风景名胜区　　　　　　B. 国家历史文化名镇
   C. 经济发达的县级市　　　　　　D. 重要的工矿区

36. 从抗震防灾的角度考虑,城市建设必须避开下列哪类区域?(　　)
   A. 地震时易发生滑坡的区域　　　B. 古河道
   C. 软弱地基区域　　　　　　　　D. 地震时可能发生砂土液化的区域

37. 地震烈度反映的是（　　）。

    A. 地震对地面和建筑物的破坏程度　　B. 地震的剧烈程度

    C. 地震释放的能量强度　　　　　　　D. 地震的活跃程度

38. 位于抗震设防区的城市可能发生严重次生灾害的建设工程，应根据（　　）确定设防标准。

    A. 建设场地地质条件

    B. 未来 50～100 年可能发生的最大地震震级

    C. 次生灾害的类型

    D. 地震安全性评价结果

39. 对比不同时相的遥感影像，不能发现下列哪项内容？（　　）

    A. 位置　　　　　B. 面积　　　　　C. 用地性质　　　　　D. 归属关系

40. 下列哪项不属于遥感影像预处理的内容？（　　）

    A. 辐射校正　　　B. 图像增强　　　C. 对比分析　　　　D. 图像分类

41. 下列哪项不属于城市规划中所用的"3S"技术？（　　）

    A. 全球定位系统（GPS）　　　　　　B. 管理信息系统（MIS）

    C. 遥感技术（RS）　　　　　　　　　D. 地理信息系统（GIS）

42. 在城市规划动态监测中，上级城市规划行政主管部门所使用的软件是基于下列哪个软件进行二次开发而成的？（　　）

    A. 数据库　　　　　　　　　　　　　B. 地理信息系统

    C. 管理信息系统　　　　　　　　　　D. 人工智能和专家系统

43. 城市规划与其他城市管理部门的基础数据共享，有助于解决下列哪项问题？（　　）

    A. 避免数据重复建设　　　　　　　　B. 数据保密

    C. 提高智能水平　　　　　　　　　　D. 提高网络速度

44. 利用遥感技术制作城市规划现状图，不具备以下哪项特点？（　　）

    A. 简便　　　　　B. 迅捷　　　　　C. 准确　　　　　　D. 节约

45. 与 CAD 相比，GIS 软件具有的优势是（　　）。

    A. 提高图形编辑修改的效率　　　　　B. 实现图形、属性的一统

    C. 便于资料保存　　　　　　　　　　D. 成果表达更为直观

46. 城市规划信息和技术共享的主要障碍是（　　）。

    A. 不同系统使用的软件不统一　　　　B. 不同系统二次开发的深度不统一

    C. 不同系统建立的时间不统一　　　　D. 不同系统建立的标准不统一

47. 下列关于当代世界城镇化特点的表述，哪项是错误的？（　　）

    A. 大城市快速发展趋势明显

    B. 郊区化现象出现

    C. 发达国家构成城镇化的主体

    D. 发展中国家的城镇化以人口从乡村向城市迁移为主

48. 下列哪项不符合中央城市工作会议提出的"让中西部地区广大群众在家门口也能分享城镇化成果"的要求？（　　）

A. 培育发展一批城市群

B. 培育发展一批区域性中心城市

C. 促进边疆中心城市、口岸城市联动发展

D. 将中西部地区人口集中到城市

49. 下列关于中国城市边缘区特征的表述,哪项是错误的?(　　)

A. 城乡景观混杂　　　　　　　　B. 城乡人口居住混杂

C. 社会问题较为突出　　　　　　D. 空间变化相对迟缓

50. 下列关于城镇化空间类型的表述,哪项是错误的?(　　)

A. 向心型城镇化也称集中型城镇化

B. 郊区化属于离心型城镇化

C. 城市"摊大饼"式发展属于外延型城镇化

D. "城中村"属于逆城镇化

51. 下列哪项不是支配克里斯塔勒中心地体系形成的原则?(　　)

A. 交通原则　　　B. 居住原则　　　C. 市场原则　　　D. 行政原则

52. 下列省中,首位度最高的是(　　)。

A. 陕西　　　　B. 河北　　　　C. 山东　　　　D. 广西壮族自治区

53. 下列哪种方法适合于大城市近郊小城镇人口规模预测?(　　)

A. 聚类分析法　　B. 回归分析法　　C. 类比法　　D. 增长率法

54. 下列哪项不属于城市经济区组织的原则?(　　)

A. 中心城市原则　　　　　　　　B. 联系方向原则

C. 腹地原则　　　　　　　　　　D. 效益原则

55. 下列哪项不属于城镇体系规划的基本内容?(　　)

A. 城镇综合承载能力　　　　　　B. 城镇规模等级体系

C. 城镇职能分工协作　　　　　　D. 区域城镇空间结构

56. 下列哪项"城市病"的成因与"外部效应"有关?(　　)

A. 失业　　　　B. 贫困　　　　C. 犯罪　　　　D. 交通拥堵

57. 下列哪项是市场经济中的价值判断标准?(　　)

A. 效用　　　　B. 效率　　　　C. 利润　　　　D. 公平

58. 根据城市经济学理论,城市达到最佳规模时会出现下列哪种状况?(　　)

A. 集聚力大于分散力　　　　　　B. 集聚力小于分散力

C. 集聚力等于分散力　　　　　　D. 集聚力与分散力均为零

59. 在城市经济的长期增长中,下列哪项投入要素的限制性最大?(　　)

A. 资本　　　　B. 劳动　　　　C. 土地　　　　D. 技术

60. 城市产业区位熵的计算与下列哪项因素无关?(　　)

A. 各行业就业人数　　　　　　　B. 城市总就业人数

C. 行业就业占总就业的比重　　　D. 各行业利润率

61. 下列哪项从城市中心向外逐步递增?(　　)

A. 房价　　　　B. 地价　　　　C. 住房面积　　　D. 人口密度

62. 城市土地利用强度的变化来自于下列哪项生产要素的相互替代?（　　）
    A. 资本与土地　　B. 资本与劳动　　C. 资本与技术　　D. 土地与技术

63. 根据城市经济学理论,下列哪项因素会引发城市的郊区化?（　　）
    A. 城市人口增长　　　　　　　　B. 城市产业升级
    C. 交通成本上升　　　　　　　　D. 收入水平上升

64. 大城市采取"限行"措施(如每周限行一天)治理交通拥堵,驾车者承担了（　　）。
    A. 平均成本　　　B. 边际成本　　　C. 社会成本　　　D. 外部效应

65. 下列哪项措施不能减小城市交通供求的时间不均衡?（　　）
    A. 增修道路　　　　　　　　　　B. 实行弹性工作时间
    C. 采取分时段限行措施　　　　　D. 提倡公共交通出行

66. 根据经济学原理,下列哪项税收可以兼顾公平与效率两个目标?（　　）
    A. 房地产税　　　B. 土地税　　　C. 个人所得税　　　D. 企业所得税

67. 城市绿地属于下列哪一种物品分类?（　　）
    A. 私人物品　　　B. 自然垄断物品　　C. 公共品　　　D. 共有资源

68. 下列哪项不是城市社会阶层分异的基本动力?（　　）
    A. 职业的分化　　　　　　　　　B. 收入差异
    C. 居民个体的偏好　　　　　　　D. 劳动力市场的分割

69. 下列哪项是判断城市进入老龄化社会的标志性指标?（　　）
    A. 80 岁以上高龄人口占 3％以上　　B. 65 岁以上人口占 5％以上
    C. 60 岁以上人口占 7％以上　　　　D. 老少比大于 30％

70. 下列有关问卷调查的表述,哪项是正确的?（　　）
    A. 调查样本的选择采用判断抽样最为科学
    B. 最好是边调查边修正问卷
    C. 问卷的"回收率"是指有效问卷占所有发放问卷数量的比例
    D. 问卷设计要考虑到被调查者的填写时间

71. 下列关于人口年龄结构金字塔的表述,哪项是错误的?（　　）
    A. 人口年龄结构金字塔既有男性人口信息,又有女性人口信息
    B. 从人口年龄结构金字塔可以粗略地看出一个地区人口的素质结构
    C. 人口年龄结构金字塔可以用"一岁年龄组"表示,又可用"五岁年龄组"表示
    D. 依据人口年龄结构金字塔可以判断一个城市或地区是否进入老龄化社会

72. 我国城市社区自治的主体是（　　）。
    A. 居民　　　　　B. 居民委员会　　　C. 物业管理机构　　D. 业主委员会

73. 下列关于人口性别结构的表述,哪项是错误的?（　　）
    A. 性别比大于 100,则说明女性人口多于男性人口
    B. "重男轻女"的观念会影响人口的性别比
    C. 人口迁移会导致地方人口性别比发生变化

D. 人口性别比失常可能会导致"婚姻挤压"现象

74. 下列关于社区（community）的表述，哪项是错误的？（ ）

A. 社区就是邻里，二者讲的是同一个概念

B. 多元论认为社区的政治权力是分散的

C. 社区是维系社会心理归属的重要载体

D. 社区一定要形成社会互动

75. 下列哪项是形成霍伊特（Hoyt）扇形城市空间结构特征的动因？（ ）

A. 过渡地带的形成　　　　　B. 交通线对土地利用的影响

C. 人口迁居的"侵入—演替"　D. 城市多中心的作用

76. 下列哪项不是全球气候变化导致的结果？（ ）

A. 海平面上升　　　　　　　B. 洪涝、干旱等气候灾害加剧

C. 生态系统紊乱　　　　　　D. 城市及其周边地区地下水污染

77. 下列哪项不是导致大气中二氧化碳浓度增加的原因？（ ）

A. 矿物燃料燃烧　　　　　　B. 大面积砍伐森林

C. 臭氧层破坏　　　　　　　D. 汽车拥堵

78. 下列关于建设项目环境影响评价的表述，哪项是错误的？（ ）

A. 重视建设项目多方案的比较论证

B. 重视建设项目的技术路线和技术工艺的评价

C. 重视建设项目对环境的累积和长远效应

D. 重视环保措施的技术经济可行性

79. 下列哪项不属于实现区域生态安全格局的途径？（ ）

A. 协调城市发展、农业与自然保护用地之间的关系

B. 维护生态栖息地的整体空间格局

C. 开发自然灾害防治技术

D. 维护区域生态过程的完整性

80. 下列有关形成光化学烟雾的因素，哪项是错误的？（ ）

A. 大气湿度相对较低　　　　B. 微风

C. 近地逆温　　　　　　　　D. 气温高于 32℃

二、多项选择题（共 20 题，每题 1 分。每题的备选项中有 2～4 个符合题意。多选、少选、错选都不得分）

81. 下列关于中国佛教建筑的表述，哪些项是正确的？（ ）

A. 佛教建筑分为汉传、北传和南传三类

B. 佛教建筑分为汉传、藏传、北传和南传四类

C. 汉传佛教建筑组成始终包括塔、殿和廊院三类

D. 在早期的汉传佛教建筑布局中，塔占主要地位

E. 前殿后塔曾是汉传佛教建筑布局的一种方式

82. 下列关于现代主义建筑设计观念的表述，哪些项是正确的？（   ）

　　A. 强调形式追随功能　　　　　　B. 注重建筑的经济性

　　C. 关注建筑的历史文脉　　　　　D. 认为空间是建筑的主角

　　E. 注重建筑表面的装饰效果

83. 下列关于公共建筑分散式布局特点的表述，哪些项是正确的？（   ）

　　A. 有利于争取良好朝向　　　　　B. 难以适应不规则地形

　　C. 可防止建筑的相互干扰　　　　D. 便于功能区间的划分

　　E. 可有效组织自然通风

84. 下列关于公共建筑基地选址与布局的表述，哪些项是正确的？（   ）

　　A. 重要剧场应置于僻静的位置　　B. 旅馆应布置在交通方便之处

　　C. 综合医院宜面临两条城市道路　D. 档案馆不宜建在城市的闹市区

　　E. 展览馆可以充分利用荒废建筑改造

85. 建设项目建议书应包括下列哪些内容？（   ）

　　A. 项目提出依据、缘由和背景　　B. 资源情况和建设条件可行性

　　C. 拟建规模和建设地点　　　　　D. 投资预算和资金落实方案

　　E. 设计与施工的进程安排

86. 下列哪些项属于站前广场规划设计需要考虑的内容？（   ）

　　A. 公交站点的布置　　　　　　　B. 社会停车场的布置

　　C. 行人交通组织　　　　　　　　D. 车辆交通组织

　　E. 商业网点的布置

87. 下列哪些项属于平面交叉口的交通控制形式？（   ）

　　A. 交通信号灯法　　　　　　　　B. 多路停车法

　　C. 设置立体交叉　　　　　　　　D. 让路标志法

　　E. 不设管制

88. 在道路交叉口合理组织自行车交通，下列哪些项属于通常做法？（   ）

　　A. 设置自行车右转车道　　　　　B. 设置自行车右转等候区

　　C. 设置自行车横道　　　　　　　D. 将自行车停车线提前

　　E. 将自行车道与人行道合并设置

89. 下列关于城市轨道交通线路走向选择表述，哪些项是正确的？（   ）

　　A. 应当沿主客流方向布设

　　B. 应当考虑全日客流和通勤客流的规模

　　C. 线路的起终点应设在大客流断面位置

　　D. 支线宜选在客流断面较大的地段

　　E. 应当考虑车辆基地和联络线的位置

90. 为缓解城市中心商业区的交通和停车问题，下列哪项做法是正确的？（   ）

　　A. 在商业区外围设置截流性机动车停车场

　　B. 在商业区建立停车诱导系统

C. 在商业区的步行街或者步行广场设置机动车停车场

D. 在商业区限制停车泊位的数量

E. 提高收费标准加快停车泊位的周转

91. 下列哪些项属于物流中心规划设计的主要内容？（　　）

A. 物流中心的定位功能 　　　　B. 物流中心货物管理信息系统设计

C. 物流中心的内部交通组织 　　D. 物流中心的平面设计

E. 物流中心周边配套市政工程设计

92. 下列哪些项是城市总体规划编制时需要确定的强制性内容？（　　）

A. 重大基础设施用地 　　　　　B. 水源地保护范围

C. 城市蓝线坐标 　　　　　　　D. 城市防洪标准

E. 建设地块规划控制标高

93. 生活垃圾处理方式中，焚烧与填埋相比有哪些优点？（　　）

A. 占地面积较少

B. 投资相对较低

C. 焚烧产生的热能可用于供热、发电

D. 垃圾减量化程度大

E. 运行管理难度小

94. 考虑解决地区水资源供需矛盾时，下列哪些措施适用于资源性缺水地区？（　　）

A. 大力加强居民家庭和工业企业节水

B. 推广城市污水再生利用

C. 推广农业滴灌、喷灌

D. 采取外流域调水

E. 改进城市自来水厂净水工艺

95. 下列关于城市综合管廊适宜建设区域的表述，哪些是正确的？（　　）

A. 城市成片开发区域的新建道路可以根据功能需求同步建设地下综合管廊

B. 老城区结合旧城更新因地制宜地安排地下综合管廊建设

C. 沿交通流量较大的公路应同步建设地下综合管廊

D. 城市道路与铁路交叉处应优先建设地下综合管廊

E. 现有城市架空线入地工程可建设缆线型综合管廊

96. 确定城市防洪标准时，应考虑下列哪些因素？（　　）

A. 常住人口 　　　　　　　　　B. 城市重要性

C. 当量经济规模 　　　　　　　D. 耕地面积

E. 洪水淹没范围

97. 下列关于城市防灾规划建设的表述，哪些项是正确的？（　　）

A. 应控制城市规划建设用地范围内的各类危险化学用品的总量和密度

B. 城市中心区范围内设置一级加油站时，应设置固定运输线路、限定运输时间

C. 大中城市都应设置一级消防站

D. 特勤消防站承担危险化学品事故处置的任务

E. 建筑物耐火能力分为三级,耐火能力最强的为三级,最弱的为一级

98. 下列关于区域生态适宜性评价的表述,哪些项是错误的?（　　）

　　A. 按行政区划划分评价空间单元

　　B. 独立地评价每个评价空间单元

　　C. 资源的经济价值是划分生态适宜性的重要标准

　　D. 生态环境的抗干扰性影响生态适宜性

　　E. 生物多样性与生态适宜性无关

99. 下列关于水体富营养特征的表述,哪些项是正确的?（　　）

　　A. 水体中氮、磷含量增多　　　　　　B. 水体中蛋白质含量增多

　　C. 水体中藻类大量繁殖　　　　　　D. 水体中溶解氧含量极低

　　E. 水体中鱼类数量增加

100. 下列关于城市垃圾综合整治的表述,哪些项是正确的?（　　）

　　A. 主要目标是无害化、减量化和资源化

　　B. 垃圾综合利用包括分选、回收、转化三个过程

　　C. 卫生填埋需要解决垃圾渗滤液和产生沼气的问题

　　D. 生活垃圾应进行分类收集与处理

　　E. 垃圾焚烧不会产生新的污染

真 题 解 析

一、单项选择题(共 80 题,每题 1 分。每题的备选项中,只有 1 个最符合题意)

1. B

【解析】 斗拱在唐代还没有成为重要的装饰构件,主要起承重功能,因此 B 选项符合题意。

2. D

【解析】 屋架上的檩与檩中心线间的水平距离,清代称为"步"。故选 D。

3. C

【解析】 科林斯柱式的柱身、柱础与整体比例与爱奥尼柱式相似,因此 C 选项错误。故选 C。

4. C

【解析】 交通的联系部分,可分为水平交通、垂直交通和枢纽交通,因此 C 选项错误。故选 C。

5. C

【解析】 体育馆为大跨度建筑结构,高层商住为高层建筑结构,因此 C 选项错误。故选 C。

6. B

【解析】 砖混结构纵向体系荷载的主要传递路线为:板—梁—纵墙—基础—地基,因此 B 选项正确。

7. D

【解析】 屋架的特点为节点受力,所有杆件只受拉力和压力,因此 D 选项错误。故选 D。

8. C

【解析】 材料在经受外力作用时抵抗破坏的能力,称为材料的强度,因此 A 选项错误。材料在承受外力作用的过程中必然产生变形,如撤除外力的作用后,材料几何形状恢复原状,则材料的这种性能称为弹性,因此 B 选项错误。材料在受力时,在无明显变形的情况下突然破坏,这种现象称为脆性破坏,因此 C 选项正确。材料强度又可分为抗拉强度、抗压强度、抗弯强度和抗剪强度等,因此 D 选项错误。故选 C。

9. A

【解析】 绿色建筑"四节一环保"中的"四节"是指节水、节地、节能、节材;"一保护"是指环境保护,因此 A 选项符合题意。

10. C

【解析】 工厂场地是一个完整的项目,要满足工厂的运输,但也要避免外部车辆的穿行,因此 C 选项错误。故选 C。

11. C

【解析】 在工业建筑的总平面布局中,主要货运路线与主要人流线路应尽量避免交叉。故选 C。

12. A

【解析】 场地设计分为平坡、台阶和混合式,A 选项为平坡、斜坡和台阶式,因此 A 选项错误。故选 A。

13. C

【解析】 拜占庭建筑色彩显得阴暗、沉重,因此 C 选项错误。故选 C。

14. B

【解析】 竖曲线分为凸形与凹形两种。凸形竖曲线的设置主要满足视线视距的要求,凹形竖曲线的设置主要满足车辆行驶平稳(离心力)的要求,A 选项错误。城市道路设计时一般希望将平曲线与竖曲线分开设置,如果确实需要重合设置时,通常要求将竖曲线在平曲线内设置,而不应有交叉现象,B 选项正确。为了保持平面和纵断面的线形平顺,一般取凸形竖曲线的半径为平曲线半径的 10～20 倍。应避免将小半径的竖曲线设在长的直线段上,CD 选项错误。故选 B。

15. D

【解析】 车站总平面布局属于车站的修建性详细规划,不属于规划交通线网的规划内容,因此 D 选项符合题意。

16. B

【解析】 警告标志的形状为三角形,顶角朝上,颜色为黄底黑边,黑图案。故选 B。

17. C

【解析】 城市道路交通流折算为:假定最靠中线的一条车道为 1,则同侧右方向第二条车道通行能力的折减系数为 0.80～0.9,第三条车道的折减系数为 0.65～0.78,第四条为 0.50～0.65。靠近道路中线的车道最大,最右侧的车道最小,因此 C 选项正确。

18. C

【解析】 交叉口的组织方式有:(1)无交通管制;(2)采用渠化交通;(3)实施交通指挥;(4)设置立体交叉。单双号限行属于交通策略,因此 C 选项符合题意。

19. B

【解析】 城市公共停车设施可分为路边停车带和路外停车场(库)两大类。故选 B。

20. B

【解析】 斜楼板停车库的停车楼板呈缓坡板倾斜状布置,利用通道的倾斜作为楼层转换的坡道,因而无须再设置专用的坡道,所以用地最为节省,单位停车面积最少。但由于坡道和通道合一,交通线路较长,对停车位的进出普遍存在干扰,因此 B 选项符合题意。

21. A

【解析】 斜楼板停车库的停车楼板呈缓坡板倾斜状布置,利用通道的倾斜作为楼层转换的坡道,由于坡道和通道合一,交通线路较长,对停车位的进出普遍存在干扰,因此

A 选项符合题意。

22．C

【解析】 公交站点(或轨道交通车站)应离站房最近,其次是出租车停车场,最后才是社会车辆停车场,因此 A 选项正确。在站前广场按需要配置相应的大型自行车停车场是非常必要的,因此 B 选项正确。为了方便公铁联运,国内的城市在站前广场的外围基本上都配置了长途汽车站,长途汽车站作为枢纽内的一种换乘方式应该放在整个站前广场中来考虑,其停车泊位的多少可以根据实际需要来定,因此 C 选项错误。在站前广场,要控制无关车辆进入站前广场,因此 D 选项正确。故选 C。

23．C

【解析】 桥下通行公共汽车的高度限界为 3.5m。故选 C。

24．A

【解析】 城市轨道交通按最大运输能力由大到小排序为地铁系统、轻轨系统、有轨电车。故选 A。

25．C

【解析】 水资源供需平衡分析一般采用年用水量,A 选项错误。城市供水设施规模应按照最高日用水量配置,B 选项错误。城市配水管网的设计流量应按最高日最高时用水量确定,C 选项正确。城市水资源总量越大,相应的保证率就越小,D 选项错误。故选 C。

26．B

【解析】 污水处理厂宜设在水体附近,便于处理后污水的就近排放,也尽可能与回用处理后污水的主要用户靠近,因污水处理厂对生活有一定的污染和干扰,应距离生活区 300m 以上且设置卫生防护带。因此 B 选项尽量靠近居住区是错误的。故选 B。

27．C

【解析】 在城市详细规划阶段用电负荷,一般采用单位建筑面积负荷指标法、点负荷。ABD 选项均为总体规划阶段的预测法。故选 C。

28．D

【解析】 燃气调压站应尽量布置在负荷中心,方便供应和控制,因此 D 选项正确。液化石油气储配站有爆炸危险,不应邻近城市集中居住区,因此 A 项错误。特大城市燃气管网应采取三级管网或混合管网,B 选项错误。为保证城市燃气的供应稳定性,应尽量避免单一气源,C 选项错误。故选 D。

29．A

【解析】 专用锅炉房属于分散供热系统。故选 A。

30．B

【解析】 生活垃圾填埋场会产生渗滤液,渗滤液需要处理后再进入污水处理厂处理排放,因此生活垃圾填埋场与污水处理厂不应太远,故 A 选项错误。根据相关规范规定:生活垃圾卫生填埋场距大、中城市城市规划建成区应大于 5km,距小城市城市规划建成区应大于 2km,距居民点应大于 0.5km;城市固体危险废弃物不得与生活垃圾混合处理,必须在远离城市规划建成区和城市水源保护区的地点按国家有关标准和规定分类进行安全处理和处置,其中医疗垃圾应集中焚烧或作无害化处理,并在环境影响评价中重点预测其对城市的影响,保证城市安全,因此 CD 选项错误。生活垃圾堆肥处理只是去除有机物和减少体积,并不是最终处理方式,需要与填埋或者焚烧相结合综合处理,因此 B 选项正确。故选 B。

31. D

【解析】 《城市黄线管理办法》第二条第六款规定:城市发电厂、区域变电所(站)、市区变电所(站)、高压线走廊等城市供电设施应划入城市黄线管理,因此 D 选项符合题意。A 选项属于蓝线,B 选项属于紫线,C 选项属于红线。

32. B

【解析】 《城市工程管线综合规划规范》(GB 50289—2016)第3.0.7条:编制工程管线综合规划时,应减少管线在道路交叉口处交叉。当工程管线竖向位置发生矛盾时,宜按下列规定处理:(1)压力管线宜避让重力流管线;(2)易弯曲管线宜避让不易弯曲管线;(3)分支管线宜避让主干管线;(4)小管径管线宜避让大管径管线;(5)临时管线宜避让永久管线。因此 B 选项错误。故选 B。

33. B

【解析】 城市总体阶段竖向工程规划阶段的内容:配合城市用地选择与总图布局方案,做好用地地形地貌分析,充分利用与适应、改造地形,确定主要控制点规划标高;分析规划用地的地形、坡度,评价建设用地条件,确定城市规划建设用地;分析规划用地的分水线、汇水线、地面坡向,确定防洪排涝及排水方式;确定防洪(潮、浪)堤顶及堤内地面最低控制标高;确定无洪水危害内江河湖海岸最低的控制标高;根据排洪、通航的需要,确定大桥、港口、码头等的控制标高;确定城市主干路与公路、铁路交叉口点的控制标高;分析城市雨水主干路与进入江、河的可行性,确定道路及控制标高;选择城市主要景观控制点,确定主要观景点的控制标高。故选 B。

34. A

【解析】 确定截洪沟纵坡、防洪堤断面和排涝泵站的位置和用地属于城市防洪详细规划阶段的内容,因此 BCD 选项不符合题意。而确定防洪标准属于城市总体阶段防洪规划的内容,因此 A 选项符合题意。

35. C

【解析】 中等及中等以上城市、经济发达的县级市和经济发达且有特勤需要的城镇应设置特勤消防站。故选 C。

36. A

【解析】 对抗震有利的地段包括:坚硬土或开阔、平坦、密实、均匀的中硬土。地震危险地段包括:地震时可能发生滑坡、崩塌、地陷、地裂、泥石流的地段;活动型断裂带附近,地震时可能发生地表错位的部位。

对地震不利的地段包括:软弱土、液化土、河岸和边坡边缘;平面上成因、岩性、状态明显不均匀的土层,如故河道、断层破碎带、暗埋的湖塘沟谷、填方较厚的地基等。从以上分析可知,A 选项属于地震危险地段,属于必须避开的区域。故选 A。

37. A

【解析】 地震烈度反映的是地震对地面和建筑物的破坏程度。故选 A。

38. D

【解析】 《中华人民共和国防震减灾法》第三十五条规定新建、扩建、改建建设工程，应当达到抗震设防要求。重大建设工程和可能发生严重次生灾害的建设工程，应当按照国务院有关规定进行地震安全性评价，并按照经审定的地震安全性评价报告所确定的抗震设防要求进行抗震设防。故选 D。

39. D

【解析】 遥感影像的对比只能发现图片位置、面积和通过建筑分析出用地性质，而对建筑或者土地的归属关系无法得出，因此 D 选项符合题意。

40. D

【解析】 借助计算机或目视的方法对图像单元或图像中的地物进行分类称为图像分类，属于处理阶段内容，因此 D 选项的图像分类不属于预处理的内容。故选 D。

41. B

【解析】 遥感(Remote Sensing)、全球定位系统(Global Position System)和地理信息系统(Geographic Information System)统称为"3S"。因此 B 选项符合题意。

42. B

【解析】 城市规划动态监测是指根据不同时相的遥感影像进行对比，发现变化，将变化与规划对比，判断其是否符合城市规划。在基层城市规划行政主管部门，可以依此发现非法建设与非法用地，上级城市规划行政主管部门则可以据此判断变化是否符合已经批复的城市规划，并发现是否存在行政主体违法的现象，而此动态监测依据的系统即为地理信息系统，因此 B 选项正确。

43. A

【解析】 城市规划与其他城市管理部门，如土地管理部门、建设部门、市政管理等，存在着密切的联系。在这些部门的信息化过程中实现基础数据共享，有助于避免数据重复建设，降低成本，因此 A 选项符合题意。

44. C

【解析】 利用遥感手段制作城市规划用地现状图具有多、快、好、省的特点，但因高层建筑的遮挡，或天气等原因，在大城市的建成区在准确性上与 1∶500～1∶2000 地形图测量有较大局限。故选 C。

45. B

【解析】 与 CAD 软件相比，GIS 软件具有的优势是实现图形、属性的一统。故选 B。

46. D

【解析】 目前，我国的城市规划信息化还存在着如标准化程度不高，数据共享不足的缺点。而此缺点是由于标准的不统一造成的，因此 D 选项符合题意。

47. C

【解析】 城镇化进程大大加速，发展中国家逐渐成为城镇化的主体，因此 C 选项符合题意。

48. D

【解析】 中央城市工作会议12月20日至21日在北京举行。会议中提到，要优化提升东部城市群,在中西部地区培育发展一批城市群、区域性中心城市,促进边疆中心城市、口岸城市联动发展,让中西部地区广大群众在家门口也能分享城镇化成果。因此ABC选项正确,D选项错误。故选D。

49. D

【解析】 中国城市边缘区即为城市郊区,城市郊区是城乡景观过渡区,外来务工人口的聚集区,居住人口复杂,社会问题较为突出,因此ABC选项正确。城市郊区在近些年是城市开发的主战场,空间变化相对较快,因此D选项错误。故选D。

50. D

【解析】 逆城镇化,是指城市人到农村买地购房导致人口从城镇往农村回流的现象。显然,"城中村"不属于以上特点,不是"逆城镇化"。故选D。

51. B

【解析】 克里斯塔勒中心地体系形成的原则为:市场原则、交通原则和行政原则,因此B选项错误。故选B。

52. A

【解析】 西安作为陕西省会城市,"吸血"严重,一家独大。故选A。

53. C

【解析】 (1)适用于大中城市规模预测的数学模型:回归模型、增长率法、分项预测法;(2)适用于小城镇规模预测的定性分析模型:区域人口分配法、类比法、区位法。因此C选项符合题意。

54. D

【解析】 城市经济区组织一般具有以下四个方面的原则:

(1)中心城市原则。中心城市是城市经济区的核心,也是城市经济区形成的第一要素,故A选项正确。(2)腹地原则。腹地是一个城市的吸引力和辐射力对城市周围地区的社会经济联系起着主导作用的地域,所以C选项正确。(3)经济联系原则。城市与腹地之间的经济联系是城市经济区形成的主要动力,也是城市经济区构成的主要内容,中心城市、腹地范围和空间通道都是经济联系的表现形式。效益原则不等于经济原则,效益原则只是经济原则中的一种,D选项错误。(4)空间通道原则。空间通道是城市经济区形成的支撑系统,城市与腹地之间各种形式的经济联系,必须依托一定的空间通道网才能得以实现,因此B选项正确。故选D。

55. A

【解析】 城镇体系也称为城市体系或城市系统,指的是在一个相对完整的区域或国家中,由不同职能分工,不同等级规模,联系密切,互相依存的城镇的集合。它以一个区域内的城镇群体为研究对象,而不是把一座城市当作一个区域系统来研究。主要工作为对区域内城市进行空间布局、规模和等级控制、职能分工等内容,使整个区域内城市和谐发展。因此A选项错误,符合题意。

56. D

【解析】 失业、贫困、犯罪就是"城市病",并不是成因,而城市的外部性负效应会导致城市效率的损失,带来了城市的各种弊端,从而产生了"城市病"。故选D。

57．B

【解析】 效率是市场经济学中价值判断的标准。故选B。

58．A

【解析】 当城市达到最佳规模时,城市还有人口流入,此时集聚力大于分散力。故选A。

59．C

【解析】 从可持续性的角度来说,资本是可再生性的,可以通过积累不断地增加其规模,人口就有再生产性质,但是因为各种资源限制,人口增长可能比不上经济发展,也不具有长期可持续投资性,而技术随资本的投入,其一定会持续推进发展,具有连续投资的特点。而土地是不能再生资源,不具长期投资性最差、限制最大。故选C。

60．D

【解析】 某行业区位熵＝(该行业就业人数÷城市总就业人数)/(全国该行业就业人数÷全国总就业人数),因此D选项符合题意。

61．C

【解析】 从中心区向外,单个居民(或家庭)的住房面积会增加而单位土地上的住房面积(即资本密度)会下降,那么人口密度(单位土地面积上的人口)就一定是下降了的,而资本与人口两种密度的下降又意味着土地利用强度的下降。因此从中心逐渐向外,住房面积是增加的,C选项符合题意。

62．A

【解析】 土地和资本是最重要的两项投入,单位土地上投入的资本量称为资本密度,类似于规划中常用的容积率概念,即资本密度越高,建筑的高度就越高。在给定总成本的情况下,追求利润最大化的开发商要根据资本和土地的货币边际产出来决定二者的投入量。距中心区越远,土地的价格越低,单位货币能够购买的数量越多,其边际产出也就越高,开发商就会增加土地的投入而减少资本的投入,从而土地利用强度就会降低,反之也成立。因此,土地利用强度是土地和资本彼此替代效应决定,A选项符合题意。

63．D

【解析】 当居民收入上升时,他们会消费更多的商品,也会选择更大的住房。根据房价曲线我们知道,离中心区越远,房价越低,所以对大房子的需要使得人们向外迁移,而收入的上升也使得人们可以支付由于外迁带来的通勤交通成本的上升。这样的行为就导致了接近中心区房价的下降和外围地区房价的上升,即价格曲线发生了扭转,变得更平缓了,房价的变化又导致了相应的地价曲线发生同样的变化,结果就是城市边界的外移和城市空间规模的扩大。故选D。

64．B

【解析】 当遇到交通拥堵时,时间成本是上升的。但因为城市的道路是大家共同使用的,所以个人所承担的只是平均成本,而最后一辆车进入带来的边际成本,造成大家都拥堵,而驾驶者没有承担全部边际成本,只承担了一部分他不在乎的平均成本,而限行,则让每个驾驶者都承担了其进入城市所需要承担的边际成本。故选B。

65．A

【解析】 弹性工作时间、分时段限行、公交交通出行,都能在时间上对交通进行分流。而增修道路,是对交通空间上不均衡性的措施,因此A选项错误,符合题意。

66. B

【解析】 根据城市经济学,土地税可以兼顾公平与效率两个目标。故选B。

67. C

【解析】 城市绿地不存在竞争性和排他性,属于公共品。故选C。

68. C

【解析】 城市阶层分异的基本动力有:收入差异与贫富分化、职业的分化、分割的劳动力市场、权利的作用和精英的产生,因此C选项符合题意。

69. D

【解析】 按照国际标准,65岁以上人口比重超过7%就意味着进入老年社会(若按60岁以上人口比重来衡量则要超过10%),故BC选项错误。老少比大于30%即可认定为符合老年社会标准,因此D选项正确。80岁以上人口数量占65岁以上人口数量的比重和80岁以上人口数量占总人口数量的比重可用来反映人口老化特征,但不是认定老龄化社会,故A选项错误。故选D。

70. D

【解析】 回收率:回收来的问卷数量占总发放问卷数量的比重,因此C选项错误。问卷调查确定后最好不要改变,如果确要改变,那么就使用改变后的问卷重新开始调查,因此B选项错误。问卷调查设计要考虑调查者的填写时间,以免出现反感情绪或者数据填写不完整,因此D选项正确。非随机抽样包括三种类型:①随意抽样,即抽取样本没有标准和原则,完全是随意的;②判断抽样,即调查者根据经验和对总体的了解,从总体中抽取有代表性的、典型的单位作为样本;③分层配比抽样,根据总体的结构特征将总体所有单位按某种标志(如性别、年龄、职业等)分成若干层次,按照各层次单位数占总体单位数的比例在各层中抽取样本。总体上看,非随机抽样中的第三种方法更为科学、也比较常用,因此A选项错误。故选D。

71. B

【解析】 人口素质一般用居民的文化教育水平来衡量,而人口金字塔是各种人口比例的表示,无法体现人口素质,因此B选项符合题意。

72. A

【解析】 社区自治的主体是居民。故选A。

73. A

【解析】 人口性别比一般以女性人口为100时相应的男性人口数来定义。性别比大于100,则说明男性人口多于女性人口,因此A选项错误,符合题意。

74. A

【解析】 "邻里"和"社区"的最大区别在于没有形成"社会互动",因此A选项的"邻里"和"社区"是同一个概念是错误的,符合题意。

75. B

【解析】 扇形模型的前提是,围绕着城市中心,混合型的土地利用得到发展,而且随着城市的扩展,每类用地以扇形的方式向外扩展。高租金的居住区沿着交通线发展,或向能躲避洪水的高地发展,或向空旷地区发展,或沿着无工业的湖滨、河岸发展。霍伊特模型的缺点在于过分强调地带的经济特征而忽视其他的诸如种族类型等重要的因素。但它因增加了交通因素的方向性概念而被认为是同心圆模型的延伸和发展。从以上分析可知,交通线对土地利用的影响是其动因,B选项正确。

76. D

【解析】 全球气候变化不会导致城市及周边地区地下水污染的结果。故选D。

77. C

【解析】 二氧化碳的增加可能会导致臭氧层的破坏,而不是因为臭氧层的破坏导致二氧化碳浓度的增加,因此C选项错误,符合题意。

78. D

【解析】 环境影响评价需要注意以下几点:(1)加强建设项目多方案论证,系统工程学认为,只有多方案论证才能找到最优。(2)重视建设项目的技术问题,建设项目采取不同的技术路线和技术工艺将极大地制约建设项目对环境的影响程度。(3)重视环境预测评价建设项目,特别是一些大型项目,往往带有长期性和永久性的特点。一旦建成,就很难改变。因此,环境影响评价不能只着眼于眼前,更重要的是要着眼于长远。(4)避免环境影响评价的滞后性,环境影响评估在决策时的滞后性,极大地影响着最佳方案的选择。(5)加强建设项目环境保护措施的科学性和可行性。从以上分析可知,ABC选项正确。D选项错误,重视的是环保措施的科学性和可行性,而不是经济性、可行性。故选D。

79. C

【解析】 区域生态安全格局的途径是从规划宏观布局去构建生态安全,而开发自然灾害防治技术属于集体的工程防治措施,不属于区域生态安全格局途径,因此C选项符合题意。

80. D

【解析】 光化学烟雾在一定的气象条件下发生,一般最易发生在大气相对湿度较低、微风、日照强、气温为24～32℃的夏季晴天,并有近地逆温的天气,是一种循环过程,白天生成,傍晚消失,因此D选项错误,符合题意。

二、多项选择题(共20题,每题1分,每题的备选项中有2～4个符合题意。多选、少选、错选都不得分)

81. DE

【解析】 佛教建筑分为汉传佛教建筑、藏传佛教建筑和南传佛教建筑三大类,因此A、B选项错误。汉传佛教建筑由塔、殿和廊院组成,其布局的演变由以塔为主,到前殿后塔,再到塔殿并列、塔另设别院或山门前,最后变成塔可有可无,因此C选项错误,DE选项正确。

82. BD

【解析】 现代建筑主张的主要特点:(1)设计以功能为出发点;(2)发挥新型材料和建筑结构的性能;(3)注重建筑的经济性;(4)强调建筑形式与功能、材料、结构、工艺的一致性,灵活处理建筑造型,突破传统的建筑构图格式;(5)认为建筑空间是建筑的主角;

(6)反对表面的外加装饰。故选 BD。

83. ACDE

【解析】 分散式布局的特点是功能分区明确,减少不同功能间的相互干扰,有利于适应不规则地形,可增加建筑的层次感,有利于争取良好的朝向与自然通风。故选 ACDE。

84. BCDE

【解析】 重要剧场应位于城市重要地段,A 选项错误;旅馆应与各种交通路线联系方便,B 选项正确;医院宜邻两条城市道路,C 选项正确。为保持档案馆区环境安静,减少干扰,不宜建在城市的闹市区,D 选项正确。利用荒废建筑改造或扩建也是馆址选择的途径之一,E 选项正确。故选 BCDE。

85. ABCE

【解析】 项目建议书应包括下列内容:(1)建设项目提出的依据和缘由,背景材料,拟建地点的长远规划,行业及地区规划资料;(2)拟建规模和建设地点初步设想、论证;(3)资源情况、建设条件可行性及协作可靠性;(4)投资估算和资金筹措设想;(5)设计、施工项目进程安排;(6)经济效果和社会效益的分析与初估。投资估算与投资预算是不同的概念,D 选项错误。故选 ABCE。

86. ABCD

【解析】 站前广场规划设计分为静态交通组织、动态交通组织和景观组织。静态交通组织包括:公交车站点布置、社会车辆停车场布置、出租车停车场布置、自行车停车场布置、长途汽车站布置。动态交通组织包括:行人组织和车辆组织。景观组织则是对站前广场城市环境质量和景观特点的设计,因此 ABCD 选项正确。商业网点布置属于站前广场建筑设计范畴中对建筑功能的布局,因此 E 选项错误。故选 ABCD。

87. ABDE

【解析】 平面交叉口交通控制形式包括:(1)交通信号灯法;(2)多路停车法;(3)让路停车法;(4)不设管制。故选 ABDE。

88. ACD

【解析】 道路交叉口自行车交通组织方式有:(1)设置自行车右转专用车道;(2)设置左转候车法;(3)停车线提前法;(4)两次绿灯法;(5)设置自行车横道。故选 ACD。

89. ABE

【解析】 轨道交通线网走向的选择,主要考虑以下几方面:

(1)线路应根据在线网中功能定位和客流预测分析,沿主客流方向选择,并通过大客流集散点,便于乘客直达目的地,减少换乘,A 选项正确。

(2)线路应考虑全日客流效益、通勤客流规模,宜有大型客流点的支撑,因此 B 选项正确。

(3)线路起、终点不要设在市区内大客流断面位置,所以 C 选项错误。

(4)超长线路一般以最长交路运行 1h 为目标,旅行速度达到最高运行速度的 45%~50%为宜。

(5)对设置支线的运行线路,支线长度不宜过长,宜选在客流断面较小的地段,因此 D 选项错误。

（6）当采用全封闭方式时,在城市中心区宜采用地下线,但应注意对地面建筑、地下资源和文物的保护;在城市中心区外围,且道路宽阔地段,宜选择高架线。有条件地段也可采用地面线。

（7）在线路长大陡坡地段,不宜与平面小半径曲线重叠。

（8）充分考虑停车场和车辆基地的位置与联络线,E 选项正确。

故选 ABE。

90．ABE

【解析】 缓解中心城区商业区交通和停车问题,可以有以下措施:(1)设置截留性机动车停车场;(2)建立停车诱导系统;(3)收费标准增加,加快停车周转速度;(4)增加外围停车位的建设。ABE 选项正确。限制停车只会增加更大的交通拥堵,D 选项错误。在步行街和步行广场设置机动车停车位只会吸引大量车流进入,增加局部拥堵,C 选项错误。故选 ABE。

91．ACD

【解析】 物流中心规划设计的主要内容包括:(1)物流中心的选址和功能定位;(2)物流中心规模的确定与运量预测;(3)物流中心的平面设计与空间设计;(4)物流中心的内部交通组织;(5)物流中心的外部交通组织。因此 ACD 选项符合题意。

92．ABD

【解析】 城市蓝线坐标和地块标高属于控制性详细规划内容,因此 CE 选项不符合题意。故选 ABD。

93．ACD

【解析】 焚烧处理的优点是:能迅速而大幅度地减少容积,体积可以减少 85％～95％,质量减少 70％～80％;可以有效地消除有害病菌和有害物质;所产生的能量可以供热、发电;另外,焚烧法占地面积小,选址灵活。焚烧法的不足之处是投资和运行管理费用高,管理操作要求高;所产生的废气处理不当,容易造成二次污染;对固体废物有一定的热值要求。故选 ACD。

94．ABCD

【解析】 资源型缺水的对策和措施为开源和节流。加强企业和居民节水、加强滴灌技术属于节流,AC 选项正确。推广城市污水再利用和外流调水属于开源,BD 选项正确。改进净水工艺属于水质型缺水的措施,因此 E 选项错误。故选 ABCD。

95．ABDE

【解析】 依据《城市综合管廊工程技术规范》(GB 50838—2015)第3.0.4条:城市新区主干路下的管线宜纳入综合管廊,综合管廊应与主干路同步建设。城市老(旧)城区综合管廊建设宜结合地下空间开发、旧城改造、道路改造、地下主要管线改造等项目同步进行,故 AB 选项正确。

当遇到下列情况之一时,宜采用综合管廊:

(1)交通运输繁忙或地下管线较多的城市主干道以及配合轨道交通、地下道路、城市地下综合体等建设工程地段;(2)城市核心区、中央商务区、地下空间高强度成片集中开发区、重要广场、主要道路的交叉口、道路与铁路或河流的交叉处、过江隧道等;(3)道路宽度难以满足直埋敷设多种管线的路段；(4)重要的公共空间；(5)不宜开挖路面的路段。故 C 选项错误,D 项正确。

在现代城市建设中,城市架空线入地工程宜采用缆线型综合管廊,E 选项正确。故选 ABDE。

96. ABC

【解析】《城市防洪规划规范》(GB 51079—2016)第 3.0.1 条:确定城市防洪标准应考虑下列因素:(1)城市总体规划确定的中心城区集中防洪保护区或独立防洪保护区内的常住人口规模;(2)城市的社会经济地位;(3)洪水类型及其对城市安全的影响;(4)城市历史洪灾成因、自然及技术经济条件;(5)流域防洪规划对城市防洪的安排。故选 ABC。

97. ACD

【解析】 危险化学品设施布局中应控制城市规划建设用地范围内各类危险化学物品的总量和密度,A 选项正确。所有城市都应设置一级普通消防站,在现状建成区内设置一级普通消防站确有困难的区域可设置二级普通消防站,C 选项正确。城市规划区内不得建设一级加油站,确需建设的,应设置固定运输线路、限定运输时间,中心区内严禁设置,B 选项错误。建筑耐火等级分为四级,耐火等级最强的为一级,E 选项错误。特勤消防站除一般性火灾扑救外,还要承担高层建筑火灾扑救和危险化学物品事故处置的任务,D 选项正确。故选 ACD。

98. ABCE

【解析】 生态适宜性评价是以规划范围内生态类型为评价单元,根据区域资源与生态环境特征、发展需求与资源利用要求、现有代表性的生态特性,从规划对象尺度的独特性、抗干扰性、生物多样性、空间地理单元的空间效应、观赏性以及和谐性分析规划范围内在的资源质量以及与相邻空间地理单元的关系,确定范围内生态类型对资源开发的适宜性和限制性,进而划分适宜性等级。按生态类型划分评价单位而不是行政区划,A 选项错误;需要考虑与相邻空间的关系而不是独立评价,B 选项错误;生态适宜性主要是对生态的考虑,资源的生态价值是划分生态适宜性的重要标准,而不是经济价值,C 选项错误;生物多样性与适宜性有关,E 选项错误。故选 ABCE。

99. ABCD

【解析】"富营养化"污染:由于水体中氮、磷、钾、碳增多,使藻类大量繁殖,耗去水中溶解氧从而影响鱼类的生存,这就是所谓的"富营养化"污染。造纸、皮革、肉类加工、炼油等工业废水,生活污水以及农田施用肥料使水体中氮、磷、碳等营养物增加。含磷洗涤剂的广泛应用,使生活污水中含磷量增加。故选 ABCD。

100. ABCD

【解析】 垃圾处理的主要目标是无害化、减量化和资源化,在综合利用过程中,需要先分选,再分类回收后通过技术转化三个过程,因此 AB 选项正确。卫生填埋过程中,垃圾渗滤液和产生沼气需要分别再处理和焚烧,避免再次污染和爆炸,C 选项正确。生活垃圾含有有机物,应进行分类收集处理,D 选项正确。垃圾焚烧会产生新的大气污染,E 选项错误。故选 ABCD。

2019 年度全国注册城乡规划师职业资格考试真题与解析

城乡规划相关知识

真 题

一、单项选择题(共 80 题,每题 1 分。每题的备选项中,只有 1 个最符合题意)

1. 下列关于中国著名古建筑特征描述错误的一项是(   )。
   A. 五台山佛光寺大殿的檐柱有侧脚及升起
   B. 蓟县独乐寺观音阁平面为分心槽式样
   C. 应县佛宫寺释迦塔为木结构
   D. 登封崇岳寺为密檐塔

2. 下列关于西方古典多立克柱式的表述,错误的是(   )。
   A. 没有柱础,檐部较厚重   B. 柱头为简洁的倒圆锥台
   C. 柱身收分与卷杀不明显   D. 柱身有尖棱角的凹槽

3. 下列关于 20 世纪 70 年代西方后现代建筑特征的表述,错误的是(   )。
   A. 强调历史文脉   B. 高校建筑风格
   C. 表现复杂空间   D. 拼凑片段构件

4. 下列关于电视台选址要求的表达,错误的是(   )。
   A. 布置于环境较安静之处   B. 远离高压架空输电线
   C. 远离城市干道或次干道   D. 远离高频发生器

5. 下列关于住宅建筑室内低限使用面积的表述,错误的是(   )。
   A. 单人卧室的使用面积为 6m²   B. 双人卧室的使用面积为 10m²
   C. 卫生间的使用面积为 2m²   D. 起居室的使用面积为 12m²

6. 下列不属于从设计上对住宅保温有效的措施的是(   )。
   A. 加大建筑的进深   B. 缩短外墙长度
   C. 减少每户所占的外墙面   D. 增加墙体厚度

7. 下列关于承重体系的说法,错误的是(   )。
   A. 纵向承重体系适用于使用上要求有较大空间的房屋,如图书馆、工业厂房等
   B. 横向承重体系的荷载主要传递路线是:板—横墙—基础—地基
   C. 内框架承重体系施工工序简单
   D. 框架结构体系中墙体不起承重作用

8. 关于建筑选址与布局的表示,下列哪项是错误的?(   )
   A. 停车库出入口应避开主要道路交叉口
   B. 电视台应尽可能远离城市中心区
   C. 综合医院选址应有利于交通便利且宜临两条城市道路
   D. 中小学的选址应远离娱乐场所、精神病院

9. 下列关于中国古代建筑色彩的表述,正确的是( )。

    A. 中国古建大量使用色彩淡雅的彩画

    B. 宋《营造法式》将彩画分为两大类

    C. 北宋时期绿色琉璃瓦尚未出现

    D. 北宋建筑的外观色彩开始趋向华丽

10. 下列关于建设项目建议书内容的表述,错误的是( )。

    A. 拟建规划和建设地点的设想论证

    B. 提出建设项目的依据和缘由

    C. 设计项目的工程概算

    D. 设计、施工项目的进度安排

11. 根据《城市综合交通体系规划标准》(GB/T 51328—2018),下列关于城市中运量公共交通走廊高峰小时单向客流,正确的是( )。

    A. 大于 4 万人次/h   B. 3 万～4 万人次/h

    C. 1 万～3 万人次/h   D. 小于 1 万人次/h

12. 《城市综合交通体系规划标准》(GB/T 51328—2018)将城市道路划分为大、中、小类,下列哪项分类数量是正确的( )。

    A. 3 大类、4 中类、8 小类   B. 3 大类、4 中类、6 小类

    C. 2 大类、4 中类、8 小类   D. 2 大类、4 中类、6 小类

13. 快速路辅路的功能相当于( )。

    A. Ⅰ级主干路   B. Ⅱ级主干路   C. Ⅲ级主干路   D. 支路

14. 下列关于"城市轨道交通快线 B"运送速度的表述,正确的是( )。

    A. 大于 100km/h   B. 70～100km/h

    C. 65～70km/h   D. 45～60km/h

15. 根据《城市对外交通规划规范》(GB 50925—2013),下列关于高速铁路两侧隔离带规划控制宽度的表述,正确的是( )。

    A. 在城市建成区外不小于 50m   B. 在城市建成区内不小于 50m

    C. 在城市规划区内不小于 50m   D. 在城市规划区外不小于 50m

16. 下列关于机动车停车基本车位的表述,正确的是( )。

    A. 满足车辆拥有者有出行时车辆在目的地停放需求的停车位

    B. 满足车辆拥有者无出行时车辆长时间停放需求的相对固定的停车位

    C. 满足车辆使用者有出行时车辆临时停放需求的停车位

    D. 满足车辆使用者无出行时车辆临时停放需求的停车位

17. 下列关于机动车停车库的说法,错误的是( )。

    A. 机动车停车库分为坡道式停车库和机械停车库两类

    B. 螺旋坡道式停车库布局简单整齐,交通线路明确,上下行坡道干扰少

    C. 斜楼板式停车库需要设置专用的坡道

    D. 一般情况而言,斜楼板式停车库用地比错层式停车库更为节省

18. 下列不属于物流中心规划设计主要内容的是( )。

    A. 规模的确定和运量预测   B. 物流中心内部交通组织

C. 物流中心功能定位　　　　　　D. 物流中心的建筑设计

19. 单向运输能力为 2.5 万～5 万人次/h,按《城市公共交通分类标准》(CJJ/T 114—2007)属于(　　)。

    A. 高运量系统　　B. 大运量系统　　C. 中运量系统　　D. 低运量系统

20. 下列不属于城市总体规划阶段供水工程规划内容的是(　　)。

    A. 预测城市用水量

    B. 布置配水管网,确定管径

    C. 划定城市水源保护区

    D. 确定城市自来水厂的布局和供水能力

21. 城市供水工程规划中,城市供水设施应按(　　)配置。

    A. 最高日用水量　　　　　　　　B. 平均日用水量

    C. 最高日最高时用水量　　　　　D. 最高日平均时用水量

22. 下列不属于城市排水工程详细规划阶段内容的是(　　)。

    A. 布置规划区内雨水、污水支管和其他排水设施

    B. 确定规划区雨水、污水支管管径和控制点标高

    C. 确定排水干管位置

    D. 确定污水处理厂布局,布置污水干管和其他污水设施

23. 下列关于燃煤热电厂选址原则的表述,错误的是(　　)。

    A. 要有良好的供水条件和可靠的供水保证率

    B. 应尽量远离热负荷中心,避免对城市环境产生影响

    C. 要有方便的交通运输条件

    D. 需留出足够的出线走廊宽度

24. 下列关于城市供电规划的表述,正确的是(　　)。

    A. 变电站选址应尽量靠近负荷中心

    B. 单位建筑面积负荷指标法是总体规划阶段常用的负荷预测方法

    C. 城市供电系统包括城市电源和配电网两部分

    D. 城市道路可以布置在 220kV 供电架空走廊下

25. 下列关于城市环卫设施规划的表述,正确的是(　　)。

    A. 医疗垃圾可与生活垃圾混合运输、处理

    B. 固体废物处理应考虑减量化、资源化、无害化

    C. 生活垃圾填埋场距大中城市规划建成区应大于 1km

    D. 常用的生活垃圾产生量预测方法有万元产值法

26. 当工程管线交叉时,应根据(　　)的高程确定交叉点的高程。

    A. 电力管线　　B. 热力管线　　C. 排水管线　　D. 供水管线

27. 下列关于城市用地竖向规划的表述,错误的是(　　)。

    A. 规划内容包括确定城市用地坡度、控制点高程和规划地面

    B. 应与城市用地选择和用地布局同步进行

    C. 城市台地的长边宜平行于等高线布置

　　D. 纵横断面法多用于地形比较简单地区的规划

28. 下列哪项属于城市黄线（　　）。

　　A. 城市排涝泵站与截洪沟控制线　　　B. 城市河湖水体控制线

　　C. 历史文化街区的保护范围界限　　　D. 城市河湖两侧绿化带控制线

29. 下列属于详细规划阶段防灾规划的内容是（　　）。

　　A. 研究城市灾害类型　　　　　　　　B. 确定城市设防标准

　　C. 提出防灾分区　　　　　　　　　　D. 落实防灾设施位置

30. 下列选项与确定排涝泵站规模无关的表述是（　　）。

　　A. 排涝标准　　　　　　　　　　　　B. 服务面积

　　C. 泵站高程　　　　　　　　　　　　D. 服务区内水体调蓄能力

31. 下列关于普通消防站责任区划分的表述正确的是（　　）。

　　A. 按照行政区界划分

　　B. 按照接警后一定时间内消防车能够抵达辖区边缘划分

　　C. 按照建筑总量划分

　　D. 按照居住和就业人口划分

32. 地震震级反映的是（　　）。

　　A. 地震对地面和建筑物的破坏程度

　　B. 地震动峰值加速度

　　C. 地震释放的能量强度

　　D. 地震活动频繁程度

33. 下列不属于地理信息系统中的空间数据的是（　　）。

　　A. 建设项目的坐标　　　　　　　　　B. 建设项目的长度

　　C. 建设项目的时间　　　　　　　　　D. 建设项目的走向

34. 利用不同时相的卫星影像对比，规划监测不能发现的是（　　）。

　　A. 城市扩张　　　B. 违法建设　　　C. 地籍变化　　　D. 违法用地

35. CAD 设置绘图界限（limits）的作用是（　　）。

　　A. 删除界限外的图形　　　　　　　　B. 使界限外的图形不能显示

　　C. 使界限外的图形不能打印　　　　　D. 使界限外的图形不能绘制

36. CAD 与传统的手工完成相比，其基本优势不包括（　　）。

　　A. 更精确、详细　　　　　　　　　　B. 减少差错和疏漏

　　C. 便于保存、查询　　　　　　　　　D. 设计理念更进步

37. 经实际操作证明，利用（　　）分辨率的卫星遥感影像，可以分辨出绝大多数类型的城市建设用地。

　　A. 0.6m　　　　　　B. 0.7m　　　　　　C. 0.8m　　　　　　D. 0.9m

38. 下列不属于遥感信息在城市规划中的典型用途的是（　　）。

　　A. 地形测绘　　　　　　　　　　　　B. 城市规划现状用地调查与更新

　　C. 人口估算　　　　　　　　　　　　D. 耕地权属

39. 民用卫星导航系统集成了互联网、GPS、GIS 等多种技术，下列不能由民用卫星

导航系统表述的是（   ）。

    A. 精准坐标   B. 相对位置   C. 速度   D. 路径

40. 下列关于相关技术结合效果的表述，错误的是（   ）。

    A. CAD 与遥感相结合，将显著提高规划的监测水平

    B. 互联网与 CAD 相结合，使远程协同设计得到发展

    C. GIS 与遥感相结合，促进了空间信息的共享和利用

    D. CAD 与 GIS 相结合，加强了规划设计与规划管理之间的联系

41. 城市经济中的基本经济活动是（   ）。

    A. 本地消费者的经济活动   B. 城市对内的服务

    C. 城市对外提供的产品和服务   D. 城市的商业零售业绩

42. 根据城市经济学理论，城市达到最佳规模时会出现下列哪种状况？（   ）

    A. 集聚力大于分散力   B. 集聚力小于分散力

    C. 集聚力等于分散力   D. 集聚力与分散力均为零

43. 下列不属于韦伯工业区位论基本的假定条件是（   ）。

    A. 已知原料供给地的地理分布   B. 已知产品的价格

    C. 已知产品的消费地与规模   D. 劳动力存在于多数的已知地点

44. 下列人物与其代表性学说的关联，正确的是（   ）。

    A. 乌尔曼——城市边缘区   B. 哈里斯——都市扩展区

    C. 伯吉斯——同心圆模型   D. 乌温——扇形模型

45. 下列对于毗邻的居住用地会产生外部负效应的是（   ）。

    A. 绿地   B. 地铁站点   C. 学校   D. 高速铁路沿线

46. 生产某种产品 100 个单位时，总成本为 5000 元，生产 101 个单位时，总成本为 5040 元，则边际成本为（   ）。

    A. 50.4 元   B. 50.0 元   C. 49.9 元   D. 40.0 元

47. 决定中心城市在区域中支配地位的主要因素是（   ）。

    A. 城市人口总量   B. 城市性质和职能

    C. 城市规模和职能   D. 城市经济实力和政治地位

48. 关于交通拥堵成本的表述，错误的是（   ）。

    A. 多修道路可以增加有效供给，解决拥堵问题

    B. 新的道路使用者的加入会导致所有使用者成本下降

    C. 交通拥堵发生时，社会边际成本大于个人成本

    D. 交通拥堵是一种外生成本

49. 下列省份中，首位度最低的是（   ）。

    A. 湖北   B. 辽宁   C. 江苏   D. 河北

50. 按照城镇化进程的一般规律，当城镇化率接近百分之六七十后的特征为（   ）。

    A. 增速放缓   B. 缓慢提高   C. 减速放缓   D. 提高速度

51. 《上海市城市总体规划（2017—2035 年）》提出建设卓越的全球城市，指的是（   ）。

    A. 提升城市职能   B. 优化空间布局

    C. 美化城市形象   D. 控制城市规模

52. 下列不属于支配克里斯塔勒中心地体系原则的是（　　）。

   A. 市场原则　　　B. 交通原则　　　C. 经济原则　　　D. 行政原则

53. 下列可以单独作为城市人口规模预测方法的是（　　）。

   A. 增长率法　　　　　　　　B. 区域人口分配法

   C. 类比法　　　　　　　　　D. 区位法

54. 下列关于城市地域概念的表述,错误的是（　　）。

   A. 城市建成区是城市研究中最基本的城市地域概念

   B. 城市实体地域的边界是明确的,但也是相对变化的

   C. 行政地域清晰且相对不稳定

   D. 城市实体地域一般比功能地域要小

55. 影响城市经济活动的基本部分与非基本部分比率(B/N)的主要因素是（　　）。

   A. 城市人口规模　　　　　　B. 城市专业化程度

   C. 与大城市之间的距离　　　D. 城市经济水平

56. 下列可以用来分析城市吸引范围的方法是（　　）。

   A. 潜力模型　　　　　　　　B. 元胞自动机模型

   C. 系统力学模城市　　　　　D. 回归模型

57. 下列关于城市贫困的成因,与"福利依赖"即"高福利养懒人"相对应的是（　　）。

   A. 收入贫困　　　B. 动机贫困　　　C. 能力贫困　　　D. 权力贫困

58. 下列关于城市非正规就业的表述正确的是（　　）。

   A. 非正规就业指非正规部门的各种就业门类

   B. 非正规就业属于地下经济或违法经济

   C. 非正规就业者属于城市贫困阶层

   D. 非正规就业获取收入的过程是无管制或缺乏管制的

59. 我国每五年进行一次的1%全国人口调查属于（　　）。

   A. 普查　　　　　B. 抽样调查　　　C. 典型调查　　　D. 个案调查

60. 下列关于城市社会空间结构经典模式的表述,错误的是（　　）。

   A. 同心圆模型最外层为通勤区

   B. 扇形模型过度强调竞争关系而非经济特征

   C. 扇形模型强调了交通干线对城市地域结构的影响

   D. 多核心模式解释了城市多核心之间的原因

61. 下列关于城市社会结构的表述,错误的是（　　）。

   A. 社会分层反映了社会横向结构

   B. 阶级分层反映了社会本质上的差别或不平等

   C. 中产阶层的比重是评价社会繁荣程度的重要指标

   D. 我国正处于社会结构转型期

62. 下列关于中国城镇化进程中表述错误的是（　　）。

   A. 城市社会空间分异剧烈

   B. 大量农村转移人口难以融入城市社会

C. 户籍人口城镇化率高于常住人口城镇化率

D. 户籍人口与外来人口享受基本公共服务存在差异

63. 下列关于社区规划的表述,错误的是( )。

A. 公众参与是社区规划的基础

B. 社区规划是改善社区环境、提高社区生活质量的过程

C. 社区规划需要有效整合和挖掘社会资源

D. 解决居住隔离不属于社区规划考虑范畴

64. 下列关于城市规划中公众参与的表述,错误的是( )。

A. 现代城市规划具有咨询和协商的特征

B. 公众参与是指规划公示阶段听取公众意见

C. 规划师应直接参与社会互动过程

D. 公众参与有助于增强规划行为的公平、公正与公开

65. 下列关于城市降雨特点的表述,正确的是( )。

A. 城市降雨量与周边农村降雨量无差别

B. 城市降雨量小于周边农村降雨量

C. 城市上风向降雨量与城市下风向降雨量无差别

D. 城市上风向降雨量小于城市下风向降雨量

66. 质性研究方法是近年新兴起的非常重要的社会调查方法。下列有关质性研究方法的描述中,哪项是正确的?( )

A. 质性研究是一种改进后的定量研究方法

B. 质性研究注重对人统一行为主题的理解,因而反对理论建构

C. 质性研究强调研究者与被研究者之间的互动

D. 质性研究的调查方法与深度访谈法是两种截然不同的方法

67. 下列关于人口性别比的表述,哪项是错误的?( )

A. 性别比以女性人口为 100 时相应男性人口数量来定义

B. 正常情况下,人类的性别比都大于 100

C. "婚姻挤压"是性别比偏高造成的

D. 人口迁移或流动导致人口性别比发生变化

68. 下列关于城市下垫面不透水率与平均地表温度关系的表述,正确的是( )。

A. 负向关系 　　B. 正向关系 　　C. 没有关系 　　D. 随机关系

69. 下列关于"隐藏流"的表述,正确的是( )。

A. 隐藏流是能源系统运行时不可避免的损耗

B. 隐藏流是能源系统运行时的非必要损耗

C. 隐藏流是开发资源时直接使用的能源

D. 隐藏流是开发资源时所消耗,但未直接使用的物质

70. "一次人为物质流"指人工对地壳物质(岩石、土壤、化石燃料、地下水)的( )。

A. 开采和直接搬运 　　　　　　B. 利用

C. 加工 　　　　　　　　　　　D. 修复

71. 下列对"生态环境材料"的表述,错误的是(　　)。

　　A. 生态环境材料对环境污染小

　　B. 生态环境材料在生产加工过程中产生的环境负荷较小

　　C. 生态环境材料是不需要加工的仿生材料

　　D. 生态环境材料能够改善环境,具有高循环性

72. 关于"城市土壤双向水环境效应"的表述,正确的是(　　)。

　　A. 土壤既能保留水分,又能因蒸腾作用而丧失水分

　　B. 土壤既能过滤、吸纳降雨和径流中的污染物,又因其积累的污染物对水体构成了污染威胁

　　C. 土壤既能截流金属污染物,又因其积累而造成对水体的污染

　　D. 土壤既能保持水,又因水的流动而造成上水土流失

73. 按规定,人均耕地低于(　　)亩的地区,可以适当提高占用耕地的税额。

　　A. 0.5　　　　　　B. 1.0　　　　　　C. 1.5　　　　　　D. 2.0

74. 下列对"三调"中术语的表述,错误的是(　　)。

　　A. 位置精读是指空间点位与其真实位置的符合程度

　　B. 坐标精读是指坐标值的精确程度

　　C. 逻辑一致性是指属性数据在逻辑关系上的一致性

　　D. 拓扑关系是描述两个要素之间边界拓扑和点集拓扑的要素关系

75. 《中共中央国务院关于加强耕地保护和改进占补平衡的意见》中要求,到 2020 年全国(　　)保有量不少于 18.65 亿亩。

　　A. 农地　　　　　B. 耕地　　　　　C. 永久基本农田　　D. 生态用地

76. 根据《自然资源部关于全面开展国土空间规划的通知》(自然规划委员会),国土空间规划编制必须做好过渡期内现有空间规划的衔接处理的表述,错误的是(　　)。

　　A. 不得开展近期建设规划

　　B. 不得突破生态保护红线

　　C. 不得突破土地利用总体规划确定的禁止建设区

　　D. 不得与新的国土空间规划管理要求相矛盾

77. 根据《中共中央　国务院关于建立国土空间规划体系并监督实施的若干意见》,下列不属于国土空间规划要求中需要科学划定的是(　　)。

　　A. 生态保护红线　　　　　　　　B. 道路红线

　　C. 永久基本农田　　　　　　　　D. 生态用地

78. 根据《国务院关于加强滨海湿地保护严格管控围填海的通知》,加强滨海湿地保护,要求严格管控围填海,表述不正确的是(　　)。

　　A. 适度新增围填海造地　　　　　B. 加强海洋生态保护修复

　　C. 加快处理围填海历史遗留问题　　D. 建立长效机制

79. 根据《节约集约利用土地规定》,在符合规划、不改变用途的前提下,现有工业用地提高土地利用率和增加容积率的(　　)。

　　A. 按照增加的容积率增收土地价款

B. 按照原价相应比例增收土地价款

C. 按照一定比例增收土地价款

D. 不再增收土地价款

80. 根据《关于建立以国家公园为主体的自然保护地体系的指导意见》,要加快建立以( )为主体的自然保护地体系,提供高质量生态产品,推进美丽中国建设。

　　A. 国家公园　　　　B. 自然保护区　　　　C. 自然公园　　　　D. 省级公园

二、多项选择题(共20题,每题1分。每题的备选项中有2～4个符合题意。多选、少选、错选都不得分)

81. 下列关于剧场建筑场地布局的表述,正确的是( )。

　　A. 场地至少有一面邻接城市道路

　　B. 基地沿城市道路的长度不小于场地周边的1/6

　　C. 剧场前面应当有不小于0.2m²/座的集散广场

　　D. 剧场邻接道路宽度应不小于剧场安全出口门宽度的总和

　　E. 剧场后面或侧面另辟疏散口的连接通道的宽度不小于3m

82. 下列哪些地点应尽量避免选择为建筑场地?( )

　　A. 九度地震区　　　　　　　　　　B. 一级膨胀土区域

　　C. 三级湿陷黄土区域　　　　　　　D. 城市历史风貌协调区

　　E. 承载力低于0.1MPa地区

83. 下列关于西方巴洛克建筑风格的表述,正确的是( )。

　　A. 细腻柔媚装饰的格调　　　　　　B. 采用非理性组合艺术手法

　　C. 追求形体和空间动态感　　　　　D. 严格区分建筑与雕塑的界限

　　E. 常用穿插的曲面和椭圆形空间

84. 下列哪些属于建筑投资费的内容( )。

　　A. 动迁费　　　　B. 建筑直接费　　　　C. 施工管理费　　　　D. 税金

　　E. 设计费

85. 下列关于公共汽车电车首末站布局的表述,正确的是( )。

　　A. 结合城市各级中心布局　　　　　B. 结合城市综合交通枢纽布局

　　C. 宜考虑公共汽车电车停车　　　　D. 应布局在城市外围

　　E. 按照500m服务半径内的人口与就业岗位之和确定

86. 下列关于城市综合体交通体系规划交通调查对象的表述,正确的是( )。

　　A. 包含各种交通方式　　　　　　　B. 包含各类交通设施

　　C. 不包含无出行的人口　　　　　　D. 包含65岁以上的老人

　　E. 不包含城市过境交通

87. 下列哪些措施可作为缓解严重缺水城市供需矛盾的措施?( )

　　A. 大力加强居民家庭和工业企业节水

　　B. 推广城市污水再处理利用

C. 推广农业滴灌、喷灌

D. 采取外流域调水

E. 改进城市自来水厂净水工艺

88. 下列关于城市工程管线综合布置原则的表述，正确的是（　　　）。

　　A. 城市各种管线的位置应采用统一的坐标系统

　　B. 腐蚀介质管道与其他工程管道共沟敷设时，腐蚀性介质应布置在管沟底部

　　C. 重力流管线与压力管线高程冲突时，压力管线应避让重力流管线

　　D. 电信线路、有线电视线路与供电线路通常合杆架设

　　E. 管线覆土深度指地面到管顶内壁的距离

89. 在国土空间规划中，GIS是常用的工具，下列属于GIS在使用过程中数据容易出现质量问题的是（　　　）。

　　A. 位置精读误差　　　　　　　　B. 栅格数据差值误差

　　C. 人为操作误差　　　　　　　　D. 软件计算错误

　　E. 标准体系错误

90. 我国常用的坐标系是（　　　）。

　　A. 北京54坐标系　　　　　　　　B. 西安80坐标系

　　C. WGS-84坐标系　　　　　　　　D. 2010国家坐标系

　　E. 2000国家大地坐标系

91. 下列哪些选项属于地方财政预算收入的归地方政府？（　　　）

　　A. 地方所属企业收入　　　　　　B. 各项税收

　　C. 城建税　　　　　　　　　　　D. 土地出让金

　　E. 中央财政补贴预算收入

92. 下列属于城市中控制交通环境污染的经济干预措施的是（　　　）。

　　A. 制定排放标准　　　　　　　　B. 提高道路设计车速

　　C. 大排量汽车增加车船税　　　　D. 降低公共交通票价

　　E. 燃油差别收税

93. 下列属于过度城镇化的现象是（　　　）。

　　A. 人口过多涌入城市　　　　　　B. 城市就业不充分

　　C. 城市基础设施不堪重负　　　　D. 乡村劳动力得不到充分转移

　　E. 城市服务能力不足

94. 下列关于新型城镇化特点的表述，正确的是（　　　）。

　　A. 推动小城镇发展与疏解大城市中心城区功能相结合

　　B. 大城市周边的重点镇纳入城区，实现空间一体化

　　C. 具有特色资源、区位优势的小城镇培训成为专业特色镇

　　D. 远离中心城市的小城镇发展成为服务农村、带动周边的综合性小城镇

　　E. 大城市周边地区通过撤县设区，快速提高城镇化率

95. 下列关于社会群体特征的表述，正确的是（　　　）。

　　A. 一定数量的人群就是社会群体　　B. 成员间有联系纽带

C. 成员有共同的目标　　　　　　D. 成员间有共同的群体意识

E. 成员都属于同一社会阶层

96. 下列属于社会排斥范畴的是( )。

A. 政治排斥　　　B. 经济排斥　　　C. 文化排斥　　　D. 生态排斥

E. 制度排斥

97. 下列关于声景学研究目的的表述,正确的是( )。

A. 改造人类不喜爱的声景观和声环境

B. 去除对人类有害的声景观或声环境

C. 创造原本不存在的,对人类有积极作用的声景观或声环境

D. 通过声景观或声环境改善视觉环境

E. 通过声景观或声环境改善空气质量

98. 下列关于空气龄的表述,正确的是( )。

A. 空气龄是外来新鲜空气在某空间内的最大流动距离

B. 空气龄是外来新鲜空气在某空间内的最小流动距离

C. 空气龄是某空间内新鲜空气从入口到达某一点所耗费的时间

D. 当新鲜空气进入某空间后,某一点的空气龄越大说明该点的空气越新鲜

E. 当新鲜空气进入某空间后,某一点的空气龄越小说明该点的空气越新鲜

99. 根据《第三次全国国土调查实施方案》,下列哪些项属于三调的具体任务?( )

A. 土地利用现状调查　　　　　　B. 土地权属调查

C. 专项用地调查与评价　　　　　D. 地上附着物权属

E. 相关自然资源专业调查

100.《关于加强村庄规划促进乡村振兴的通知》指出开展相关工作要遵循( )的
原则。

A. 先规划后建设　　　　　　　　B. 专家决策

C. 节约优先,保护优先　　　　　　D. 尊重村民意愿

E. 突出地域特色

真题解析

1. B

【解析】 辽代建筑代表——天津蓟县独乐寺，其山门平面中柱一列，为"分心槽"式样。观音阁位于山门以北，其外观两层，内部实为三层，为"金厢斗底槽"样式。因此 B 选项符合题意。

2. C

【解析】 多立克柱式特点是其比例较粗壮，开间较小，柱头为简洁的倒圆锥台，柱身有尖棱角的凹槽，柱身收分、卷杀较明显，没有柱础，直接立在台基上，檐部较厚重，线脚较少，多为直面。因此 C 选项符合题意。

3. B

【解析】 后现代主义注重地方传统，强调借鉴历史，同时对装饰感兴趣，认为只有从历史样式中去寻求灵感，抱有怀古情调，结合当地环境，才能使建筑为群众所喜闻乐见。他们把建筑只看作面的组合，是片断构件的编织，而不是追求某种抽象形体。他们的作品中往往可以看到建筑造型表现各部件或平面片断的拼凑，有意夸张结合的裂缝。因此 B 选项符合题意。

4. C

【解析】 电台、电视台选址：(1)宜设置在交通比较方便的城市中心附近，邻近城市干道和次干道。(2)应尽可能地考虑环境比较安静场地，四周的地上和地下没有强振动源和强噪声源，空中没有飞机航道通过，并尽可能地远离高压架空输电线和高频发生器。因此 C 选项符合题意。

5. C

【解析】 《住宅设计规范》(GB 50096—1999)规定：双人卧室最低为 $10m^2$；单人卧室最低为 $6m^2$；起居室(厅)的最低使用面积不应小于 $12m^2$；卫生间最低使用面积不小于 $3m^2$，因此 C 选项符合题意。(备注：此规范 2011 年已更新，考题依据教材出题目)

6. D

【解析】 从设计上解决建筑保温问题，最有效的措施是加大建筑的进深，缩短外墙长度，尽量减少每户所占的外墙面，因此 ABC 选项正确。D 选项属于工程措施不是设计措施，因此 D 选项符合题意。

7. C

【解析】 内框架承重体系由于柱和墙的材料不同，施工方法不同，给施工工序的搭接带来麻烦，施工工序相对复杂，因此 C 选项错误，符合题意。

8. B

【解析】 车库进出车辆频繁,库址宜选在道路通畅、交通方便的地方,但需避免直接建在城市交通干道旁和主要道路交叉口处,故 A 选项正确。电视台宜设置在交通比较方便的城市中心附近,临近城市干道和次干道,所以 B 选项错误。综合医院应选址于交通方便,宜面临两条城市道路的地方,方便医院的交通流组织,C 选项正确。中小学选址应避免影响学生身心健康的精神污染场所(闹市、娱乐场所、精神病院和医院太平间等),D 选项正确。故选 B。

9. D

【解析】 我国古代建筑,无论是单体建筑的色彩运用还是群体建筑的色彩组合搭配,都是非常成功的,形成了一套独具特色的色彩系统,其特色之一便是彩画的大量使用而使建筑色彩鲜明华丽。据宋《营造法式》卷三十四记载,彩画的种类分五彩、青绿、朱白三大类。北宋绿色琉璃瓦大量生产后,唐代以赤白装饰衬以灰色的做法就显得单调而不相称,因此建筑外观开始趋向华丽。因此 D 选项正确。

10. C

【解析】 项目建议书的内容应包括:(1)建设项目提出依据和缘由;(2)拟建规模和建设地点初步设想论证;(3)资源情况、建设条件可行性及协作可靠性;(4)投资估算和资金筹措设想;(5)设计、施工项目进程安排;(6)经济效果和社会效益的分析与初估。因此 C 选项符合题意。

11. C

【解析】《城市综合交通体系规划标准》(GB/T 51328—2018)第 9.1.3 条:城市中运量公共交通走廊高峰小时单向客流 1 万～3 万人次/h。所以 C 选项符合题意。

12. A

【解析】《城市综合交通体系规划标准》(GB/T 51328—2018)第 12.2.1 条:按照城市道路所承担的城市活动特征,城市道路应分为干线道路、支线道路,以及联系两者的集散道路 3 个大类;城市快速路、主干路、次干路和支路 4 个中类和 8 个小类。故 A 选项符合题意。

13. C

【解析】《城市综合交通体系规划标准》(GB/T 51328—2018)第 12.2.3 条:城市快速路统计应仅包含快速路主路,快速路辅路应根据承担的交通特征,计入Ⅲ级主干路或次干路。因此 C 选项正确。

14. D

【解析】《城市轨道交通线网规划标准》(GB/T 50546—2018)第 9.3.2 条:城市轨道交通快线 B 的运送速度为 45～60km/h。因此 D 选项符合题意。

15. A

【解析】《城市对外交通规划规范》(GB 50925—2013)第 5.4.1 条:城镇建成区外高速铁路两侧隔离带规划控制宽度应从外侧轨道中心线向外不小于 50m;普速铁路干线两侧隔离带规划控制宽度应从外侧轨道中心线向外不小于 20m;其他线路两侧隔离带规划控制宽度应从外侧轨道中心线向外不小于 15m。因此 A 选项符合题意。

16. B

【解析】 《城市停车规划规范》(GB/T 51149—2016)第 2.0.8 条:基本车位是指满足车辆拥有者在无出行时车辆长时间停放需求的相对固定停车位。因此 B 选项符合题意。

17. C

【解析】 斜楼板式停车库板呈缓坡板倾斜状布置,利用通道的倾斜作为楼层转换的坡道,因而无须再设置专用的坡道,所以用地最为节省,单位停车面积最少。因此 C 选项符合题意。

18. D

【解析】 物流中心规划设计的主要内容包括:(1)物流中心的选址和功能定位;(2)物流中心规模的确定与运量预测;(3)物流中心的平面设计与空间设计;(4)物流中心的内部交通组织;(5)物流中心的外部交通组织。建筑设计属于修建性详细规划的建筑设计内容,不属于物流中心规划设计的内容。因此 D 选项符合题意。

19. B

【解析】 按《城市公共交通分类标准》(CJJ/T 114—2007):(1)高运量系统:单向运输能力为 4.5 万～7 万人次/h;(2)大运量系统:单向运输能力为 2.5 万～5 万人次/h;(3)中运量系统:单向运输能力为 1 万～3 万人次/h;(4)低运量系统:单向运输能力小于 1 万次/h。因此 B 选项符合题意。

20. B

【解析】 总体规划阶段,供水工程规划的主要内容是:(1)预测城市用水量;(2)进行水资源供需平衡分析;(3)确定城市自来水厂布局和供水能力;(4)布置输水管(渠)、配水干管和其他配水设施;(5)划定城市水源保护区范围,提出水源保护措施。总体规划阶段只布置配水干管的位置、走向等,而布置所有配水管网,确定管径则属于详细规划阶段供水工程的内容,因此 B 选项符合题意。

21. A

【解析】 在城市供水工程规划中,城市供水设施应该按最高日用水量配置。因此 A 选项符合题意。

22. D

【解析】 详细规划阶段,城市排水工程规划的主要内容是:(1)落实总体规划确定的排水干管位置和其他排水设施用地,并在管径、管底标高方面与周边排水管道相衔接;(2)布置规划区内雨水、污水支管和其他排水设施;(3)确定规划区雨水、污水支管管径和控制点标高。确定污水处理厂布局,布置污水干管和其他污水设施属于城市总体规划阶段排水工程规划的内容。因此 D 选项符合题意。

23. B

【解析】 热电厂选址应尽量靠近热负荷中心,而不是远离,因此 B 选项符合题意。

24. A

【解析】 变电所(站)接近负荷中心或网络中心,A 选项正确;单位建筑面积负荷指标法是详细规划阶段常用的负荷预测方法,B 选项错误;城市供电系统包括城市电源、送电网、配电网三部分,因此 C 选项错误;220kV 供电架空走廊应控制相应的涉及人流的设置,D 选项错误。故选 A。

25. B

【解析】 医疗垃圾属于危险废物,需要单独高温消毒处理,不得和生活垃圾等混合运输和处理,因此 A 选项错误。医疗固体废物处理的总原则应优先考虑减量化、资源化,尽量回收利用,无法回收利用的固体废物或其他处理方式产生的残留物进行最终无害化处理,因此 B 选项正确。生活垃圾填埋场距大中城市规划建成区应大于 5km,因此 C 选项错误。万元产值法是工业固体废物量预测的常用方法,D 选项错误。故选 B。

26. C

【解析】《城市工程管线综合规划规范》(GB 50289—2016)第 4.1.13 条:工程管线交叉点高程应根据排水等重力流管线的高程确定。ABD 选项均为压力管,C 选项为重力流,因此 C 选项符合题意。

27. D

【解析】 在规划区平面图上根据需要的精度绘出方格网,然后在方格网的每一交点上注明原地面标高和设计地面标高。沿方格网长轴方向者称为纵断面,沿短轴方向者称为横断面。该法多用于地形比较复杂地区的规划。因此 D 选项错误,故选 D。

28. A

【解析】 城市防洪排涝设施主要有防洪堤、截洪沟、排涝泵站等,是城市重要的基础设施,在城市规划中,应当将其划入城市黄线范围,按城市黄线管理办法进行控制和管理。B 选项的河湖水体控制线属于蓝线;C 选项属于紫线;D 选项属于绿线。故选 A。

29. D

【解析】 详细规划阶段,需要在规划中落实的防灾内容有:(1)总体规划布置的防灾设施位置、用地;(2)按照防灾要求合理布置建筑、道路,合理配置防灾基础设施。ABC 选项均为总体规划阶段防灾规划的内容。故选 D。

30. C

【解析】 排涝泵站规模(即排水能力)根据排涝标准、服务面积和排水分区内调蓄水体调蓄能力确定。因此 C 选项符合题意。

31. B

【解析】 消防辖区划分的基本原则是:陆上消防站在接到火警后,按正常行车速度 5min 内可以到达辖区边缘;水上消防站在接到火警后,按正常行船速度 30min 可以到达辖区边缘。因此 B 选项符合题意。

32. C

【解析】 地震震级,是反映地震过程中释放能量大小的指标,释放能量越多,震级越高,强度越大。因此 C 选项符合题意。

33. C

【解析】 地理信息系统将所处理的数据分为两大类:第一类是关于事物空间位置的数据,能反映事物本身的物理特征,空间数据对地理实体最基本的表示方法是点、线、面和三维体。第二类是反映事物属性的数据,也称为属性数据或非空间数据,主要是对空间位置事物属性的文字描述。比如地图中建筑的位置为第一类数据,地图中该建筑的名字"市政府办公大楼"为第二类数据(属性数据)。因此 C 选项符合题意。

34. C

【解析】 规划监测人员利用 GIS 软件分析不同时相的遥感影像,及时发现违法用地和违法建设,且可以发现城市扩张的范围及方向。地籍属于属性数据,单纯地通过影像数据无法发现。因此 C 选项符合题意。

35. D

【解析】 CAD 设置图形界限的用处是:限定画图区域的界限,超过该界限的位置无法绘图。因此 D 选项符合题意。

36. D

【解析】 CAD 只是设计辅助,并不是替代人工设计,与传统手工设计一样,设计理念均来自设计者,与设备无关。因此 D 选项符合题意。

37. A

【解析】 经实际操作证明,利用 0.61m 分辨率的卫星遥感影像,可以分辨出绝大多数类型的城市建设用地,从题目可知,应该选择 0.6m 更准确。因此 A 选项符合题意。

38. D

【解析】 耕地权属属于属性数据,无法通过遥感影像获得,因此 D 选项符合题意。

39. A

【解析】 民用卫星随技术发展,目前能提供包括速度、路径、相对位置、粗略坐标等民用用途。如在我国的民用导航系统中,国测局要求对坐标均需变换。比如腾讯、高德使用的是 GCJ-02 坐标系;百度使用的是火星坐标系。因此 A 选项符合题意。

40. A

【解析】 CAD 适合设计过程的计算机处理,并不擅长对规划属性数据的表达,而 GIS 适合对客观事物的查询、分析,相比较而言,GIS 与遥感的结合,将显著提高规划的监测水平。因此 A 选项符合题意。

41. C

【解析】 进行城市经济增长分析时把城市产业划分为两个大的部门,一个是基本部门,其产品输出到外部市场上去;另一个是非基本部门,其产品是在城市内部销售,销售量依赖于城市本身的规模。基本部门有巨大的外部市场可以开发,其扩大生产规模潜力很大,于是成为城市经济增长的主导部门。因此 C 选项符合题意。

42. A

【解析】 "最佳"是在边际成本等于边际收益的规模上实现的。城市的均衡规模是在聚集力和分散力达到平衡时的规模。城市规模不会在最佳规模上稳定下来,因为此时集聚力仍然大于分散力,城市规模还将增大,直到集聚力等于分散力时达到均衡规模。因此,在最佳规模时候,集聚力大于分散力。因此 A 选项符合题意。

43. B

【解析】 韦伯工业区位论是建立在以下三个基本假定条件基础上的:(1)已知原料供给地的地理分布;(2)已知产品的消费地与规模;(3)劳动力存在于多数的已知地点;(4)运输费与货运量、距离成正比。因此 B 选项符合题意。

44. C

【解析】 哈里斯和乌尔马提出了多核心模型；霍伊特提出了扇形模型；伯吉斯提出了同心圆模型。因此 C 选项正确。

45. D

【解析】 负的外部效应是指某项经济活动使其他人受损，而受损者无法得到任何补偿。以上四个选项中，高铁沿线会带来一定的噪声等干扰，会对居住用地产生负的外部效应。其他均带来的是正效应。因此 D 选项符合题意。

46. D

【解析】 边际成本的概念：边际成本是指额外增加一单位产量时，总成本的增加量。边际成本＝总成本变化量/产量变化量＝[(5040－5000)/(101－100)]元＝40元。因此 D 选项符合题意。

47. C

【解析】 城市规模和职能是决定中心城市在区域中支配地位的主要因素。故选 C。

48. B

【解析】 当遇到交通拥堵时，时间成本是上升的。但因为城市的道路是大家共同使用的，所以个人所承担的只是平均成本；而边际成本，即道路上每增加一辆车带来的总的时间成本的增加却是由道路上所有的车辆共同承担的，因此所有使用者的时间等成本会增加，因此 B 选项符合题意。

49. C

【解析】 按照从首位度的概念，江苏省各市发展较均衡，2020 年新冠肺炎疫情下被网友俗称"散装江苏"。因此 C 选项符合题意。

50. A

【解析】 城镇人口比重提高到百分之六七十之后，城镇化进程步入一个相对缓慢的后期阶段，呈现为城镇化水平提高速度放缓。因此 A 选项符合题意。

51. A

【解析】 全球卓越城市是指具有全球影响力的城市，是具有全球经济影响的城市，是城市职能的全面提升。因此 A 选项符合题意。

52. C

【解析】 克里斯塔勒认为，有三个条件或原则支配中心地体系的形成，它们是市场原则、交通原则和行政原则。因此 C 选项符合题意。

53. A

【解析】 城市人口规模预测多采用以一种预测方法为主，同时辅以多种方法校核的办法来最终确定人口规模。某些人口规模预测方法不宜单独作为预测城市人口规模的方法，但可以作为校核方法使用，如区域人口分配法、类比法、区位法一般不能作为单独的预测方法，只能作为配合使用的校核法。故选 A。

54. C

【解析】 城市建成区反映了城市作为人口和各种非农产业活动高度密集的地域而区别于乡村，是实际景观上的城市，这是城市研究中最基本的城市地域概念，A 选项正确；城市实体地域的边界是明确的,但这一概念的城市地域处在相对频繁的变动过程之中,随着城市的发展,城市实体地域的边界不断向外拓展,B选项正确；城市的行政地域是指按照行政区划,城市行使行政管辖权的区域范围,这是一个界线清晰并且相对稳定的地域范围,C选项错误；城市功能地域一般比实体地域要大,包括连续的建成区外缘以外的一些城镇和城郊,也可能包括一部分乡村地域,D选项正确。故选C。

55. B

【解析】 基本经济活动主要取决于城市对外的专业化供给,因此城市的专业化程度越高,基本经济部分与非基本经济部分(B/N)越大。故B选项符合题意。

56. A

【解析】 城市吸引力范围分析的方法分为：(1)经验的方法；(2)理论的方法。包括①断裂点公式；②潜力模型。因此A选项符合题意。

57. B

【解析】 "福利依赖"会使人们奋斗的动力不足,如果全部依赖政府福利,会使城市陷入贫困。所以B选项符合题意。

58. D

【解析】 根据中华人民共和国人力资源和社会保障部解释：未签订劳动合同,但已形成事实劳动关系的就业行为,称为非正规就业。因缺少合同,非正规就业获取收入的过程是缺乏管制或者无管制的。因此D选项符合题意。

59. B

【解析】 基本上是在两次人口普查中间的年份,会开展一次人口抽样调查,如1995年和2005年各地都开展了人口1%抽样调查。因此B选项符合题意。

60. B

【解析】 伯吉斯的同心圆模型中,最外层为通勤地带,A选项正确。扇形模型在同心圆模型的基础上,考虑和强调了交通干线对城市结构的影响,因此有扇形发展的趋势,因此C选项正确。多核心模式的价值在于其对城市生长多核心下本质的清晰认识,因此D选项正确。扇形模型过度强调地带的经济特征而忽视其他的诸如种族类型等重要因素,因此B选项错误,符合题意。

61. A

【解析】 社会分层是按照一定的标准将人们区分为高低不同的等级序列,是一种纵向社会结构。因此A选项符合题意。

62. B

【解析】 我国的城镇化以人口从农村向城市迁移为主,进城人口的城镇化依旧是城市化的主力,因此B选项错误。贫富差距拉大,职业分类分化都加大了城市空间分异,其程度越来越剧烈,A选项正确；由于户籍制度,一般而言,户籍人口的城镇化率高于常住人口,户籍人口与外来人口也享受不同的城市公共服务,CD选项正确。故选B。

63. C

【解析】 社区规划是公众参与从而有效地利用社区资源,合理配置生产力和城乡居民点,改善社区环境,提高社区的生活质量。合理配置城乡居民点从某种程度上解决居住隔离,因此 D 选项正确;AB 选项是社区规划的基础和目的,因此正确。C 选项中应该是整合和挖掘社区资源,而不是社会资源,因此 C 选项错误。故选 C。

64. B

【解析】 公众参与贯穿整个规划阶段,并不仅仅是指规划公示阶段的听取公众意见。因此 B 选项符合题意。

65. D

【解析】 因为城市烟尘、灰尘等空气凝结核多,高大建筑对气流的爬升作用以及城市与周边地区的温度差等原因,城市的降雨量比周边农村的降雨量多。因 AB 选项错误。由于云的移动,在上风向云移动较快,不利于降雨的形成条件,因此,上风向降雨量小于下风向降雨量,故 C 选项错误,D 选项正确。

66. C

【解析】 质性研究不只是对一个固定不变的"客观事实"的了解,而是一个研究双方能够彼此互动、相互构成、共同理解的过程。质性研究是一种更细致的定性分析方法,它注重对人统一行为为主题的理解,强调构建理论体系。质性研究和深度访谈都是定性分析的研究方法。故选 C。

67. B

【解析】 性别比以女性人口为 100 时相应男性人口数量来定义,A 选项正确;正常情况下,人口的性别比在 92~106 之间,B 选项错误。性别比偏高除了会造成婚姻的纵向挤压(即年龄挤压)以外,还可能导致婚姻市场的地域挤压,C 选项正确;人口迁移或流动会因为男女迁入或迁出的数量不同而影响人口性别比,D 选项正确。故选 B。

68. B

【解析】 下垫面不透水率越高,则植被、草地等面积越少,地表平均温度越高。相反,也成立。因此,城市下垫面不透水率与平均地表温度成正相关。因此 B 选项正确。

69. A

【解析】 隐藏流通常与物质流同时出现。隐藏流是指在生产过程中无用的,但又必定伴随的无效材料流动(如矿石加工与冶金工业),是指在资源开采过程中必须开挖的,但又没有进入市场和产品制造过程的开挖量。故选 A。

70. A

【解析】 人为物质流已成为引起地壳物质运动的一种重要地质营力,深刻地改变着地球的表层系统。人为物质流分为一次流、二次流和三次流。一次人为物质流指人直接对自然的开采和直接搬运等。因此 A 选项正确。

71. C

【解析】 生态环境材料是指那些具有良好的使用性能和优良的环境协调性的材料,实质上是赋予传统结构材料、功能材料以优异的环境协调性的材料,它要求材料工作者在环境意识指导下,开发新型材料,或改进、改造传统采用的材料。生态环境材料具有资源、能源消耗少,环境污染小,再生循环利用率高,可降解化,可循环利用等特点。目前要分为生物降解材料、绿色包装材料和仿生材料。因此 C 选项符合题意。

72. B

【解析】 土壤双向水环境效应是指土壤既能过滤、吸纳降雨和径流中的污染物,又因其积累的污染物对水体构成了污染威胁。因此 B 选项符合题意。

73. A

【解析】 根据《中华人民共和国耕地占用税法》,在人均耕地低于 0.5 亩的地区,省、自治区、直辖市可以根据当地经济发展情况,适当提高耕地占用税的适用税额。因此 A 选项符合题意。

74. C

【解析】 根据《第三次全国国土调查县级数据库建设技术规范(修订稿)》,逻辑一致性是指空间数据在逻辑关系上的一致性。因此 C 选项错误,故选 C。

75. B

【解析】 《中共中央　国务院关于加强耕地保护和改进占补平衡的意见》中明确指出:牢牢守住耕地红线,确保实有耕地数量基本稳定、质量有提升。到 2020 年,全国耕地保有量不少于 18.65 亿亩。因此 B 选项符合题意。

76. A

【解析】 《自然资源部关于全面开展国土空间规划的通知》规定:做好过渡期内现有空间规划的衔接协同一致性处理,不得突破土地利用总体规划确定的 2020 年建设用地和耕地保有量等约束性指标,不得突破生态保护红线和永久基本农田保护红线,不得突破土地利用总体规划和城市(镇)总体规划确定的禁止建设区和强制性内容,不得和新的国土空间规划管理要求矛盾冲突。故选 A。

77. B

【解析】 《中共中央　国务院关于建立国土空间规划体系并监督实施的若干意见》中明确指出:科学有序统筹布局生态、农业、城镇等功能空间,划定生态保护红线、永久基本农田、城镇开发边界等空间管控边界以及各类海域保护线,强化底线约束,为可持续发展预留空间。因此 B 选项符合题意。

78. A

【解析】 《国务院关于加强滨海湿地保护严格管控围填海的通知》规定:(1)严控新增围填海造地;(2)加快处理围填海历史遗留问题;(3)加强海洋生态保护修复;(4)建立长效机制。因此 A 选项符合题意。

79. D

【解析】 《节约集约利用土地规定》第二十四条:鼓励土地使用者在符合规划的前提下,通过厂房加层、厂区改造、内部用地整理等途径提高土地利用率。在符合规划、不改变用途的前提下,现有工业用地提高土地利用率和增加容积率的,不再增收土地价款。故选 D。

80. A

【解析】 根据《关于建立以国家公园为主体的自然保护地体系的指导意见》,要加快建立以国家公园为主体的自然保护地体系,提供高质量生态产品,推进美丽中国建设。因此 A 选项符合题意。

二、多项选择题（共20题，每题1分。每题的备选项中有2～4个符合题意。多选、少选、错选都不得分）

81. ABCD

【解析】 基地至少有一面邻接城市道路，邻接长度不小于基地周长的1/6，剧场前面应当有不小于0.2m²/座的集散广场。剧场邻接道路宽度应不小于剧场安全出口宽度的总和。保证剧场观众的疏散不致造成城市交通阻滞。剧场与其他建筑毗邻修建时，剧场前面若不能保证观众疏散总宽及足够的集散广场，应在剧场后面或侧面另辟疏散口，连接的疏散小巷宽度不小于3.5m。因此ABCD选项正确，E选项错误。故选ABCD。

82. ABCE

【解析】 建筑场地应避免九度地震区、泥石流、流沙、溶洞、三级湿陷黄土、一级膨胀土、古井、古墓、坑穴、采空区，以及有开采价值的矿藏区和承载力低于0.1MPa的场地作开发项目。因此ABCE选项符合题意。

83. BCE

【解析】 巴洛克建筑风格特征：(1)追求新奇。建筑处理手法打破古典形式，建筑外形自由，有时不顾结构逻辑，采用非理性组合，以取得反常效果。(2)追求建筑形体和空间的动态，常用穿插的曲面和椭圆形空间。(3)喜好富丽的装饰，强烈的色彩，打破建筑不雕刻绘画的界限，使其相互溶透。(4)趋向自然，追求自由奔放的格调，表达世俗情趣，具有欢乐气氛。故选BCE。

84. BCD

【解析】 建筑工程造价应包括环境投资费、建筑投资费、设备投资费、设计费率，其中，建筑投资费按实际建筑直接费、人工费、各种调增费、施工管理费、临时设施费、劳保基金、贷款差价、税金乃至地方规定计算。故选BCD。

85. ABCE

【解析】 根据《城市综合交通体系规划标准》(GB/T 51328—2018)第9.2.7条：首末站宜结合居住区、城市各级中心，交通枢纽等主要客流聚散点设置，故AB选项正确，D选项错误；当500m服务半径的人口和就业岗位数之和达到规定的宜配建首末站，因此E选项正确。首末站宜考虑公共汽车电车停车，方便运营，因此C选项正确。故选ABCE。

86. ABD

【解析】 《城市综合交通体系规划标准》(GB/T 51328—2018)第14.0.1.5条：调查应涵盖城市综合交通所涉及的各种交通方式、各类交通设施；根据《城市综合交通体系规划调查导则》第1.3.2条，居民出行调查属于交通调查的一项，而居民出行调查对象指年满16周岁以上的城市居民、暂住人口和流动人口。故选ABD。

87. ABCD

【解析】 针对水资源型缺水，主要的方法为开源和节流，ABC选项为节流，D选项为开源。E选项的改进净水工艺为水质型缺水的措施。故选ABCD。

88．ABC

【解析】 电信线路与供电线路通常不结合杆架设,避免相互干扰,D选项错误;管线覆土深度指地面到管顶(外壁)的距离,因此E选项错误。为便于城市各种管线之间的协调,管线的位置应采用统一的坐标系,A选项正确;城市地下工程管线避让原则规定压力管让自流管,C选项正确。管道共沟原则规定腐蚀性介质管道的标高应低于沟内其他管线,B选项正确。故选ABC。

89．ABC

【解析】 测量工作存在误差是必然的,因此位置精读上有误差,A选项符合题意;在GIS的栅格数据叠加过程中,插值计算是线性插入的,没考虑地形、地貌等因素,存在误差,B选项符合题意;属性数据在调查、登记、分类、编码过程中往往因疏忽而产生误差,C选项符合题意。一般而言,软件计算不容易出现错误,标准体系本身是没问题的,只可能人工使用过程产生错误,但这个属于人为操作的错误。因此ABC选项符合题意。

90．ABE

【解析】 我国三大常用坐标系为北京54、西安80和CGCS2000。故选ABE。

91．ABCE

【解析】 地方财政预算收入的内容:(1)主要是地方所属企业收入和各项税收收入。(2)各项税收收入包括营业税、地方企业所得税、城镇维护建设税等。(3)中央财政的调剂收入、补贴拨款收入及其他收入。故选ABCE。

92．CDE

【解析】 制定排放标准属于政策的范畴,不属于经济干预,A选项不符合题意;提高设计车速依据的是道路的设计标准,属于技术措施,因此B选项不符合题意。大排量汽车增加车船税能减少汽车的购买;降低公共交通票价能增加出行使用公共交通,减少私家车的使用;燃油差别收税能增加对耗油量大的企业或个人的经济支出,从而减少车辆的使用。因此CDE选项均符合题意。

93．ABC

【解析】 过度城镇化导致人口过多涌入城市、城市基础设施不堪重负、城市就业不充分等一系列问题。因乡村劳动力等均涌入城市,乡村的劳动力得到充分的转移,而城市也因劳动力的充足而服务能力加强。因此ABC选项符合题意。

94．ACD

【解析】 《国家新型城镇化规划(2014—2020年)》第十二章(促进各类城市协调发展)第三节:有重点地发展小城镇,推动小城镇发展与疏散大城市中心城区功能相结合;大城市周边的重点镇,要加强与城市发展的统筹规划与功能配套,逐步发展成为卫星城;具有特色资源、区位优势的小城镇,要通过规划引导、市场运作,培育成为文化旅游、商贸物流、资源加工、交通枢纽等专业特色镇;远离中心城市的小城镇和林场、农场等,要完善基础设施和公共服务,发展成为服务农村、带动周边的综合性小城镇。B选项空间一体化不符合题意;E选项不属于国家新型城镇化的特点。故ACD选项符合题意。

95．BCD

【解析】 社会群体简称"社群",是人们通过一定的社会关系结合起来进行活动的共同体。社会群体是以一定的社会关系为纽带的个人的集合体,有明确的成员关系,有持续的相互交往,一定的分工协作,一致行动的能力。即社会群体彼此之间有社会关系的联系、共同的群体意识、一致的行动目标,因此BCD选项符合题意。

96. ABCE

【解析】 社会排斥指的是某些人或地区遇到诸如失业、技能缺乏、收入低下、住房困难、罪案高发环境、丧失健康以及家庭破裂等交织在一起的综合性问题时所发生的现象。社会排斥维度包括经济排斥、政治排斥、文化排斥、关系排斥、制度排斥。因此ABCE选项符合题意。

97. ACD

【解析】 解析:声景学(soundscape)研究人、声、环境之间的关系对人的影响的关系。声景学研究从整体上考虑人们对于声音的感受,研究声环境如何使人放松、愉悦,并通过针对性的规划与设计,使人们心理感受更为舒适,有机会在城市中感受优质的声音。因此ACD选项符合题意。噪声等声环境也属于声景学的研究范畴,通过研究声环境无法改善空气质量,也无法去除有害的声环境。

98. CE

【解析】 空气龄,即空气质点的空气龄,是指空气质点自进入房间至到达室内某点所经历的时间,反映了室内空气的新鲜程度,它可以综合衡量房间的通风换气效果,是评价室内空气品质的重要指标。空气龄越短空气越新鲜,越长则空气越不新鲜。因此CE选项符合题意。

99. ABCE

【解析】《第三次全国国土调查实施方案》三调的具体任务是:(1)土地利用现状调查;(2)土地权属调查;(3)专项用地调查与评价;(4)同步推进相关自然资源专业调查;(5)各级国土调查数据库建设;(6)成果汇总。因此ABCE选项符合题意。

100. ACDE

【解析】《关于加强村庄规划促进乡村振兴的通知》规定的工作原则为:坚持先规划后建设,通盘考虑土地利用、产业发展、居民点布局、人居环境整治、生态保护和历史文化传承。坚持农民主体地位,尊重村民意愿,反映村民诉求。坚持节约优先、保护优先,实现绿色发展和高质量发展。坚持因地制宜、突出地域特色,防止乡村建设"千村一面"。坚持有序推进,务实规划,防止一哄而上,片面追求村庄规划快速全覆盖。因此ACDE选项符合题意。

2020 年度全国注册城乡规划师职业资格考试真题与解析

城乡规划相关知识

真　　题

一、单项选择题(共 80 题,每题 1 分。每题的备选项中,只有 1 个最符合题意)

1. 下列说法错误的是(　　)。

   A. 木构架体系包括抬梁式、穿斗式、井干式三种形式

   B. 斗拱可以传递屋面荷载,并有一定的装饰作用

   C. 宋代用"材",清代用"斗口"规定建筑模数制

   D. 木构架体系中承受的梁柱结构部分称为小木作

2. 下列对中国古代建筑的说法不正确的是(　　)。

   A. 利用单体的体量大小和在院中所居的位置来区别尊卑内外

   B. 屋架上的檩与檩中心线间的水平距离,清代称为"步"

   C. 中国园林园景惯用几何规则式构图来造作气氛

   D. 在宋代,各"步"之间的距离不一定相等

3. 下列关于我国古代宫殿建筑特点的表述,错误的是(　　)。

   A. 我国已知最早的宫殿遗址是河南偃师二里头商代宫殿遗址

   B. 周代出现了"三朝五门"

   C. 唐代宫殿装饰特点是雄伟与宏大

   D. 宋代宫殿创造性发展了御街千步廊制度

4. 下列关于西方古代建筑柱式的表述,错误的是(　　)。

   A. 多立克柱式比例较粗壮,柱身收分和卷杀较明显

   B. 爱奥尼柱式的柱身带有小圆面的凹槽,柱础复杂

   C. 科林斯柱式的柱身、柱础与整体比例与爱奥尼柱式相似

   D. 所谓古典柱式包括多立克、爱奥尼和科林斯三柱式

5. 关于新建筑运动初期各运动的表述,不正确的是(　　)。

   A. 工艺美术运动热衷于手工艺的效果与自然材料的美

   B. 美国芝加哥学派在工程技术上有贡献,创造了高层金属框架结构和箱形基础

   C. 维也纳分离派主张模仿自然界的生长之美

   D. 德意志制造联盟主张建筑和工业相结合

6. 以下对现代主要流派及代表大师的说法错误的是(　　)。

   A. 格罗皮乌斯是最早主张走建筑工业化道路的人之一

   B. 柯布西埃认为建筑应功能第一

   C. 密斯主张提出了"少就是多、流动空间"等主张

   D. 赖特主张建筑应满足时代的现实主义和功能主义的需要

7. 下列对住宅建筑套内空间的说法，错误的是（　　）。

A. 由卧室、起居室（厅）、厨房和卫生间等组成的套型，其使用面积不应小于 $30m^2$

B. 由兼起居的卧室、厨房和卫生间等组成的最小套型，其使用面积不应小于 $22m^2$

C. 双人卧室不应小于 $9m^2$

D. 起居室（厅）的使用面积不应小于 $9m^2$

8. 下列关于"后现代主义"流派的说法，不正确是（　　）。

A. "后现代主义"流派强调借鉴历史，同时对装饰感兴趣

B. 建筑的造型表现为各部件或平面片段的拼接

C. 从折中主义到历史主义

D. 认为战后的建筑太贫乏、太单调、思想僵化、缺乏艺术感染力

9. 公共建筑的功能分区的表述，错误的是（　　）。

A. 功能分区的主次关系应与具体的使用顺序结合

B. 旅馆建筑中公共使用部分应布置在相对"闹"的区域

C. 公共建筑的"闹"与"静"要适当分割，互不干扰，尽量远离，避免联系

D. 对外联系较强的空间，尽量布置在出入口等交通枢纽的附近

10. 根据土地利用规划，下列不属于土地具有的四大功能的是（　　）。

A. 养育功能　　　B. 承载功能　　　C. 建设功能　　　D. 景观功能

11. 下列关于建筑选址的表述，正确的是（　　）。

A. 大型展览馆宜与江湖水泊、公园绿地结合

B. 儿童剧场应设于公共交通便利的繁华热闹市区

C. 剧场与其他类型建筑合建时，应有公用的疏散通道

D. 档案馆一般应考虑布置在远离市区的安静场所

12. 下列对城市交通的说法，错误的是（　　）。

A. 集约型公共交通可分为高运量、大运量、中运量和普通运量

B. 按照运输能力与效率可划分为集约型公共交通与辅助型公共交通

C. 出租车属于辅助型公共交通

D. BRT 属于集约型公共交通

13. 下列对城市综合交通体系规划的说法，错误的是（　　）。

A. 城市内部客运交通中由步行与集约型公共交通、自行车交通承担的出行比例不应低于 75%

B. 城市交通不包括通过城区组织的城市过境交通

C. 人均道路与交通设施面积不应小于 $12m^2$

D. 城市中心区，城市主干路交通高峰时段机动车平均行驶车速不应低于 $20km/h$

14. 当城市道路红线宽 50m 时，该城市道路绿化覆盖率为（　　）。

A. 20%　　　　B. 15%　　　　C. 10%　　　　D. 酌情设置

15. 城市道路分为（　　）大类、（　　）中类、（　　）小类。

    A. 3 4 8　　　　　B. 2 4 6　　　　　C. 3 6 9　　　　　D. 2 4 8

16. 城市建设用地内部的城市干线道路的间距不宜超过（　　）m。

    A. 1000　　　　　B. 1200　　　　　C. 1500　　　　　D. 1800

17. 地面机动车停车场用地面积，宜按每个停车位（　　）计。停车楼（库）的建筑面积，宜按每个停车位（　　）计。

    A. $25\sim28m^2$；$30\sim40m^2$　　　　　B. $25\sim30m^2$；$30\sim40m^2$

    C. $30\sim40m^2$；$30\sim35m^2$　　　　　D. $30\sim40m^2$；$25\sim28m^2$

18. 下列关于机动车停车基本车位的表述，正确的是（　　）。

    A. 满足车辆拥有者有出行时车辆在目的地停放需求的停车位

    B. 满足车辆拥有者无出行时车辆长时间停放需求的相对固定的停车位

    C. 满足车辆使用者有出行时车辆临时停放需求的停车位

    D. 满足车辆使用者无出行时车辆临时停放需求的停车位

19. 下列对输配水管网的表述，错误的是（　　）。

    A. 当城市为单水源供水系统时，输水管线应设两条，每条输水管线的输水能力应达到整个输水工程设计流量的75%

    B. 城市边缘地区和接户管一般布置成枝状

    C. 环状管网安全性高，但投资大

    D. 净水厂远离城市配水区时，净水厂至配水区之间必须采用管道输水

20. 某城市配水管网平均日平均时流量为$200m^3/d$，时变化系数为1.2，日变化系数为1.5。那么配水管网的设计流量为（　　）m^3/d。

    A. 300　　　　　B. 360　　　　　C. 420　　　　　D. 504

21. 下列对污水处理厂的布局，说法错误的是（　　）。

    A. 如污水需要再利用，污水处理厂应适度分散，尽量布置在大的用户附近

    B. 如污水不考虑再利用，污水处理厂可适度集中布置在城市下游

    C. 污水处理厂选址应在城市主导风向下风侧

    D. 与城市居住及公共服务设施用地保持必要的卫生防护距离

22. 以下集中固体废物处理项比较，减容最大的是（　　）。

    A. 堆肥　　　　　　　　　　B. 焚烧

    C. 热解　　　　　　　　　　D. 自然堆存

23. 下列关于城市垃圾综合整治的表述，不正确的是（　　）。

    A. 主要目标是无害化、减量化和资源化

    B. 垃圾综合利用包括分选、回收、转化三个过程

    C. 卫生填埋需要解决垃圾渗滤液和产生沼气的问题

    D. 生活垃圾均可采用焚烧处理

24. 某企业利用BOST系统推荐换岗人员属于（　　）。

    A. 事务处理系统　　　　　　B. 管理信息系统

    C. 决策支持系统　　　　　　D. 人工智能和专家系统

25. 下列不属于网络分析应用的是（   ）。

 A. 选择运输路径

 B. 寻找最近的金拱门

 C. 文物保护单位的等距影响范围

 D. 地震状态下人口疏散的路径模型分析

26. 第三次全国国土调查规定使用 CGCS 2000 坐标系，对 CGCS 2000 的说法，正确的是（   ）。

 A. 属于参心坐标系

 B. 属于质心坐标系

 C. 椭球原点为不包括海洋和大气的整个地球的质量中心

 D. 大地原点设在我国中部的陕西省泾阳县永乐镇

27. 国土空间"双评价"采用的投影方式为（   ）。

 A. 横轴等角切椭圆柱投影 　　　　　B. 正轴等角切椭圆柱投影

 C. 斜轴等角切椭圆柱投影 　　　　　D. 正轴等面积割圆锥投影

28. 根据《关于加强全民健身场地设施建设发展群众体育的意见》，对健身设施及场地的说法不正确的是（   ）。

 A. 在 1 年内编制健身设施建设补短板五年行动计划

 B. 以租赁方式向社会力量提供用于建设健身设施的土地，租期不超过 25 年

 C. 各地区在组织编制涉及健身设施建设的相关规划时，要就有关健身设施建设的内容征求同级体育主管部门意见

 D. 鼓励依法依规利用城市公益性建设用地建设健身设施，"十四五"期间，在全国新建或改扩建 1000 个左右的体育公园，打造全民健身新载体

29. 依据《关于全面推进城镇老旧小区改造工作的指导意见》，下列表述不正确的是（   ）。

 A. 城镇老旧小区是指城市或县城（城关镇）建成年代较早、失养失修失管、市政配套设施不完善、社区服务设施不健全、居民改造意愿强烈的住宅小区（含单栋住宅楼）

 B. 城镇老旧小区改造涉及利用闲置用房等存量房屋建设各类公共服务设施的，可在一定年期内暂不办理变更用地主体和土地使用性质的手续

 C. 不涉及土地权属变化的项目，可用已有用地手续等材料作为土地证明文件，无须再办理用地手续

 D. 城镇老旧小区改造内容可分为基础类、完善类、优化类、提升类 4 类

30. 根据《自然资源听证规定》，下列情形不属于主管部门应当组织听证的是（   ）。

 A. 拟定或者修改基准地价

 B. 拟修改某产业园区厂房建设方案

 C. 编制或者修改国土空间规划和矿产资源规划

 D. 拟定或者修改片区综合地价

31. 对自然资源执法监督的规定,下列说法错误的是(   )。

 A. 自然资源执法人员依法履行执法监督职责时,应当主动出示执法证件,并且不得少于 2 人

 B. 县级以上自然资源主管部门可以责令当事人停止正在实施的违法行为,限期改正

 C. 县级以上自然资源主管部门及其执法人员,应当采取相应的处置措施,履行执法监督职责,依法申请人民法院强制执行,人民法院不予受理的,将不再追究,转移相关档案,不再记录

 D. 县级以上自然资源主管部门及其执法人员对发现的自然资源违法行为未依法制止的,致使公共利益或者公民、法人和其他组织的合法权益遭受重大损害的,应当依法给予处分

32. 根据《中央农村工作领导小组办公室 农业农村部关于进一步加强农村宅基地管理的通知》,下列说法错误的是(   )。

 A. 农村村民一户只能拥有一处宅基地,面积不得超过本省、自治区、直辖市规定的标准

 B. 农村村民出卖、出租、赠予住宅后,再申请宅基地的,不予批准

 C. 进城落户的,需要退出宅基地

 D. 严禁城镇居民到农村购买宅基地

33. 下列关于建筑设计工作的表述,哪项是错误的?(   )

 A. 大型建筑设计可以划分为方案设计、初步设计、施工图设计三个阶段

 B. 小型建筑设计可以用方案设计阶段代替初步设计阶段

 C. 项目批准文件是编制建筑工程设计文件的依据

 D. 方案设计的编制深度,应满足编制初步设计文件和施工招投标文件的需求

34. 以下对通行限界的规定,错误的是(   )。

 A. 高速列车限界为 7.96m   B. 汽车高度限界为 4.5m

 C. 行人的高度限界为 2.5m   D. 电力机车限界为 6.55m 或 7.5m

35. 关于交叉口视距界限的说法,错误的是(   )。

 A. 两车的停车视距和视线组成了交叉口视距空间和限界,又称视距三角形

 B. 交叉口视距常作为确定交叉口红线位置的条件之一

 C. 考虑最靠右的一条直行车道与相交道路最靠右的直行车道的组合确定视距三角形的位置

 D. 视距三角形的范围与设计车速有关

36. 行车速度为 50km/h,停车视距为(   )m。

 A. 45   B. 50   C. 55   D. 60

37. 下列关于停车设施的表述,正确的是(   )。

 A. 螺旋坡道式机动车停车库的用地比直坡道式更不节省

 B. 错层式停车库用地比斜楼板式节省

 C. 斜楼板式机动车停车库必须设置专用坡道

 D. 斜楼板式停车库和错层式停车库均对停车位有干扰

38. 下列关于城市广场的表述,错误的是?(　　)
    A. 大型体育馆、展览馆等的门前广场属于集散广场
    B. 机场、车站等交通枢纽的站前广场属于交通广场
    C. 商业广场是结合商业建筑的布局而设置的人流活动区域
    D. 公共活动广场主要为居民文化休憩活动提供场所

39. 按城市轨道交通路权分类,下列说法不准确的是(　　)。
    A. 地铁属于全封闭系统
    B. 有轨电车属于开放式系统
    C. 轻轨系统属于部分封闭系统
    D. 有轨电车在交叉口一般不遵循交通信号且施行优先信号通行

40. 根据《第三次全国国土调查技术规程》的技术要求表述,错误的是(　　)。
    A. 国家统一制作优于1m分辨率的数字正射影像图,统一开展图斑比对
    B. 城镇内部土地利用现状调查采用优于0.2m分辨率的航空遥感影像资料
    C. 建设用地和设施农用地最小上图图斑面积100m^2
    D. 调查比例尺由"二调"的1∶10000提高到1∶5000

41. 根据自然资源部《节约集约利用土地规定》,以下表述错误的是(　　)。
    A. 国家通过土地利用总体规划,确定建设用地的规模、布局、结构和时序安排,对建设用地实行总量控制
    B. 土地利用总体规划确定的约束性指标和分区管制规定不得突破
    C. 下级土地利用总体规划不得突破上级土地利用总体规划确定的约束性指标
    D. 自然资源主管部门应当在土地利用总体规划中划定城市开发边界和禁止建设的边界,实行建设用地用途管制制度

42. 根据《第三次全国国土调查技术规程》的技术要求表述,错误的是(　　)。
    A. 遥感数据成像侧视角一般小于15°
    B. 灰度范围总体呈正态分布,无灰度值突变现象
    C. 相邻景影像间的重叠范围不应少于整景的5%
    D. DOM以县级辖区为制作单元

43. 相邻两县,当行政界线两侧明显地物接边误差小于图上6mm、不明显地物接边误差小于图上2.0mm时,下列说法正确的是(　　)。
    A. 双方各改一半接边　　　　　　B. 以经济发达县为主修改
    C. 以人口较多县为主修改　　　　D. 双方应实地核实接边

44. 根据《第三次全国国土调查技术规程》,下列关于耕地调查的说法,错误的是(　　)。
    A. 耕地调查时坡度分为7级　　　B. 耕地坡度≤2°视为平地
    C. 坡度>2°时,需测耕地田坎系数　　D. 耕地坡度≤2°,坡度等级代码为1

45. 根据《第三次全国国土调查技术规程》,下列关于土地利用现状分类说法,错误的是(　　)。
    A. 二级分类中的"果园",在一级分类中归类为"耕地"

    B. 灌木覆盖度≥40%的林地才能称为灌木林地

    C. 在农村范围内,宽度≤8m 的道路归并为农村道路

    D. 设施农用地属于一级类中的其他土地

46. 根据《中华人民共和国土地管理法》,下列说法错误的是(　　)。

    A. 国家实行土地用途管制制度

    B. 土地分为农用地、建设用地和未利用地

    C. 严格限制农用地转为建设用地,控制耕地总量,对耕地实行特殊保护

    D. 使用土地的单位和个人必须严格按照土地利用总体规划确定的用途使用土地

47. 下列土地利用总体规划不需报国务院审批的是(　　)。

    A. 人口 50 万以上的城市土地利用总体规划

    B. 国务院指定城市的土地利用总体规划

    C. 省、自治区、直辖市的土地利用总体规划

    D. 省、自治区人民政府所在地的土地利用总体规划

48. 根据《自然资源部 农业农村部关于设施农业用地管理有关问题的通知》,下列对设施农用地的说法,不准确的是(　　)。

    A. 设施农业属于农业内部结构调整,可以使用一般耕地,不需落实占补平衡

    B. 种植设施不破坏耕地耕作层的,可以使用永久基本农田,不需补划

    C. 设施农业用地不再使用的,根据实际情况决定是否恢复原用途

    D. 设施农业用地被非农建设占用的,应依法办理建设用地审批手续,原地类为耕地的,应落实占补平衡

49. 对轨道交通线网的表述,不正确的是(　　)。

    A. 方格网式线路走向比较单一,对角线方向的出行绕行距离较大

    B. 无环放射式线网适用于明显的单中心城市、城市规模中等、郊区周边方向客流量不大的城市

    C. 有环放射式线网适用于具有强大城市中心区的特大城市

    D. 无环放射式线网有利于减少过境客流对城市中心的干扰和压力

50. 下列关于轨道交通走向及车站布局,错误的是(　　)。

    A. 线路起、终点要设在市区内大客流断面位置

    B. 对设置支线的运行线路,支线长度不宜过长,宜选在客流断面较小的地段

    C. 车站应布设在主要客流集散点和各种交通枢纽点上,其位置应有利于乘客集散,并与其他交通换乘方便

    D. 轨道交通主变电站的选址尽可能在换乘站附近,以利于不同线路间资源共享

51. 下列关于城市供水规划内容的表述,正确的是(　　)。

    A. 水资源供需平衡分析一般采用最高日用水量

    B. 城市供水设施规模应按照平均日用水量确定

    C. 城市配水管网的设计流量应按照城市最高日最高时确定

    D. 城市水资源总量越大,相应的供水保证率越高

52. 根据《城乡建设用地增减挂钩节余指标跨省域调剂管理办法》,复垦为一般耕地

和其他农用地的价格标准为（　　）万/亩。

  A. 20   B. 30   C. 40   D. 50

53. 下列不属于城市防洪体系工程措施的是（　　）。

  A. 行洪通道工程管理   B. 挡洪工程

  C. 泄洪工程   D. 蓄滞洪工程

54. 某污水处理厂处理规模为 8 万 m^3/d,其卫生防护距离应为多少米？（　　）

  A. 100   B. 150

  C. 200   D. 300

55. 下列关于城市排水体制及排水设施的说法,错误的是（　　）。

  A. 除干旱地区外,城市新建地区和旧城改造地区的排水系统应采用分流制

  B. 城市污水收集、输送应采用管道或暗渠,严禁采用明渠

  C. 规划有综合管廊的路段,排水管渠宜结合综合管廊统一布置

  D. 截流干管宜沿河流岸线走向布置。道路红线宽度大于 50m 时,排水管渠宜沿道路双侧布置

56. 根据国家发展改革委发布的《国家发展改革委关于培育发展现代化都市圈的指导意见》,下列表述错误的是（　　）。

  A. 以超大特大城市或辐射带动功能强的大都市为中心

  B. 以 1h 通勤圈为基础范围

  C. 都市圈是一种城镇化空间形态

  D. 都市圈范围内的乡村实现城镇化

57. 对环境卫生设施的表述,正确的是（　　）。

  A. 生活垃圾收集点的服务半径不宜超过 80m

  B. 新建生活垃圾焚烧厂不宜邻近城市生活区布局,其用地边界距城乡居住用地及学校、医院等公共设施用地的距离一般不应小于 500m

  C. 新建生活垃圾卫生填埋场不应位于城市主导发展方向上,且用地边界距20 万人口以上城市的规划建成区不宜小于 5km,距 20 万人口以下城市的规划建成区不宜小于 2km

  D. 堆肥处理设施宜位于城镇开发边界的边缘地带,用地边界距城乡居住用地不应小于 300m

58. 下列对竖向与用地布局的说法,错误的是（　　）。

  A. 用地自然坡度小于 5% 时,宜规划为平坡式;用地自然坡度大于 8% 时,宜规划为台阶式

  B. 台地的长边宜平行于等高线布置

  C. 高度大于 6m 的挡土墙和护坡,其上缘与建筑物的水平净距不应小于 3m,下缘与建筑物的水平净距不应小于 2m

  D. 高度大于 3m 的挡土墙与建筑物的水平净距还应满足日照标准要求

59. 下列理论中,认为高收入家庭迁移是城市人口迁居主要原因的是（　　）。

  A. 过滤理论   B. 入侵演替理论

C. 家庭生命周期迁移　　　　　　D. 行为主义理论

60. 《国家新型城镇化规划（2014—2020年）》中提出"以城市群为主体形态,推动大中小城市和小城镇协调发展",主要目的是（　　　）。

A. 扩大城市范围　　　　　　　　B. 提升城市职能

C. 完善城市结构　　　　　　　　D. 优化城镇体系

61. 根据《中共中央　国务院关于加强和完善城乡社区治理的意见》,下列关于社区治理的表述,错误的是（　　　）。

A. 以基层党组织建设为关键　　　B. 以社区自治为主

C. 以居民需求为导向　　　　　　D. 以改革创新为动力

62. 根据《中共中央　国务院关于新时代推进西部大开发形成新格局的指导意见》,下列说法错误的是（　　　）。

A. 支持新疆加快丝绸之路经济带核心区建设,形成西向交通枢纽和商贸物流、文化科教、医疗服务中心

B. 支持重庆、四川、陕西发挥综合优势,打造内陆开放高地和开发开放枢纽

C. 支持贵州、云南充分发掘历史文化优势,发挥丝绸之路经济带重要通道、节点作用

D. 支持内蒙古深度参与中蒙俄经济走廊建设,提升云南与澜沧江-湄公河区域开放合作水平

63. 根据《自然资源部　关于加强规划和用地保障支持养老服务发展的指导意见》,下列关于我国养老发展和设施规划的表述,错误的是（　　　）。

A. 建设以机构为基础、社区为依托、居家为补充的养老服务体系

B. 将社区居家养老服务设施纳入城乡社区配套用房范围

C. 鼓励养老服务设施用地兼容建设医疗设施

D. 在编制市县国土空间总体规划时,对现状老龄人口占比较高的地区适当提高养老设施用地比例

64. 下列抽样方式中,属于依据一定的抽样距离从总体中抽取样本的是（　　　）。

A. 随机抽样　　　　　　　　　　B. 系统抽样

C. 定额抽样　　　　　　　　　　D. 多段抽样

65. 下列关于"生物量"的表述,正确的是（　　　）。

A. 某一时刻单位面积或者体积内生物体的质量

B. 某一时刻单位面积或者体积内生物体的数量

C. 某一时刻单位面积或者体积内生物体的数量或质量

D. 某一时刻单位面积或者体积内所能够合理容纳的生物的数量

66. 根据城市经济学原理,下列哪项变化不会带来城市边界的扩展?（　　　）

A. 城市人口增长　　　　　　　　B. 居民收入上升

C. 农业地租上升　　　　　　　　D. 交通成本下降

67. 若采用"用脚投票"的方式来选择社会公共产品,可能形成以下哪种情况?（　　　）

A. 收入相同社区　　　　　　　　B. 年龄相同社区

    C. 爱好相同社区   D. 教育水平相同社区

68. 郊野中心公园属于( )。

    A. 私人物品   B. 共有资源

    C. 自然垄断物品   D. 公共物品

69. 就上海等经济发达的地区而言,失业主要为( )。

    A. 结构性失业   B. 摩擦性失业

    C. 贫困性失业   D. 福利性失业

70. 下列关于城市生态系统能量流和信息流的表述,错误的是( )。

    A. 能量流是单向流动   B. 能量流动是不可逆的

    C. 信息流是双向的   D. 信息不能代替能量

71. 下列不是热岛效应形成的主要原因的是( )。

    A. 生产生活的燃烧   B. 城市硬质材料覆盖广

    C. 城市空气中存在大量污染物   D. 逆温

72. 区域生态安全格局构建模式的第三步是( )。

    A. 景观决策   B. 景观表述

    C. 景观改变   D. 景观评价

73. 根据《自然资源部办公厅关于加强国土空间规划监督管理的通知》,各地在审批国土空间之外的其他各类规划时,不得违反以下哪类指标和要求?( )

    A. 约束性指标和预期性指标

    B. 综合性指标和预期性指标

    C. 综合性指标和空间一体化指标

    D. 约束性指标和刚性管控要求

74. 根据《自然资源部办公厅关于加强村庄规划促进乡村振兴的通知》,村庄规划编制中应落实永久基本农田和永久基本农田( )划定成果,守好耕地红线。

    A. 保护区   B. 用途区

    C. 储备区   D. 扩展区

75. 下列关于建设用地许可证和用地批准的说法,错误的是( )。

    A. 自然资源主管部门统一核发新的建设用地规划许可证,不再单独核发建设用地批准书

    B. 以划拨方式取得国有土地使用权的,建设单位向所在地的市、县自然资源主管部门提出建设用地规划许可申请,经县自然资源主管部门批准后同步核发建设用地规划许可证、国有土地划拨决定书

    C. 以出让方式取得国有土地使用权的,建设单位在签订国有建设用地使用权出让合同后,市、县自然资源主管部门向建设单位核发建设用地规划许可证

    D. 建设项目用地预审与选址意见书有效期为三年

76. 根据《省级国土空间规划编制指南(试行)》,下列属于约束性指标的是( )。

    A. 国土空间开发强度   B. 单位 GDP 使用建设用地下降率

    C. 1/2/3h 交通圈覆盖率   D. 公路和铁路网密度

77. 根据 2020 年 6 月颁布的《全国重要生态系统保护和修复重大工程总体规划（2021—2035 年）》,下列属于其重要区域的是(   )。

　　A. 东北黑土带　西北防沙带　　　B. 东北防沙带　陕北防沙带

　　C. 华北防护林　东北草林带　　　D. 东北森林带　北方防沙带

78. 根据《中华人民共和国土地管理法》,征收农用地的土地补偿费、安置补助费,应以省、自治区、直辖市制定的(   )为标准确定。

　　A. 城乡基准地价　　　　　　　　B. 统一年产量

　　C. 片区综合地价　　　　　　　　D. 区域基础地价

79. 根据《中共中央　国务院关于建立国土空间规划体系并监督实施的若干意见》,没体现国土空间规划科学性的是(   )。

　　A. 国土空间规划应自上而下组织编制

　　B. 国土空间规划应坚持生态优先

　　C. 国土空间规划应坚持山水林湖草生命共同体理念

　　D. 国土空间规划编制应发挥不同领域专家的作用

80. 《河北雄安新区规划纲要》将其抗震设防烈度设定为(   )。

　　A. 6 度　　　　　B. 7 度　　　　　C. 8 度　　　　　D. 9 度

二、多项选择题(共 20 题,每题 1 分。每题的备选项中有 2～4 个符合题意。多选、少选、错选都不得分)

81. 资源环境承载能力评价是国土空间规划编制的重要专题,下列属于生态系统服务功能重要性评价因子的是(   )。

　　A. 生物多样性评价　　　　　　　B. 水土流失敏感性评价

　　C. 防风固沙评价　　　　　　　　D. 水源涵养评价

　　E. 海岸防护评价

82. 下列有关砖混结构的叙述中,(   )是错误的。

　　A. 纵向承重体系对纵墙上开门、开窗的限制较小

　　B. 横向承重体系楼盖的材料用量较少

　　C. 内框架承重体系空间刚度较好

　　D. 内框架承重体系施工比较麻烦

　　E. 纵向承重体系中横墙是主要承重墙

83. 下列关于《交通强国建设纲要》提出的 2035 年"全球 123 快货物流圈",表述正确的是(   )。

　　A. 全国主要城市 1 天送达　　　　B. 国内 1 天送达

　　C. 周边发达国家 2 天送达　　　　D. 周边国家 2 天送达

　　E. 全球 3 天送达

84. 生态保护重要性评价应主要开展(   )方面的评价,集成得到生态保护重要性。

　　A. 生态系统服务功能重要性　　　B. 水涵养功能重要性

C. 水土保持功能重要性　　　　　D. 防风固沙功能重要性

E. 生态脆弱性

85. 下列情况宜采用综合管廊敷设的是(　　)。

A. 交通流量大的城市道路以及配合地铁、地下道路、城市地下综合体等工程建设地段

B. 高强度集中开发区域、重要的公共空间

C. 难以架空敷设多种管线的路段

D. 道路较宽且满足直埋的路段

E. 宜开挖路面的地段

86. 土壤自净的说法,正确的是(　　)。

A. 土壤自净分为物理、化学、生物净化

B. 土壤中汞的挥发属于物理净化

C. 有机物的吸附属于化学净化

D. 微生物对有机物的分解属于生物净化

E. 土壤净化速度与土壤本身有关,与环境无关

87. 下列关于北斗卫星的表述,正确的是(　　)。

A. 北斗导航是全天时导航系统

B. 北斗导航系统在 2020 年建成"北斗三号"系统,向全球提供服务

C. 北斗系统由空间段、地面段和用户段三部分组成

D. 北斗系统空间段采用三种轨道卫星组成的混合星座,与其他卫星导航系统相比高轨卫星更多,抗遮挡能力强,尤其低纬度地区性能优势更为明显

E. 北斗系统提供单一频点的导航信号,能够通过单一信号组合使用等方式提高服务精度

88. 下列方法中,一般用于农村建设用地整理潜力评价的是(　　)。

A. 人均用地估算法　　　　　B. 问卷调查法

C. 规划模拟法　　　　　　　D. 系数法

E. 四象限法

89. 下列关于高分 2 号卫星有效荷载技术指标,错误的是(　　)。

A. 全色波段空间分辨率为 1m　　B. 幅宽 40km(两台相机结合)

C. 侧摆动±35°　　　　　　　D. 重访 7 天

E. 回归周期 69 天

90. 根据《中共中央　国务院关于建立国土空间规划体系并监督实施的若干意见》,表述错误的是(　　)。

A. 以自然资源调查数据为基础,因地制宜地采用国家或者地方的测绘基准和测绘系统

B. 结合各级各类国土空间规划编制,同步完成市级以上国土空间基础信息平台建设

C. 实现主体功能区战略和各类空间要素精准落地

D. 推进政府部门之间的信息交互

E. 推进政府和社会之间的信息交互

91. 20 世纪 20 年代出现了现代建筑运动,下列属于其主要观点的是( )。

A. 设计以功能为出发点 B. 注重建筑的经济性

C. 反对建筑形式与功能的一致性 D. 认为建筑空间是建筑的主角

E. 支持表面的外加装饰

92. 可以使用交通岛组织渠化交通的城市道路交叉口包括( )。

A. 交通量小的次要交叉口 B. 复杂的异形交叉口

C. 城市边缘地区的交叉口 D. 一般平面十字交叉口

E. 有连续交通要求的大交通量交叉口

93. 下列不属于克里斯泰勒中心地体系形成的原则的是( )。

A. 市场原则 B. 社会原则

C. 行政原则 D. 交通原则

E. 安全原则

94. 下列方法中,适用于城镇人口规模预测的有( )。

A. 聚类分析法 B. 类比法

C. 环境容量法 D. 主成分分析法

E. 增长率法

95. 根据《省级国土空间规划编制指南》,规划成果包括( )。

A. 规划文本 B. 附表、图件

C. 说明和专题报告 D. "一张图"信息平台

E. 多方案论证报告

96. 根据住房和城乡建设部、民政部、财政部《关于做好住房救助有关工作的通知》,关于住房救助的表述,正确的是( )。

A. 住房救助是针对住房难的社会救助对象实施的住房保障

B. 住房救助不属于公租房制度保障范围

C. 住房救助是住房方面保民生、促公平的托底性制度安排

D. 配租公租房属于住房救助方式

E. 农村危房改造不属于住房救助方式

97. 下列用地应划入生态保护红线的是( )。

A. 水源涵养区 B. 生物多样性功能区

C. 水土保持功能区 D. 防风固沙功能区

E. 耕地保护功能区

98. 关于海陆风,正确是( )。

A. 由于作为下垫面温度变化,海洋和陆地性质差异,引起热力对流而形成的带有日变化的局部环流

B. 海陆风的环流形态取决于海陆分布和由此产生的地面气温梯度

C. 由于海陆风的变换,有的低层排放的污染物被传递到一定距离后,又会重新

被高层气流带回到原地,使原地污染物浓度增大

  D. 夏季陆风始于上午,午后最强,傍晚后转为海风

  E. 类似海陆风的环流不可能产生内陆大型水体

99. 根据《关于在国土空间规划中统筹划定落实三条控制线的指导意见》,允许在生态保护红线内的自然保护地一般控制区进行的活动包括( )。

  A. 公益性地质勘查   B. 经依法批准进行的科研观测

  C. 永久基本农田建设   D. 不破坏生态功能的适度参观旅游

  E. 防洪与供水设施建设与运行维护

100.《资源环境承载能力和国土空间开发适宜性评价技术指南(试行)》规定,资源环境承载能力是指:基于特定的发展阶段、经济技术水平、生产生活方式和生态保护目标,一定地域范围内资源环境要素能够支撑( )等人类活动的最大合理规模。

  A. 农业生产   B. 水利工程建设

  C. 资源开发   D. 国家公园建设

  E. 城镇建设

真 题 解 析

一、单项选择题(共80题,每题1分。每题的备选项中,只有1个最符合题意)

1. D

【解析】 木构架体系可分为承重的梁柱结构部分,即大木作;以及仅为分隔空间或装饰之用的非承重部分,即小木作。因此D选项符合题意。

2. C

【解析】 中国园林园景构图采用曲折的自由布局,因借自然,模仿自然,与中国的山水画、山水诗文有共同的意境。欧洲大陆的古典园林惯用几何规则式构图,树木修剪成几何形体,有人工造作的气氛。因此C选项符合题意。

3. B

【解析】 周代在形制上为三朝五门,隋、唐开始出现了三朝五门。因此B选项符合题意。

4. D

【解析】 所谓古典柱式包括古希腊的三柱式以及后来古罗马发展了的塔司干柱式和组合柱式,共称为古典五柱式。因此D选项符合题意。

5. C

【解析】 维也纳主张造型简洁与集中装饰,新艺术运动强调模仿自然界的生长之美。因此C选项符合题意。

6. D

【解析】 密斯主张建筑应满足时代的现实主义和功能主义的需要,应实现建筑工业化生产;赖特主张将建筑与自然环境紧密结合,应从自然中获得启示,创造灵活多样的建筑空间,打破工业化的局限性。故D选项符合题意。

7. D

【解析】 根据《住宅设计规范》(GB 50096—2011),起居室(厅)的使用面积不应小于 $10m^2$。因此D选项符合题意。

8. C

【解析】 后现代主义(Post-Modernism,PM 派)又称为历史主义,是当代西方建筑思潮的一个新流派。这种思潮出自对现代主义建筑的厌恶,他们认为战后的建筑太贫乏、太单调、思想僵化、缺乏艺术感染力,因此必须从理论上根本予以革新,因此D选项正确。PM派注重地方传统,强调借鉴历史,同时对装饰感兴趣,认为只有从历史样式中去寻求灵感,抱有怀古情调,结合当地环境,才能使建筑为群众所喜闻乐见,因此A选项正确。他们把建筑只看作面的组合,是片断构件的编织,而不是追求某种抽象形体。从他们的作品中往往可以看到建筑造型表现各部件或平面片断的拼凑,有意夸张结合的裂缝,因此B选项正确。借鉴历史并赋予新意,是从"历史主义到折中主义"。因此C选项符合题意。

9. C

【解析】 公共建筑中存在着使用功能上的"闹"与"静"。在组合空间时,按"闹"与"静"进行功能分区,以便其既分割、互不干扰,又有适当的联系。故 C 选项符合题意。

10. C

【解析】 土地具有养育功能、承载功能、仓储功能和景观功能四大功能,集中表现土地的有用性。因此 C 选项符合题意。

11. A

【解析】 大型展览馆宜与江湖水泊、公园绿地结合,因此 A 选项正确;儿童剧场应设于位置适中、公共交通便利、比较安静的区域,因此 B 选项错误;剧场与其他类型建筑合建时,应有专用的疏散通道,因此 C 选项错误;档案馆一般应考虑布置在城市公用设施比较完备的区域,除特殊外,一般不宜远离市区,因此 D 选项错误。故选 A。

12. A

【解析】 集约型公共交通可分为大运量、中运量和普通运量公交。因此 A 选项符合题意。

13. B

【解析】 城市综合交通应包括出行的两端都在城区内的城市内部交通,和出行至少有一端在城区外的城市对外交通(包括两端均在城区外,但通过城区组织的城市过境交通)。按照城市综合交通的服务对象可划分为城市客运与货运交通。从以上分析可知,B 选项符合题意。

14. A

【解析】 根据《城市综合交通体系规划标准》(GB/T 51328—2018),城市道路红线宽度大于 45m 的道路,其绿化覆盖率为 20%。故选 A。

15. A

【解析】 《城市综合交通体系规划标准》(GB/T 51328—2018)第 12.2.1 条:按照城市道路所承担的城市活动特征,城市道路应分为干线道路、支线道路,以及联系两者的集散道路 3 个大类;城市快速路、主干路、次干路和支路 4 个中类和 8 个小类。故选 A。

16. C

【解析】 《城市综合交通体系规划标准》(GB/T 51328—2018)中规定,城市建设用地内部的城市干线道路的间距不宜超过 1.5km。故选 C。

17. B

【解析】 《城市综合交通体系规划标准》(GB/T 51328—2018)第 13.3.7 条:地面机动车停车场用地面积,宜按每个停车位 25~30m² 计。停车楼(库)的建筑面积,宜按每个停车位 30~40m² 计。故选 B。

18. B

【解析】 《城市停车规划规范》(GB/T 51149—2016)第 2.0.8 条规定:基本车位是指满足车辆拥有者在无出行时车辆长时间停放需求的相对固定停车位。因此 B 选项符合题意。

19．A

【解析】 当城市为单水源供水系统时,输水管线应设两条,每条输水管线的输水能力应达到整个输水工程设计流量的 70％。因此 A 选项符合题意。

20．B

【解析】 城市配水管网的设计流量应按城市最高日最高时用水量计算。因此 $200m^3/d \times 1.5 \times 1.2 = 360m^3/d$。故选 B。

21．C

【解析】 污水处理厂应选址在城市夏季最小风向的上风侧。因此 C 选项符合题意。

22．B

【解析】 根据城市固体废弃物处理和处置技术,焚烧可以减少 85％～95％ 的体积,堆肥减少 50％～70％、热解减少 60％～80％、自然堆存减少 20％～30％。故选 B。

23．D

【解析】 生活垃圾热值大于 5000kJ/kg 时,才具备垃圾焚烧的条件,因此,并非生活垃圾均可采用焚烧处理。故选 D。

24．C

【解析】 BOST 系统推荐功能为信息系统中的决策支持系统,其最后结果为各候选对象优劣度对比,并不做出推荐和决策,这一点是与人工智能和专家系统最本质的区别,因此 C 选项符合题意。

25．C

【解析】 GIS 系统的网络分析类似最佳的路径分析,找到空间中最合适的点、区域或路径。文物保护单位的等距分析属于邻近分析。因此 C 选项符合题意。

26．B

【解析】 CGCS 2000 坐标系是全球地心坐标系在我国的具体体现,其原点为包括海洋和大气的整个地球的质量中心,属于质心坐标系。1980 西安坐标系的原点为陕西省泾阳县永乐镇。因此 B 选项正确。

27．A

【解析】《资源环境承载能力和国土空间开发适宜性评价指南(试行)》规定采用高斯-克吕格投影,高斯-克吕格投影为横轴等角切椭圆柱投影。故 A 选项符合题意。

28．B

【解析】 根据《关于加强全民健身场地设施建设发展群众体育的意见》规定:各地区要结合相关规划,于 1 年内编制健身设施建设补短板五年行动计划,明确各年度目标任务;鼓励各地区在符合城市规划的前提下,以租赁方式向社会力量提供用于建设健身设施的土地,租期不超过 20 年;各地区在组织编制涉及健身设施建设的相关规划时,要就有关健身设施建设的内容征求同级体育主管部门意见;"十四五"期间,在全国新建或改扩建 1000 个左右体育公园,打造全民健身新载体。因此 B 选项符合题意。

29．D

【解析】 根据《关于全面推进城镇老旧小区改造工作的指导意见》,城镇老旧小区改造内容可分为基础类、完善类、提升类 3 类,因此 D 选项错误;ABC 选项均为《关于全面推进城镇老旧小区改造工作的指导意见》中的原文。故选 D。

30. B

【解析】 根据《自然资源听证规定》第十二条：有下列情形之一的，主管部门应当组织听证：（一）拟定或者修改基准地价；（二）编制或者修改国土空间规划和矿产资源规划；（三）拟定或者修改区片综合地价。B 选项为企业的方案修改行为，如不涉及周边居民或单位等利益，一般主管部门不组织听证。因此 B 选项符合题意。

31. C

【解析】 县级以上自然资源主管部门及其执法人员，应当采取相应处置措施，履行执法监督职责，依法申请人民法院强制执行，人民法院不予受理的，应当作出明确记录。因此 C 选项符合题意。

32. C

【解析】 根据《中央农村工作领导小组办公室 农业农村部关于进一步加强农村宅基地管理的通知》规定，不得违法收回农户合法取得的宅基地，不得以退出宅基地作为农民进城落户的条件。因此 C 选项符合题意。ABD 选项均为原文。

33. D

【解析】 编制方案设计文件应满足编制初步设计文件和控制概算的需要。因此 D 选项符合题意。

34. A

【解析】 高速列车限界为 7.25m，故 A 选项符合题意。

35. C

【解析】 按最不利的情况，考虑最靠右的一条直行车道与相交道路最靠中间的直行车道的组合确定视距三角形的位置。因此 C 选项符合题意。

36. D

【解析】 根据计算及规范要求，行车速度为 50km/h，停车视距为 60m。故选 D。

37. D

【解析】 螺旋坡道式机动车停车库的用地比直坡道式节省，斜楼板式停车库比错层式停车库更节省，因此 AB 选项错误。斜楼板式机动车停车库利用通道的倾斜作为楼层转换的坡道，因而无须再设置专用的坡道，故 C 选项错误。斜楼板和错层式停车库均是利用楼板错层和倾斜的方式组织楼层交通的转换，均对停车位有干扰。故选 D。

38. B

【解析】 机场、车站等交通枢纽的站前广场属于集散广场，因此 B 选项符合题意。

39. D

【解析】 按交通路权划分，地铁属于全封闭系统、轻轨系统属于部分封闭系统、有轨电车属于开放式系统，有轨电车在交叉口遵循交通信号或享受一定的优先权。故 D 选项符合题意。

40. C

【解析】 根据《第三次全国国土调查技术规程》，调查最小上图图斑面积：建设用地和设施农用地实地面积为 200m^2。因此 C 选项符合题意。

41. D

【解析】 根据《节约集约利用土地规定》第七条：国家通过土地利用总体规划,确定建设用地的规模、布局、结构和时序安排,对建设用地实行总量控制。土地利用总体规划确定的约束性指标和分区管制规定不得突破。下级土地利用总体规划不得突破上级土地利用总体规划确定的约束性指标。故 ABC 选项正确。第十一条：自然资源主管部门应当在土地利用总体规划中划定城市开发边界和禁止建设的边界,实行建设用地空间管制度。所以 D 选项符合题意。

42. C

【解析】 根据《第三次全国国土调查技术规程》(TD/T 1055—2019)第 7.1 条：遥感数据的选取应满足成像侧视角一般应小于 $15°$,最大不应超过 $25°$,灰度范围总体呈正态分布,无灰度值突变现象,相邻景影像间的重叠范围不应少于整景的 2%。因此 AB 选项正确,C 选项错误。第 7.4.3 条：DOM 以县级辖区为制作单元,按照外扩不少于 50 个像素、沿最小外接矩形裁切。D 选项正确。故 C 符合题意。

43. A

【解析】 根据《第三次全国国土调查技术规程》(TD/T 1055—2019),当行政界线两侧明显地物接边误差小于图上 6mm、不明显地物接边误差小于图上 2.0mm 时,双方各改一半接边;否则双方应实地核实接边。故选 A。

44. A

【解析】 根据《第三次全国国土调查技术规程》(TD/T 1055—2019),耕地调查按坡度分为 5 级,坡度小于或等于 $2°$ 时,视为平地,其他分为梯田和坡地两类,坡度大于 $2°$ 时,需测算耕地田坎系数。耕地坡度小于或等于 $2°$ 时,代码为 1。因此 A 选项符合题意。

45. A

【解析】 根据《第三次全国国土调查技术规程》(TD/T 1055—2019),二级分类中的"果园"在一级分类中归类为"园地",不归类为一级分类中的"耕地",因此 A 选项符合题意。

46. C

【解析】 根据《中华人民共和国土地管理法》第四条：国家实行土地用途管制制度。国家编制土地利用总体规划,规定土地用途,将土地分为农用地、建设用地和未利用地。严格限制农用地转为建设用地,控制建设用地总量,对耕地实行特殊保护。前款所称农用地是指直接用于农业生产的土地,包括耕地、林地、草地、农田水利用地、养殖水面等;建设用地是指建造建筑物、构筑物的土地,包括城乡住宅和公共设施用地、工矿用地、交通水利设施用地、旅游用地、军事设施用地等;未利用地是指农用地和建设用地以外的土地。使用土地的单位和个人必须严格按照土地利用总体规划确定的用途使用土地,因此 C 选项符合题意。

47. A

【解析】 《中华人民共和国土地管理法》第二十条：土地利用总体规划实行分级审批。省、自治区、直辖市的土地利用总体规划,报国务院批准。省、自治区人民政府所在地的市、人口在 100 万以上的城市以及国务院指定的城市的土地利用总体规划,经省、自治区人民政府审查同意后,报国务院批准。本条第二款、第三款规定以外的土地利用总体规划,逐级上报省、自治区、直辖市人民政府批准;其中,乡(镇)土地利用总体规划可以由省级人民政府授权的设区的市、自治州人民政府批准。土地利用总体规划一经批准,必须严格执行。故选 A。

48. C

【解析】 根据《自然资源部 农业农村部关于设施农业用地管理有关问题的通知》规定,设施农业属于农业内部结构调整,可以使用一般耕地,不需落实占补平衡。种植设施不破坏耕地耕作层的,可以使用永久基本农田,不需补划;破坏耕地耕作层,但由于位置关系难以避让永久基本农田的,允许使用永久基本农田但必须补划。养殖设施原则上不得使用永久基本农田,涉及少量永久基本农田确实难以避让的,允许使用但必须补划。

设施农业用地不再使用的,必须恢复原用途。设施农业用地被非农建设占用的,应依法办理建设用地审批手续,原地类为耕地的,应落实占补平衡。

故 C 选项不准确,符合题意。

49. D

【解析】 无环放射式线网有利于过境客流对城市中心的穿越,会造成对城市中心的干扰和车流压力。因此 D 选项符合题意。

50. A

【解析】 线路起、终点不要设在市区内大客流断面位置,以免产生相互影响;对设置支线的运行线路,支线长度不宜过长,宜选在客流断面较小的地段。车站应服务于重要客流集散点,起讫点车站应与其他交通枢纽相配合。主变电站是向城市轨道交通运营系统供电的集中电源,其设置应从线网全局考虑,主变电站的选址尽可能在换乘站附近,以利于不同线路间资源共享。因此 A 选项符合题意。

51. C

【解析】 城市水资源分析一般采用年用水量,A 选项错误;城市供水设施应该按最高日用水量配置,B 选项错误;城市配水管网的设计流量应按照城市最高日最高时确定,C 选项正确;城市水资源总量越大,相应的供水保证率越低,D 选项错误。因此 C 选项符合题意。

52. B

【解析】 《城乡建设用地增减挂钩节余指标跨省域调剂管理办法》第十条:国家统一制定跨省域调剂节余指标价格标准。节余指标调出价格根据复垦土地的类型和质量确定,复垦为一般耕地或其他农用地的每亩 30 万元,复垦为高标准农田的每亩 40 万元。节余指标调入价格根据地区差异相应确定,北京、上海每亩 70 万元,天津、江苏、浙江、广东每亩 50 万元,福建、山东等其他省份每亩 30 万元;附加规划建设用地规模的,每亩再增加 50 万元。故选 B。

53. A

【解析】 城市防洪体系应包括工程措施和非工程措施。工程措施包括挡洪工程、泄洪工程、蓄滞洪工程及泥石流防治工程等,非工程措施包括行洪通道工程管理、水库调洪、蓄滞洪区管理、暴雨与洪水预警预报、超设计标准暴雨和超设计标准洪水应急措施、防洪工程设施安全保障及行洪通道保护等。故 A 选项符合题意。

54. C

【解析】 根据《城市排水工程规划规范》(GB 50318—2017)第4.4.4条:5万~10万 m³/d规模的污水处理厂,其卫生防护距离为200m。因此C选项符合题意。

55. D

【解析】 《城市排水工程规划规范》(GB 50318—2017)第3.3.2条:除干旱地区外,城市新建地区和旧城改造地区的排水系统应采用分流制;不具备改造条件的合流制地区可采用截流式合流制排水体制。A选项正确。第3.5.2条:城市污水收集、输送应采用管道或暗渠,严禁采用明渠。B选项正确。第3.5.4条:规划有综合管廊的路段,排水管渠宜结合综合管廊统一布置。第3.5.3条:截流干管宜沿河流岸线走向布置。道路红线宽度大于40m时,排水管渠宜沿道路双侧布置。因此D选项错误,符合题意。

56. D

【解析】 根据《国家发展改革委关于培育发展现代化都市圈的指导意见》,城市群是新型城镇化主体形态,是支撑全国经济增长、促进区域协调发展、参与国际竞争合作的重要平台。都市圈是城市群内部以超大特大城市或辐射带动功能强的大城市为中心、以1h通勤圈为基本范围的城镇化空间形态。《国家发展改革委关于培育发展现代化都市圈的指导意见》并未对都市圈内部的乡村实现城镇化做出要求。因此D选项符合题意。

57. C

【解析】 生活垃圾收集点的服务半径不宜超过70m,A选项错误;新建生活垃圾焚烧厂不宜邻近城市生活区布局,其用地边界距城乡居住用地及学校、医院等公共设施用地的距离一般不应小于300m,B选项错误;堆肥处理设施宜位于城镇开发边界的边缘地带,用地边界距城乡居住用地不应小于500m,D选项错误。新建生活垃圾卫生填埋场不应位于城市主导发展方向上,且用地边界距20万人口以上城市的规划建成区不宜小于5km,距20万人口以下城市的规划建成区不宜小于2km,C选项正确,故选C。

58. C

【解析】 根据《城乡建设用地竖向规划规范》(CJJ 83—2016)第4.0.7条:高度大于2m的挡土墙和护坡,其上缘与建筑物的水平净距不应小于3m,下缘与建筑物的水平净距不应小于2m;高度大于3m的挡土墙与建筑物的水平净距还应满足日照标准要求。A、B选项均为《城乡建设用地竖向规划规范》第4.0.3条和第4.0.4条内容,AB选项正确。因此C选项符合题意。

59. B

【解析】 随着人口压力的增大、房租上升、居住环境恶化,市中心区的人口便纷纷向外迁移;低收入住户向较高级的住宅地带入侵而较高级的住户则向外迁移并入侵一个更高级的住宅地带,迁居就像波浪一样向外传开,这就是著名的人口迁居的入侵演替理论。故选B。

60. D

【解析】 《国家新型城镇化规划(2014—2020年)》在完善城镇体系方面提出"以城市群为主体形态,推动大中小城市和小城镇协调发展"。因此D选项符合题意。

61. B

【解析】 《中共中央 国务院关于加强和完善城乡社区治理的意见》明确,紧紧围绕统筹推进"五位一体"总体布局和协调推进"四个全面"战略布局,坚持以基层党组织建设为关键、政府治理为主导、居民需求为导向、改革创新为动力,健全体系、整合资源、增强能力,完善城乡社区治理体制,努力把城乡社区建设成为和谐有序、绿色文明、创新包容、共建共享的幸福家园,为实现"两个一百年"奋斗目标和中华民族伟大复兴的中国梦提供可靠保证。故 B 选项符合题意。

62. C

【解析】 积极参与和融入"一带一路"建设。支持新疆加快丝绸之路经济带核心区建设,形成西向交通枢纽和商贸物流、文化科教、医疗服务中心。支持重庆、四川、陕西发挥综合优势,打造内陆开放高地和开发开放枢纽。支持甘肃、陕西充分发掘历史文化优势,发挥丝绸之路经济带重要通道、节点作用。支持贵州、青海深化国内外生态合作,推动绿色丝绸之路建设。支持内蒙古深度参与中蒙俄经济走廊建设,提升云南与澜沧江-湄公河区域开放合作水平。因此 C 选项符合题意。

63. A

【解析】 《自然资源部 关于加强规划和用地保障支持养老服务发展的指导意见》提出,认真落实贯彻《国务院办公厅关于推进养老服务发展的意见》(国办发〔2019〕5 号)的工作部署规定:围绕居家为基础、社区为依托、机构为补充、医养相结合的养老服务体系建设,合理规划养老服务设施空间布局,切实保障养老服务设施用地,促进养老服务发展。因此 A 选项符合题意。

64. B

【解析】 系统抽样法又叫作等距抽样法或机械抽样法,是依据一定的抽样距离,从总体中抽取样本。故选 B。

65. C

【解析】 生物量:在某一特定时间内,单位面积或体积内所含的生物个体总量,或其总质量。因此 C 选项符合题意。

66. C

【解析】 城市边界的扩展一般有两种情况:第一种情况的发生是由城市的人口增长和经济的发展带来的;第二种情况的发生可以由两个因素引起,一是城市交通的改善带来的交通成本下降,二是城市居民收入的上升。农业地租的上升会提高农业的竞争力,使农业能承担更高的租金,农业竞争力的提高会让农业更靠近中心区,因此不会带来城市边界的扩大。从以上分析可知,C 选项符合题意。

67. C

【解析】 "用脚投票"是指个人按照自己的喜好选择直接适合自己的方式,挑选那些能够满足自身需求的环境,因此通过"用脚投票"最容易形成爱好相同的社区。故 C 选项符合题意。

68. D

【解析】 郊野公园不具有竞争性也不具有排他性,属于公共物品。故选 D。

69. B

【解析】 东北地区的城市主要是由于产业结构调整和国有企业改革而导致的结构

性失业;上海等经济发达地区失业率高主要为摩擦性失业,也兼有部分结构性失业;西藏、宁夏等西部欠发达地区城市的失业率较高则主要是贫困性失业造成的。因此 B 选项符合题意。

70. D

【解析】 物质流是循环的,能量流是单向的不可逆的,而信息流却是有来有往的、双向运行的,既有从输入到输出的信息传递又有从输出到输入的信息反馈。人类社会的信息化给人类生活方式带来了改变,信息可以代替一部分物质和能量,从而给城市结构和形态带来新的冲击和机会。因此 D 选项符合题意。

71. D

【解析】 "热岛"的形成原因主要有三方面:其一,大量的生产、生活燃烧放热;其二,城市建成区大部分建筑物和道路等被硬质材料所覆盖,植物覆盖低,从而吸热多而蒸发散热少;其三,空气中经常存在大量的污染物,它们对地面长波辐射吸收和反射能力较强。这些均是造成城市温度高于周围乡村的重要条件,其温差夜间更为明显,最大可达8℃。逆温会加剧城市热岛效应,但不是城市热岛效应形成的主要原因。因此 D 选项符合题意。

72. D

【解析】 区域生态安全格局构建分为六步,分别是:景观表述、景观过程分析、景观评价、景观改变、影响评价、景观决策。故选 D。

73. D

【解析】 根据《自然资源部办公厅关于加强国土空间规划监督管理的通知》编制审批规定:下级国土空间规划不得突破上级国土空间规划确定的约束性指标,不得违背上级国土空间规划的刚性管控要求。各地不得违反国土空间规划约束性指标和刚性管控要求审批其他各类规划,不得以其他规划替代国土空间规划作为各类开发保护建设活动的规划审批依据。因此 D 选项符合题意。

74. C

【解析】 根据《自然资源部办公厅关于加强村庄规划促进乡村振兴的通知》规定,村庄规划要落实永久基本农田和永久基本农田储备区划定成果,落实补充耕地任务,守好耕地红线。故选 C。

75. B

【解析】 以划拨方式取得国有土地使用权的,建设单位向所在地的市、县自然资源主管部门提出建设用地规划许可申请,经有建设用地批准权的人民政府批准后,市、县自然资源主管部门向建设单位同步核发建设用地规划许可证、国有土地划拨决定书。B 选项中,应为人民政府批准,而不是自然资源主管部门。故选 B。

76. B

【解析】 根据《省级国土空间规划编制指南(试行)》,单位 GDP 使用建设用地下降率为约束性指标,其他三项均为预期性指标。故选 B。

77. D

【解析】 《全国重要生态系统保护和修复重大工程总体规划(2021—2035 年)》明确

规定,将全国重要生态系统保护和修复重大工程规划布局在青藏高原生态屏障区、黄河重点生态区(含黄土高原生态屏障)、长江重点生态区(含川滇生态屏障)、东北森林带、北方防沙带、南方丘陵山地带、海岸带等重点区域。因此 D 选项符合题意。

78. C

【解析】 《中华人民共和国土地管理法》第四十八条:征收农用地的土地补偿费、安置补助费标准由省、自治区、直辖市通过制定公布区片综合地价确定。因此 C 选项符合题意。

79. A

【解析】 国土空间规划自上而下组织编制体现的是战略性,而不是体现国土空间规划的科学性。因此 A 选项符合题意。

80. C

【解析】 《河北雄安新区规划纲要》规定,提高城市抗震防灾标准。新区抗震基本设防烈度Ⅷ度,学校、医院、生命线系统等关键设施按基本烈度Ⅷ度半抗震设防,避难建筑、应急指挥中心等城市要害系统按基本烈度Ⅸ度抗震设防。其他重大工程依据地震安全性评价结果进行抗震设防。故选 C。

二、多项选择题(共 20 题,每题 1 分。每题的备选项中有 2~4 个符合题意。多选、少选、错选都不得分)

81. ACDE

【解析】 评价水源涵养、水土保持、生物多样性维护、防风固沙、海岸防护等生态系统服务功能重要性,取各项结果的最高等级作为生态系统的服务功能重要性等级。因此 ACDE 选项符合题意。

82. ACE

【解析】 纵向承重体系中纵墙是主要承重墙,由于纵墙承受的荷载较大,因此纵墙上开门、开窗的大小和位置都要受到一定的限制。横向承重体系,楼盖做法比较简单,施工比较方便,材料用量较少,但是墙体材料用量相对较多。内框架承重体系由于横墙较少,房屋的空间刚度较差,由于柱和墙的材料不同,施工方法不同,给施工工序的搭接带来一定麻烦。从以上分析可知,ACE 选项符合题意。

83. BD

【解析】 根据《交通强国建设纲要》,基本形成"全国 123 出行交通圈"(都市区 1 小时通勤、城市群 2 小时通达、全国主要城市 3 小时覆盖)和"全球 123 快货物流圈"(国内 1 天送达、周边国家 2 天送达、全球主要城市 3 天送达)。因此,BD 选项符合题意。

84. AE

【解析】 根据《资源环境承载能力和国土空间开发适宜性评价技术指南(试行)》,开展生态系统服务功能重要性和生态脆弱性评价,集成得到生态保护重要性,识别生态保护极重要区和重要区。因此 AE 选项符合题意。

85. ABC

【解析】 根据《城市工程管线综合规划规范》(GB 50289—2016)中第 4.2.1 条,当遇下列情况之一时,工程管线宜采用综合管廊敷设。(1)交通流量大或地下管线密集的城市道路以及配合地铁、地下道路、城市地下综合体等工程建设地段;(2)高强度集中开发区域、重要的公共空间;(3)道路宽度难以满足直埋或架空敷设多种管线的路段;(4)道路与铁路或河流的交叉处或管线复杂的道路交叉口;(5)不宜开挖路面的地段。因此ABC选项符合题意。

86. ABCD

【解析】 土壤自净分为物理净化、化学净化和生物净化,土壤中汞的挥发属于物理净化,有机物的吸附、化合和分解属于化学净化;微生物对有机物的分解属于生物净化;土壤的净化速度与环境有很大关系,环境中微生物和易结合发生化学反应的成分越多,越容易净化。从以上分析可知道,ABCD选项符合题意。

87. ABCD

【解析】 2020年,建成"北斗三号"系统,北斗系统由空间段、地面段和用户段三部分组成,为全球用户提供全天候、全天时、高精度的定位、导航和授时服务的国家重要时空基础设施,北斗系统空间段采用三种轨道卫星组成的混合星座,与其他卫星导航系统相比高轨卫星更多,抗遮挡能力强,尤其低纬度地区性能优势更为明显,能提供多个频点的导航信号,能够通过多频信号组合使用等方式提高服务精度。因此ABCD选项正确,E选项错误。

88. ABC

【解析】 根据《县级土地整治规划编制规程》,农村建设用地整理潜力评价方法主要为:人均用地估算法、问卷调查法、规划模拟法,因此ABC选项正确;系数法一般用于土地整治投资估算,四象限法一般用于农用地潜力等级划分。因此DE选项不符合题意,ABC选项符合题意。

89. BD

【解析】 高分2号(GF-2)卫星技术特点:高分2号卫星是我国自主研制的首颗空间分辨率优于1m的民用光学遥感卫星,搭载有两台高分辨率1m全色、4m多光谱相机;回归周期为69天,侧摆能力为±35°,幅宽45km,重访时间为5天。因此BD选项符合题意。

90. AB

【解析】《中共中央 国务院关于建立国土空间规划体系并监督实施的若干意见》规定,以自然资源调查监测数据为基础,采用国家统一的测绘基准和测绘系统,整合各类空间关联数据,建立全国统一的国土空间基础信息平台。以国土空间基础信息平台为底板,结合各级各类国土空间规划编制,同步完成县级以上国土空间基础信息平台建设,实现主体功能区战略和各类空间管控要素精准落地,逐步形成全国国土空间规划"一张图",推进政府部门之间的数据共享以及政府与社会之间的信息交互。因此AB选项符合题意。

91. ABD

【解析】 20世纪20年代出现了现代建筑运动,其主要观点为:(1)设计以功能为出发点;(2)发挥新型材料和建筑结构的性能;(3)注重建筑的经济性;(4)强调建筑形式与功能、材料、结构、工艺的一致性,灵活处理建筑造型,突破传统的建筑构图格式;(5)认为建筑空间是建筑的主角;(6)反对表面的外加装饰。因此 ABD 选项符合题意。

92. ABC

【解析】 采用渠化交通:即在道路上施画各种交通管理标线及设置交通岛,用以组织不同类型、不同方向车流分道行驶,互不干扰地通过交叉口,适用于交通量较小的次要交叉口、交通组织复杂的异形交叉口和城市边缘地区的道路交叉口。在交通量比较大的交叉口,配合信号灯组织渠化交通,有利于交叉口的交通秩序,增大交叉口的通行能力。一般平面十字交叉口适用于实施交通指挥控制,D 项不符合题意;有连续交通要求的大交通量交叉口适用于设置立体交叉控制,故 E 选项不符合题意。因此 ABC 选项符合题意。

93. BE

【解析】 克里斯泰勒中心地体系形成原则包括市场原则、行政原则和交通原则。因此 BE 选项符合题意。

94. BCE

【解析】 城镇人口规模预测方法比较多,有增长率法、类比法、环境容量法等;聚类分析法和主成分分析法属于空间分析方法,不属于城镇人口预测方法。因此 BCE 选项符合题意。

95. ABCD

【解析】 根据《省级国土空间规划编制指南》,规划成果包括规划文本、附表、图件、说明和专题报告,以及基于国土空间基础信息平台的国土空间规划"一张图"等。多方案论证报告为方案论证阶段内容,不纳入规划最终成果。故 ABCD 选项符合题意。

96. ACD

【解析】 根据《关于做好住房救助有关工作的通知》规定:住房救助是社会救助的重要组成部分,是针对住房困难的社会救助对象实施的住房保障。住房救助是切实保障特殊困难群众获得能够满足其家庭生活需要的基本住房,在住房方面保民生、促公平的托底性制度安排;城镇住房救助对象,属于公共租赁住房制度保障范围;通过配租公共租赁住房、发放低收入住房困难家庭租赁补贴、农村危房改造等方式实施住房救助。因此 ACD 选项符合题意。

97. ABCD

【解析】 根据《关于在国土空间规划中统筹划定落实三条控制线的指导意见》,按照生态功能划定生态保护红线。生态保护红线是指在生态空间范围内具有特殊重要生态功能、必须强制性严格保护的区域。优先将具有重要水源涵养、生物多样性维护、水土保持、防风固沙、海岸防护等功能的生态功能极重要区域,以及生态极敏感脆弱的水土流失、沙漠化、石漠化、海岸侵蚀等区域划入生态保护红线。E 选项的耕地保护功能区应属于基本农田保护范围,不属于生态保护红线。因此 ABCD 选项符合题意。

98. ABC

【解析】 海陆风(sea-land breeze)是出现于近海和海岸地区的,具有日周期的地方性风,海陆风的环流形态取决于海陆分布和由之产生的近地面气温梯度,在较大湖泊的湖陆交界地,也可产生和海陆风环流相似的湖陆风,从每天上午开始直到傍晚,风力以下午为最强,陆风则从晚上开始。因此 AB 选项正确,DE 选项错误。由于海陆风的变换,有的低层排放的污染物被传递到一定距离后,又会重新被高层气流带回到原地,使原地污染物浓度增大,因此 C 选项正确。故选 ABC。

99. ADE

【解析】《关于在国土空间规划中统筹划定落实三条控制线的指导意见》规定:生态保护红线内,自然保护地核心保护区原则上禁止人为活动,其他区域严格禁止开发性、生产性建设活动,在符合现行法律法规前提下,除国家重大战略项目外,仅允许对生态功能不造成破坏的有限人为活动,主要包括:零星的原住民在不扩大现有建设用地和耕地规模前提下,修缮生产生活设施,保留生活必需的少量种植、放牧、捕捞、养殖;因国家重大能源资源安全需要开展的战略性能源资源勘查,公益性自然资源调查和地质勘查;自然资源、生态环境监测和执法包括水文水资源监测及涉水违法事件的查处等,灾害防治和应急抢险活动;经依法批准进行的非破坏性科学研究观测、标本采集;经依法批准的考古调查发掘和文物保护活动;不破坏生态功能的适度参观旅游和相关的必要公共设施建设;必须且无法避让、符合县级以上国土空间规划的线性基础设施建设、防洪和供水设施建设与运行维护;重要生态修复工程。因此 ADE 选项符合题意。B 选项应为经依法批准的非破坏性科学观测。

100. AE

【解析】《资源环境承载能力和国土空间开发适宜性评价技术指南(试行)》规定,资源环境承载能力是指:基于特定的发展阶段、经济技术水平、生产生活方式和生态保护目标,一定地域范围内资源环境要素能够支撑农业生产、城镇建设等人类活动的最大合理规模。因此 AE 选项符合题意。

2021 年度全国注册城乡规划师职业资格考试真题与解析

城乡规划相关知识

真　题

一、**单项选择题**(共 80 题,每题 1 分。每题的备选项中,只有 1 个最符合题意)

1. 中国古代建筑抬梁式结构的说法,错误的是(　　)。
   A. 与穿斗式结构使用范围相同　　　B. 木构架的立柱沿着进深方向布置
   C. 木构架的组合形式多样　　　　　D. 可用于平面为三角形、五角形的建筑

2. 中国古代园林类型及设计概念演变的说法,错误的是(　　)。
   A. 东晋开始出现寺观园林　　　　　B. 魏晋南北朝的私家园林崇尚自然主义
   C. 东汉开始出现"一池三山"形态　　D. 唐代园林形成"诗情画意"思想

3. 关于西方建筑风格的说法,下列描述的是古典主义建筑风格特征的是(　　)。
   A. 雄伟、神秘、震撼人心
   B. 庄重、典雅、精致人本主义
   C. 山墙垂直分为三部分,建筑挺拔向上
   D. 轴线对称、注重比例、讲究主从关系

4. 帕拉第奥撰写的西方建筑名著是(　　)。
   A.《论建筑》　　B.《建筑十书》　　C.《建筑四书》　　D.《五种柱式规范》

5. 可以满足超高层刚性和内部空间灵活布局的结构是(　　)。
   A. 框架结构　　　　　　　　　　　B. 框架-剪力墙结构
   C. 筒体结构　　　　　　　　　　　D. 剪力墙结构

6. 下列不属于空间结构体系的是(　　)。
   A. 折板结构　　　B. 拱式结构　　　C. 悬索结构　　　D. 框架结构

7. 下列关于气流对建筑单体的影响,说法错误的是(　　)。
   A. 迎风面最容易产生气流涡流区　　B. 涡流大小与建筑宽度有关
   C. 建筑越高,背面负压越大　　　　D. 相同面积,圆形比正方形的涡流大

8. 下列关于西方建筑用色的说法,错误的是(　　)。
   A. 古希腊建筑朴素淡雅　　　　　　B. 哥特式建筑阴暗沉重
   C. 文艺复兴时期建筑用色明朗　　　D. 巴洛克建筑用色大胆,对比强烈

9. 对建筑防烟楼梯间设置要求说法错误的是(　　)。
   A. 一类高层公共建筑应设置防烟楼梯间
   B. 33m 以上高度住宅建筑应设置防烟楼梯间
   C. 高度大于 32m 的公共建筑应设置防烟楼梯间
   D. 防烟楼梯不得与消防电梯间前室合用

10. 下列关于建筑类型判断错误的是(　　)。
    A. 高度为 25m 的非单层公共建筑是高层建筑

B. 高度为 28m 的单层公共建筑是高层建筑

C. 高度为 35m 的住宅建筑是高层建筑

D. 高度为 110m 的建筑是超高层建筑

11. 关于大城市交通供求关系,下列说法正确的是(　　)。

    A. 按不同出行需求的优先次序确定交通供应需求

    B. 交通供求满足所有出行需求

    C. 优先满足中心区停车困难地区的停车位供应

    D. 交通供应保障所有交通方式畅通

12. 根据《公路工程技术标准》,下列说法错误的是(　　)。

    A. 公路路堤两侧排水沟外边缘 1.5m 为公路用地范围

    B. 无排水沟时以护坡坡脚线以内为公路用地范围

    C. 路堑公路两侧坡顶截水沟外缘 1.5m 为公路用地范围

    D. 在空间允许的条件下,二级公路可扩展至路堤外两侧排水沟外缘 2.5m 以内的土地为公路用地范围。

13. 根据《城市综合交通体系规划标准》,关于快速路辅路功能的说法,错误的是(　　)。

    A. 作为快速路的一部分　　　　B. 作为集散道路

    C. 为两侧用地服务　　　　　　D. 为快速路收集交通

14. 轨道交通线网客流密度单位是(　　)。

    A. 万人/千米　　　　　　　　B. 万人·千米/天

    C. 万人·千米/(千米·天)　　　D. 万人/(千米·天)

15. 根据《城市对外交通规划规范》,下列关于城镇建成区外高速铁路两侧规划控制宽度的说法,正确是(　　)。

    A. 从外侧轨道中心线向外不小于 50m

    B. 从外侧轨道中心线向外不小于 30m

    C. 从轨道线中心线向外不小于 50m

    D. 从轨道线中心线向外不小于 30m

16. 根据《城市综合交通体系规划标准》,某城市次干道长度规划合理的是(　　)。

    A. 约为主干道的 2 倍

    B. 约占道路总长度的 10%

    C. 约等于主干道和快速路的总长

    D. 约为支路的 1/2

17. 关于当量小汽车折算的说法,正确的是(　　)。

    A. 以 4~5 座的小客车作为折算当量车种

    B. 以 7~10m 单节单层公共汽车作为折算当量车种

    C. 按照车辆停放时占用空间体积进行折算

    D. 货车不能进行当量小汽车折算

18. 根据《城市综合交通体系规划标准》,下列说法错误的是(　　)。

    A. 城市内部客运交通中,步行、自行车与集约型公共交通承担的出行比例不应

低于 75%

  B. 促进自行车向公共交通转移

  C. 在交通瓶颈地区,应确保公共交通优先

  D. 交通衔接应按交通优先次序布置

19. 下列关于城市交通调查的说法,错误的是( )。

  A. 交通调查日选在无重大事件和天气良好的工作日

  B. 居民出行调查可采用等距抽样

  C. 当流动人口和城市居民一起调查时,一般采用混合随机抽样

  D. 查核线为调查一定时段内通过查核线的全方式、分车型车辆数和人数

20. 下列关于城市客运交通系统整体协调发展的说法,错误的是( )。

  A. 各类城市应以公共交通为主

  B. 应合理调节小汽车交通总量

  C. 应尽量加密步行与自行车交通网

  D. 交通高峰期,公共交通平均出行时间应控制在小客车平均出行时间 1.5 倍
以内

21. 下列对城市供水规划的表述中,正确的是( )。

  A. 大型供水厂规模按多年平均用水量确定

  B. 应急供水优先满足重点工业供水

  C. 水质达《地表水环境质量标准》Ⅳ类可作为水源

  D. 确定城市水源时应同时明确其卫生防护要求

22. 关于城市防涝排水措施的表述,错误的是( )。

  A. 根据地形地势,高水高排低水低排

  B. 城市小区可采用绿化等措施减少雨水外排径流

  C. 城市可利用公园绿地蓄滞雨水

  D. 城市各组团内排水要求应一致

23. 下列关于城市供电规划的说法,错误的是( )。

  A. 城市高密度建设区内宜安排 220kV 及以上变电站

  B. 供电系统包括电源、输电网和配电网

  C. 风力发电是一种稳定可靠的清洁能源

  D. 送电网是电力系统的组成部分,但不是城网的电源

24. 下列关于城市燃气工程的说法,不准确的是( )。

  A. 按负荷分布特点,可分为集中负荷和分散负荷

  B. 高压燃气管道走廊可结合公路、铁路布局

  C. 特大城市应配备应急气源和燃气储备站

  D. 液化石油气站储备站应临近用气量大的居住区

25. 下列关于城市环境卫生规划的说法,不正确的是( )。

  A. 新建城镇的粪便处理应优先考虑纳入污水收集和处理系统

  B. 公共厕所设置应以独立式公厕为主,附属式公厕为辅

C. 生活垃圾收集站应统筹考虑环卫工人休息功能

D. 建筑垃圾处理充分考虑资源化

26. 下列关于工程管线的说法,错误的是(　　)。

　　A. 管线水平净距是管线中心线之间的水平距离

　　B. 管线覆土深度是工程管线顶部外壁到地表面的垂直距离

　　C. 严寒地区给水管线应根据土壤冰冻深度确定管线覆土深度

　　D. 道路红线宽度超过40m,配水管宜两侧布置

27. 下列关于平面交叉口的说法,错误的是(　　)。

　　A. 新建平面交叉口不得出现超过4叉的多路交叉口

　　B. 道路交叉口在规划设计时应兼顾景观

　　C. 道路交叉口交角在特殊困难时不得小于60°

　　D. 平面交叉口的交通组织和渠化方式应根据相交道路等级、功能定位、交通量、交通管理条例等因素确定

28. 5G科学技术突飞发展,5G与4G相比较,下列说法错误的是(　　)。

　　A. 5G频率高　　　　　　　　　　B. 5G基站覆盖半径小

　　C. 5G基站能耗小　　　　　　　　D. 4G与5G基站可结合共建

29. 下列关于城市防洪标准的说法,错误的是(　　)。

　　A. 特别重要国际机场按100年一遇洪水设防

　　B. 一级公路隧道按50年一遇洪水设防

　　C. 高速铁路路基按100年一遇洪水设防

　　D. 110kV变电站按50年一遇洪水设防

30. 消防站属于应急设施,下列关于消防站的说法正确的是(　　)。

　　A. 消防站分为一级、二级、三级和特级消防站

　　B. 陆上消防站辖区应在接到火警后,按正常行车速度10min内可以到达辖区边缘

　　C. 消防站距道路红线不小于7.5m

　　D. 历史文化街区外围设置环形消防通道

31. 美国GeoEye-1卫星780～920nm波段观测的是(　　)。

　　A. 黄色　　　　　B. 蓝色　　　　　C. 红色　　　　　D. 近红外

32. 关于高分七号卫星说法错误的是(　　)。

　　A. 是我国首颗民用亚米级高分辨率卫星

　　B. 可用于1：5000比例尺立体测绘

　　C. 幅宽大于等于20km

　　D. 配置1台双线阵相机和1台激光测高仪

33. 根据《第三次全国国土调查技术规程》,光学数据单景云雪量覆盖一般不超过(　　)。

　　A. 10%　　　　　B. 15%　　　　　C. 20%　　　　　D. 30%

34. 公共专题数据是时空大数据的重要组成部分,根据《智慧城市时空大数据平台建设技术大纲(2019)》,下列数据不属于公共专题数据的是(　　)。

　　A. 地名地址数据　　　　　　　　B. 人口数据

C. 宏观经济数据 D. 地理国情普查与监测数据

35. 下列数据不属于自然资源部门体检评估基础分析数据的是( )。

A. 经济社会发展统计数据 B. 国土空间基础现状数据

C. 规划成果数据 D. 规划实施数据

36. 自然资源信息分层分类不包括( )。

A. 地表基质层 B. 人类活动层

C. 地表覆盖层 D. 管理层

37. 未被《第三次全国国土调查成果国家级核查方案》明确采用的技术是( )。

A. RS B. GIS C. GNSS D. CIM

38. 下列属于空间大数据的是( )。

A. 遥感数据 B. 规划数据 C. 地籍数据 D. 手机信令

39. 集体建设用地使用权属于( )。

A. 经营权 B. 自物权 C. 用益物权 D. 地役权

40. 农业生产要素主要是指( )。

A. 土地、劳动力、资本 B. 土地、种子、农民

C. 农民、化肥、土地 D. 化肥、农药、农民

41. 根据"污染者负担"原则,运用经济手段促进污染治理的有效工具是( )。

A. 环境准入 B. 污染申报 C. 生态补偿 D. 排污收费

42. 甲、乙两块土地生产同一产品,单位面积所耗资本为 100 元,单位面积产量甲为 6 担,乙为 4 担,每担价格均为 20 元,则甲相对于乙,甲的级差地租(级差地租Ⅰ)为( )元。

A. 120 B. 80 C. 40 D. 20

43. 国际上通常将房租占家庭月收入比例的( )设为可负担租金水平的上限。

A. 10% B. 20% C. 30% D. 40%

44. 下列产业门类对土地价格影响最小的是( )。

A. 农业 B. 制造业 C. 金融业 D. 服务业

45. ( )一般不属于交通运输项目采取的融资方式。

A. 转让经营权 B. 施工方垫资 C. 贷款 D. 发放债权

46. 下列省份中,省会城市首位度最高的是( )。

A. 陕西 B. 福建 C. 广东 D. 江西

47. 在遥感测绘中,传感器自身投影方式局限造成的图像误差采取的处理方式为( )。

A. 几何校正 B. 辐射校正 C. 对比分析 D. 图像判读

48. 下列规划适用于克里斯泰勒中心地理论的是( )。

A. 环境整治 B. 文化遗产保护规划

C. 村庄布点 D. 双评估

49. 下列有关城市活动基本部分与非基本部分比例关系(B/N)的说法,错误的是( )。

A. 综合性城市通常 B/N 小

    B. 城市新区通常 B/N 大

    C. 随城市人口规模增大,B/N 上升

    D. 专业化程度高的城市通常 B/N 大

50. 都市圈是城市群内部以超大特大城市或辐射带动功能强的城市为中心,以(   )通勤圈为基本范围的城市化空间形态。

    A. 半小时   B. 1 小时   C. 2 小时   D. 3 小时

51. 下列属于城市吸引力范围研究方法的是(   )。

    A. 断裂点公式   B. 区域平衡   C. 回归模型   D. 聚类分析

52. 下列属于城市经济区组织原则的是(   )。

    A. 中心城市原则   B. 区域分工原则

    C. 节约集约原则   D. 区域差异原则

53. 下列对自然地理格局的说法,错误的是(   )。

    A. 地貌是地理格局的要素

    B. 地理格局是人文格局的基础

    C. 地理格局是资源分布的决定性因素

    D. 地理格局分析应全尺度分析

54. 生态位是指一个种群在生态系统中,在时间空间上所占据的位置及其与相关种群之间的功能关系与作用,以下关于生态位的说法,错误的是(   )。

    A. 稳定的群落是物种间相互作用,物种生态位分离的系统

    B. 各物种均有合适的生态位,从而保障群落的稳定

    C. 一个稳定的群落中占据相同生态位的两个物种,必有一物种要消灭

    D. 竞争在塑造生物群落的结构上发挥主导作用,可导致生物群落灭亡

55. 下列不属于路易斯·沃斯总结的城市特征的是(   )。

    A. 人口数量多   B. 人口密度高

    C. 人口分布广   D. 人口异质性强

56. 恩格尔系数越小,反映出该地区的(   )。

    A. 生活水平越高   B. 生活水平越低

    C. 收入差距越大   D. 收入差距越小

57. 在社会学中,通过人口金字塔可判断这个地区人口的(   )。

    A. 职业结构   B. 年龄结构   C. 素质结构   D. 收入结构

58. 判断城市进入老龄化社会的一项重要指标是 65 岁及以上老人占总人口的比重超过(   )。

    A. 7%   B. 8%   C. 9%   D. 10%

59. 我国当代社会结构特征,表述错误的是(   )。

    A. 家庭结构趋于小型化   B. 老年抚养比不断增长

    C. 出生人口性别比持续偏低   D. 中产阶层增加

60.《中共中央   国务院关于加强基层治理体系和治理能力现代化建设的意见》中提出,要健全(   )自治机制。

    A. 村(居)民   B. 村民小组

    C. 村(居)民委员会   D. 业主大会

61. 政府及其派出机关与居民委员会之间是( )的关系。

    A. 管理与被管理   B. 指导与被指导

    C. 领导与被领导   D. 监督与被监督

62. 根据《国务院办公厅关于全面推进城镇老旧小区改造工作的指导意见(国办〔2020〕23号)》,下列不属于城镇老旧小区改造内容分类的是( )。

    A. 基础类   B. 完善类   C. 提升类   D. 增强类

63. 关于公众参与城市规划的作用,下列说法错误的是( )。

    A. 使规划满足所有利益相关者的需求

    B. 体现规划的民主化和法制化

    C. 促进规划的社会化

    D. 保障规划的公平

64. 下列关于地下水污染主要原因的说法,错误的是( )。

    A. 过度开采地下水导致地下水位下降,沿海地区出现海水倒灌引起污染

    B. 农业生产中不合理使用化肥,农药渗入地下造成污染

    C. 废水渠、水沟连续渗漏造成污染

    D. 自然因素引起的地下水矿化或异常,造成水质下降

65. 静脉产业园是指建立以静脉产业为主导的生态工业园,下列对"静脉产业"的说法,正确的是( )。

    A. 静脉产业生产过程中噪声值极低

    B. 利用纯天然材料作为生产原料

    C. 围绕废弃物再利用和再资源化形成的产业

    D. 生产过程原料全部利用,产业高效节能

66. 关于光污染的说法,不正确的是( )。

    A. 对天文观测产生干扰

    B. 光污染是多光眩目组合而成的综合现象

    C. 光污染包括不可见光

    D. 强红外光可对人体造成高温灼伤

67. 下列应划入生态保护红线的是( )。

    A. 饮用水源一级保护区   B. 永久基本农田

    C. 地下文物埋藏区   D. 海水养殖区

68. 下列不属于《京都议定书》温室气体的是( )。

    A. 一氧化碳   B. 甲烷   C. 氢氟碳化物   D. 全氟碳化

69. 下列不属于土壤化学性质的是( )。

    A. pH值   B. 水分   C. 养分   D. 有机质

70. 关于能效电厂,下列说法错误的是( )。

    A. 能效电厂是一种虚拟的电厂

    B. 能效电厂在电力生产行业中位于发电效率前端

    C. 通过实施一些节电计划和能效项目节约电力

    D. 是电力需求侧管理的一种创新模式

71. 依据《长江保护法》,长江流域是指由长江干流、支流和湖泊形成的集水区域所涉及的相关县级行政区域。下列省份不涉及长江流域的是(   )。

    A. 陕西省   B. 广东省   C. 河南省   D. 山东省

72. 根据《自然资源部　国家发展改革委　农业农村部关于保障和规范农村一二三产业融合发展用地的通知》规定,在充分尊重农民意愿的前提下,可依据国土空间规划,以(   )为单位开展全域土地综合整治。

    A. 省级   B. 市级   C. 县级   D. 乡镇或村

73. 根据《土地管理法实施条例》,下列不属于土地调查内容的是(   )。

    A. 土地价格及变化情况   B. 土地条件

    C. 土地权属   D. 土地利用现状

74. 下列不属于地质灾害现象的是(   )。

    A. 崩塌   B. 滑坡   C. 泥石流   D. 沙尘暴

75. 土地沙化的诱因很多,下列不属于土地沙化诱因的是(   )。

    A. 过度放牧   B. 地面沉降   C. 气候变暖   D. 地下水超采

76. 根据《关于加快发展保障性租赁住房的意见》,可将产业园区中工业项目配套建设行政办公及生活服务设施的用地面积占项目总用地面积的比例上限由 7% 提高到(   )。

    A. 10%   B. 15%   C. 20%   D. 25%

77. "可燃冰"所含主要气体成分是(   )。

    A. 甲烷   B. 乙炔   C. 氢气   D. 硫化氢

78. 中共中央办公厅　国务院办公厅印发《建设高标准市场体系行动方案》提出在符合国土空间规划和用途管制要求前提下,推动不同产业用地类型合理转换,探索增加(   )供给。

    A. 混合产业用地   B. 集体经营性建设用地

    C. 农村宅基地   D. 商业用地

79. 根据《市级国土空间总体规划编制指南(试行)》,自然岸线保有率是指辖区内(   )占大陆海岸线总长度的比例。

    A. 砂质岸线、淤泥质岸线、基岩岸线、生物岸线等原生岸线长度

    B. 大陆原生海岸线和整治修复后具有自然海岸线形态特征和生态功能的海岸线长度

    C. 大陆原生海岸线和海岸、河口岸线长度

    D. 海岸、河口以及重要河湖自然岸线长度与总长度的比例

80. 根据《海岛保护法》,具有特殊用途或特殊保护价值的海岛需要实行特别保护,下

列不属于需要实行特别保护的海岛的是（　　）。

  A. 领海基点   B. 海洋自然保护区内的海岛

  C. 用于旅游设施建设的海岛   D. 国防用途海岛

二、多项选择题（共20题，每题1分。每题的备选项中有2～4个符合题意。多选、少选、错选都不得分）

81. 下列关于常见的国外绿色建筑评价标准及其相应国别的对应关系，错误的有（　　）。

  A. 美国——能源与环境设计先锋（LEED）

  B. 日本——绿色标志（Green Mark）

  C. 德国——可持续建筑评价标准（DNGB）

  D. 英国——绿色建筑评估体系（BREEAM）

  E. 荷兰——绿色建筑评估标准（CASBEE）

82. 根据《民用建筑热工设计规范》，下列属于热工分区的是（　　）。

  A. 严寒地区   B. 干冷地区

  C. 夏热冬冷地区   D. 干热地区

  E. 温和地区

83. 根据《城市轨道交通线网规划标准》，下列说法错误的是（　　）。

  A. 当与普线共走廊布置时，快线与普线应独立设置

  B. 轨道交通快线线路控制宽度宜按普线的 1.1～1.2 倍

  C. 快线应串联沿线主要客流集散点，但在外围不宜设置支线

  D. 规划普线车厢舒适度不宜低于快线车厢舒适度

  E. 快线在中心城区与普线宜采用多点换乘方式

84. 根据《铁路线路设计规范》，下列说法错误的是（　　）。

  A. 双线铁路的储备能力在扣除综合维修"天窗"时间后，应按 20％预留

  B. 旅客列车设计行车速度 160km/h 及以上的路段，铁路两侧应设置隔离栅栏

  C. 铁路的设计车速可综合经济技术等因素综合比选确定

  D. 城际铁路为列车设计速度 200km/h 及以下的快速、边界、高密度客运专线铁路

  E. 铁路速度是铁路网运输和线网规划的基础，设计车速不能进行分段设定

85. 下列属于表示振动污染程度的参量有（　　）。

  A. 频率   B. 强度   C. 类型   D. 时间   E. 温度

86. 下列地区或路段，工程管线宜采用综合管廊集中敷设的是（　　）。

  A. 道路宽度难以满足敷设多种管线的路段

  B. 郊区低强度开发地区

  C. 城市地下综合体建设地区

  D. 城市中心区不宜开挖的路段

  E. 多种管线穿越的道路与铁路交叉口处

87. 根据《国土空间规划"一张图"实施监督信息系统技术规范》,系统总体框架组成部分不包括(　　)。

    A. 技术层　　　　B. 数据层　　　　C. 实施层　　　　D. 衔接层　　　　E. 对接层

88. 下列与产品产量无关的成本是(　　)。

    A. 可变成本　　　B. 固定成本　　　C. 平均成本　　　D. 沉没成本

    E. 边际成本

89. 下列属于人口规模预测方法的是(　　)。

    A. 主成分分析法　　　　　　　　B. 回归模型

    C. 双评价　　　　　　　　　　　D. 环境容量法

    E. 类比法

90. 在国土空间规划中,GIS与大数据的结合促进了规划的科学性,下列说法不正确的是(　　)。

    A. 空间数据的分布式存储　　　　B. 数据的实时计算

    C. 快速的地图渲染　　　　　　　D. 拓展空间数据类型

    E. 对数据的全部展示

91. "十四五"规划纲要中提出,以(　　)为依托促进大中小城市和小城镇协调联动、特色化发展。

    A. 城市群　　　　　　　　　　　B. 都市圈

    C. 主体功能区　　　　　　　　　D. 城市体系

    E. 城乡一体化

92. 下列对社会问卷调查的说法,不正确是(　　)。

    A. 可以使调查问卷答案标准化

    B. 问卷回收率指有效问卷占发放问卷总量的比例

    C. 不得进行开放性问题调查

    D. 适用于大规模的社会调查

    E. 文化程度较低者填写问卷可能存在困难

93. 十九届六中全会提出加速"共同富裕",下列对共同富裕说法正确的是(　　)。

    A. 是全体人民的富裕　　　　　　B. 是物质生活和精神生活都富裕

    C. 是分阶段促进同等富裕　　　　D. 是分阶段促进均等富裕

    E. 是分阶段促进共同富裕

94. 生物多样性监测物种选择上,一般选择的物种特征为(　　)。

    A. 适应性强　　　　　　　　　　B. 珍稀动植物

    C. 特殊环境标示　　　　　　　　D. 经济性

    E. 村民熟知

95. 下列能够直接反映用水效率的是(　　)。

    A. 单位GDP用水量　　　　　　　B. 工业用水重复率

    C. 污水处理率　　　　　　　　　D. 城镇供水管网漏损率

    E. 供水覆盖率

96.《中共中央　国务院　关于构建更加完善的要素市场化配置体制机制的意见》指出,加快要素价格市场改革,完善(　　)的制定与发布制度,逐步形成与市场价格挂钩的动态调整机制。

    A. 登记地价   B. 城乡基准地价

    C. 评估地价   D. 标定地价

    E. 交易地价

97. 下列属于农业设施建设用地的是(　　)。

    A. 村道道路

    B. 直接利用地表种植的大棚

    C. 为作物种植服务的农资、农机具存放的场所用地

    D. 经营性畜禽养殖生产及直接关联的检验检疫等设施用地

    E. 与作物种植相关的农村休闲观光服务设施用地

98. 根据《城乡建设用地竖向规划规范》,下列说法正确的是(　　)。

    A. 城乡建设用地竖向规划在满足各项用地功能要求的条件下,宜高填、深挖,减少土石方,充分改造平整地形

    B. 建设用地的规划高程宜低于周边道路的地面高程

    C. 规划地面形式可分为平坡式、台阶式和混合式

    D. 乡村建设用地竖向规划应有利于风貌特色保护

    E. 同一城市的用地竖向规划应采用统一的坐标和高程系统

99. 下列属于泥石流形成的主要条件的是(　　)。

    A. 陡峭的地形地貌   B. 丰富的松散物质

    C. 短时间暴增来水   D. 良好的植被覆盖

    E. 频繁的人类活动

100. 根据《资源环境承载能力和国土空间开发适宜性评价指南(试行)》,下列属于优先保护海洋系统的是(　　)。

    A. 珊瑚礁   B. 红树林

    C. 互花米草   D. 浒苔

    E. 海草床

真 题 解 析

一、**单项选择题**（共 80 题，每题 1 分。每题的备选项中，只有 1 个最符合题意）

1. A

【解析】 穿斗式结构和抬梁式结构使用范围不同。穿斗式的木架因为排列的非常紧密，所以不适用于类似宫殿或者庙宇等建筑物体，而抬梁式因为其木架之间的跨度非常大，因此空间范围就会变大，比较适用于宫殿等建筑。因此 A 选项符合题意。

2. C

【解析】 最早开创应用"一池三山"叠山理水模式的园林是建章宫即汉代的上林苑建筑。自从汉武帝在长安城修建了象征性的"瑶池三仙山"开始，"一池三山"就成为历代皇家园林的传统格局。因此正确表述应为西汉开始出现"一池三山"形态，故 C 选项符合题意。

3. D

【解析】 古典主义建筑风格推崇古典柱式，排斥民族传统与地方特色。在建筑平面布局、立面造型中以古典柱式为构图基础，强调轴线对称，注意比例，讲求主从关系，突出中心与规则的几何形体。故 D 选项符合题意。

4. C

【解析】 帕拉第奥的毕生所学，都汇集在他于 1570 年出版的《建筑四书》之中。这本著作概括讲述了帕拉第奥的建筑原理，为后来的建造者提供了宝贵的建议。故 C 选项符合题意。

5. C

【解析】 筒体结构体系整体性好，建筑平面布局灵活，大小空间均可灵活隔断布置，抗侧刚度大，特别适用于超高层高建筑。因此，筒体结构满足超高层建筑刚性要求和平面布局灵活要求，C 选项符合题意。

6. B

【解析】 拱式结构属于平面结构体系。故 B 选项符合题意。

7. A

【解析】 建筑附近的涡流主要是风压作用引起的。风作用在建筑物上产生压力差。当风吹到建筑物上时，在迎风面上由于空气流动受阻，速度降低，风的部分动能变为静压，使建筑物迎风面上的压力大于大气压，在迎风面上形成正压区。在建筑物的背风面、屋顶和两侧，由于在气流曲绕过程中形成空气稀薄现象，因此该处压力将小于大气压，形成负压区，形成涡流。当房屋的长度与深度不变时，涡流长度随房屋高度的增加而逐渐加大，涡流长度为房屋高度的 4~5 倍；当房屋的高度与深度不变时，涡流长度随房屋长度的增加而增加；当房屋的高度与长度不变时，涡流长度随房屋深度的增加而减少。总之,房屋的高度越高,长度越大,深度越小,屋后漩涡区就越大。故 A 选项符合题意。

8. A

【解析】 古希腊建筑庄重、典雅、精致,建筑风格精致典雅,A 选项错误;哥特式建筑庄严沉重,阴暗神秘;文艺复兴建筑色彩灿烂,中世纪的黑和灰让位给了一系列的明亮色彩;巴洛克建筑装饰富丽堂皇,色彩对比强烈。BCD 选项正确。故 A 选项符合题意。

9. D

【解析】 《建筑防火设计规范(2018 年版)》(GB 50016—2014)5.5.12 条:一类高层公共建筑和建筑高度大于 32m 的二类高层公共建筑,其疏散楼梯应采用防烟楼梯间。5.5.26 条:建筑高度大于 33m 的住宅建筑应采用防烟楼梯间;6.4.3 条:防烟楼梯间前室可与消防电梯间前室合用。故 D 选项符合题意。

10. B

【解析】 民用建筑按地上建筑高度或层数进行分类应符合下列规定:(1)建筑高度不大于 27.0m 的住宅建筑、建筑高度不大于 24.0m 的公共建筑及建筑高度大于 24.0m 的单层公共建筑为低层或多层民用建筑;(2)建筑高度大于 27.0m 的住宅建筑和建筑高度大于 24.0m 的非单层公共建筑,且高度不大于 100.0m 的,为高层民用建筑;(3)建筑高度大于 100.0m 的为超高层建筑。故 B 选项符合题意。

11. A

【解析】 根据《城市综合交通规划体系规划标准》(GB/T 51328—2018)讲解,在新的发展环境下,交通发展需要转换思路,变"满足需求与畅通"为"支持城市正常运行"。"支持城市正常运行"有两方面的含义:一是城市交通系统要更有效率,要与城市空间组织协同;二是城市交通系统不能满足城市所有的需求,对交通需求的响应要有优先次序,优先者要给予鼓励,不同优先次序下交通子系统的交通空间分配满足度要有差异。故 A 选项正确、BD 选项错误。13.3.2 条:应分区域差异化配置机动车停车位,公共交通服务水平高的区域,机动车停车位供给指标应低于公共交通服务水平低的区域。5.2.2 条:城市中心区应优先保障公共交通路权,加密城市公共交通网络和站点,并应优先保障城市公共交通枢纽用地,应严格控制机动车出行停车位规模,降低个体机动化交通出行需求和使用强度。故 C 选项错误。因此 A 选项符合题意。

12. B

【解析】 根据《公路工程技术标准》(JTG B01—2014)1.0.5 条:公路用地范围为公路路堤两侧排水沟外边缘(无排水沟时为路堤或护坡道坡脚)以外,或路堑坡顶截水沟外边缘(无截水沟为坡顶)以外不小于 1m 范围内的土地;AC 选项正确,B 选项错误。在有条件的地段,高速公路、一级公路不小于 3m,二级公路不小于 2m 范围内的土地为公路用地范围,D 选项正确。故 B 选项符合题意。

13. A

【解析】 根据《城市综合交通体系规划标准》(GB/T 51328—2018)12.2.3 条:城市快速路统计应仅包含快速路主路,快速路辅路应根据承担的交通特征,计入Ⅲ级主干路或次干路,因此 A 选项错误。Ⅲ级主干路承担为快速路收集交通和为两侧用地服务,次干道也叫集散道路,为两侧用地服务和承担交通转换。故 BCD 选项正确。因此 A 选项符合题意。

14. C

【解析】 根据《城市轨道交通工程基本术语标准》(GB/T 50833—2012),客流密度:线路日客运周转量与线路长度之比,即单位线路长度所承担的日客运周转量。故 C 选项符合题意。

15. A

【解析】 根据《城市对外交通规划规范》(GB 50925—2013)5.4.1 条:城镇建成区外高速铁路两侧隔离带规划控制宽度应从外侧轨道中心线向外不小于 50m;普速铁路干线两侧隔离带规划控制宽度应从外侧轨道中心线向外不小于 20m;其他线路两侧隔离带规划控制宽度应从外侧轨道中心线向外不小于 15m。因此 A 选项正确,符合题意。

16. B

【解析】 根据《城市综合交通体系规划标准》,次干路主要起交通的集散作用,其里程占城市总道路里程的比例宜为 5%~15%。因此 B 选项符合题意。

17. A

【解析】 根据《城市综合交通体系规划标准》,以 4~5 座的小客车为标准车,作为各种类型车辆换算道路交通量的当量车种,单位为 pcu。车辆按不同车种规定进行换算系数取值。故 A 选项符合题意。

18. B

【解析】 根据《城市综合交通体系规划标准》3.0.3 条:城市综合交通体系应优先发展绿色、集约的交通方式,引导城市空间合理布局和人与物的安全。很多地方都专门修建自行车专用道,提高自行车的出行比例。B 选项错误。3.0.5 条:城市内部客运交通中由步行与集约型公共交通、自行车交通承担的出行比例不应低于 75%。A 选项正确。4.0.5 条:穿越交通瓶颈的通道应优先保障公共交通路权。C 选项正确。4.0.5 条、5.2.3 条、9.3.6 条均规定不同交通衔接的布置,体现按交通优先次序布置衔接。D 选项正确。故 B 选项符合题意。

19. C

【解析】 当流动人口和城市居民一起调查时,一般采用分层抽样,因为相对于城市居民人口数,流动人口数是非常少的,采用混合随机抽样精度低。故 C 选项符合题意。

20. A

【解析】 根据《城市综合交通体系规划标准》5.2.3 条条文解说:高峰时段公共交通平均全程出行时间控制在小客车平均出行时间的 1.5 倍以内时,可认为公交相对小客车出行具有竞争力。D 选项正确。天津、杭州、深圳等均出台相关小汽车总量调控管理办法,诸如限制牌照总量和限行等手段合理调节小汽车交通总量。B 选项正确。《住房城乡建设部,发展改革委,财政部关于加强城市步行和自行车交通系统建设的指导意见》提出在城市规划、城市更新中应尽量加密步行与自行车交通网。根据《城市综合交通体系规划标准》,规划人口规模 50 万人以下的城市,客运交通体系应以步行和自行车交通为主体,普通运量公交为基础,鼓励城市公共交通承担中长距离出行。因此 A 选项错误,符合题意。

21. D

【解析】 水厂供水规模应按城市给水工程统一供给的城市最高日用水量确定。故A选项错误。根据《地表水环境质量标准》第三条:地表水Ⅳ类指适用于一般工业用水区及人体非直接接触的娱乐用水区。故C选项错误。《城市给水工程规划规范》5.3.6条:水源地确定时,应同时明确卫生防护要求和安全保障措施。故D选项正确。9.0.4条:应急供水量应首先满足城市居民基本生活用水要求。故B选项错误。因此D选项符合题意。

22. D

【解析】 城市各组团承担不同的功能,有市中心和城市郊区,各组团的土地利用强度也不一样,应因地制宜制定各组团的排水要求。故D选项符合题意。

23. D

【解析】 根据《城市电力规划规范》(GB/T 50293—2014)5.4.4条:对用电量大、高负荷密度区,宜采用220kV及以上电源变电站深入负荷中心布置。A选项正确。供电系统包括电源、输电网和配电网。B选项正确。风力发电是一种稳定可靠的清洁能源。C选项正确。送电网是电力系统的组成部分,也是城网的电源。D选项错误,故D选项符合题意。

24. D

【解析】 根据《城镇燃气规划规范》(GB/T 51098—2015)4.1.2条:城镇燃气用气负荷按负荷分布特点,可分为集中负荷和分散负荷。A选项正确。6.2.4条:长输管道和城镇高压燃气管道的走廊,应在城市、镇总体规划编制时进行预留,并与公路、城镇道路、铁路、河流、绿化带及其他管廊等的布局相结合。B选项正确。7.2.1条:城镇燃气应急气源应与主供气源具有互换性。为平衡燃气负荷的日不均匀性和小时不均匀性,满足各类用户的用气需要,必须在城市燃气输配系统中设置储配站。C选项正确。液化石油气站储备站应结合供应方式和供应半径确定,且宜靠近负荷中心。因负荷中心不一定是最大的用气居住区,因此,D选项不准确,故D选项符合题意。

25. B

【解析】 根据《城市环境卫生设施规划标准》(GB/T 50337—2018)7.1.3条:公共厕所应以附属式公共厕所为主,独立式公共厕所为辅,移动式公共厕所为补充。因此B选项错误,符合题意。

26. A

【解析】 根据《城市工程管线综合规划规范》(GB 50289—2016),水平净距是指管线外壁(含保护层)之间或管线外壁与建(构)筑物外边缘之间的水平距离。因此A选项错误。2.0.4条:覆土深度是工程管线顶部外壁到地表面的垂直距离;4.1.1条:严寒或寒冷地区给水、排水、再生水、直埋电力及湿燃气等工程管线应根据土壤冰冻深度确定管线覆土深度;4.1.5条:道路红线宽度超过40m的城市干道宜两侧布置配水、配气、通信、电力和排水管线。所以BCD选项正确。故A选项符合题意。

27. C

【解析】 根据《城市道路交叉口规划规范》(GB 50647—2011)4.1.1条:新建道路交

通网规划中,规划干路交叉口不应规划超过 4 条进口道的多路交叉口、错位交叉口、畸形交叉口;相交道路的交角不应小于 70°,地形条件特殊困难时,不应小于 45°。A 选项正确、C 选项错误。《城市道路工程设计规范》(CJJ 37—2012)7.2.3 条:平面交叉口的交通组织和渠化方式应根据相交道路等级、功能定位、交通量、交通管理条例等因素确定。D 选项正确。7.1.2 条:道路交叉口应保障交通安全,使交叉口车流有序、畅通、舒适,并应兼顾景观。B 选项正确。故 C 选项符合题意。

28. C

【解析】 4G 的频率和频段为:1880 ～ 1900MHz、2320 ～ 2370MHz、2575 ～ 2635MHz。5G 的频率和频段为:3300 ～ 3400MHz、3400 ～ 3600MHz 和 4800 ～ 5000MHz。A 选项正确。5G 基站覆盖半径约 500m,只有 4G 基站的 1/4。B 选项正确。因天线和频率原因,5G 基站能耗约是 4G 基站的 2～3 倍。C 选项错误。因频率和频段不同,4G 和 5G 基站可结合共建。D 选项正确。故 C 选项符合题意。

29. B

【解析】 根据《防洪标准》(GB 50201—2014),一级公路隧道应按 100 年一遇洪水设防。因此 B 选项错误。其他选项均符合标准要求。故 B 选项符合题意。

30. D

【解析】 消防站分为陆上消防站、水上消防站和航空消防站,陆上消防站按照扑救火灾的类型分为普通消防站和特勤消防站,普通消防站按照规模大小分为一级普通消防站和二级普通消防站。A 选项错误。消防辖区划分的基本原则是:陆上消防站在接到火警后按正常行车速度 5min 内可以到达辖区边缘。B 选项错误。消防站距道路红线不小于 15m。C 选项错误。根据《历史文化名城保护规划标准》(GB/T 50357—2018)4.6.2 条:在历史文化街区外围宜设置环形的消防通道。D 选项正确。故 D 选项符合题意。

31. D

【解析】 美国 GeoEye-1 各个波段的光谱范围:450～510nm(blue)、510～580nm(green)、655～690nm(red)、780～920nm(near IR)。因此 D 选项正确。故 D 选项符合题意。

32. B

【解析】 高分七号是我国首颗民用亚米级高分辨率光学传输型立体测绘卫星,也是目前高分专项系列卫星中测图精度要求最高的科研型卫星。高分七号卫星搭载了 1 台双线阵立体相机混合 1 台激光测高仪,突破了亚米级立体测绘相机技术,回归周期≤60 天,幅宽≥20km,能够获取高空间分辨率光学立体观测数据和高精度激光测高数据,可以用于 1:10000 比例尺立体测图及更大比例尺基础地理信息产品更新,满足地形绘制、地表监测等应用需求。故 B 选项符合题意。

33. A

【解析】 根据《第三次全国国土调查技术规程》7.1 条:光学数据单景云雪量一般不应超过 10%(特殊情况不应超过 20%),且云雪不能覆盖重点调查区域。故 A 选项符合题意。

34. A

【解析】 根据《智慧城市时空大数据平台建设技术大纲(2019)》规定,公共专题数据内容至少包括法人数据、人口数据、宏观经济数据、民生兴趣点数据、地理国情普查与监测数据及其元数据。故 A 选项符合题意。

35. D

【解析】 根据《国土空间规划城市体检评估规程》,自然资源部门体检评估基础数据包括:国土空间基础现状数据、各级各类国土空间规划成果数据、自然资源主管部门管理数据和法定统计调查数据(经济社会发展统计数据、各部门专线调查数据)。故 D 选项符合题意。

36. B

【解析】 根据《自然资源调查监测体系构建总体方案》,自然资源信息分层分类包括:第一层地表基质层、第二层地表覆盖层、第三层管理层。故 B 选项符合题意。

37. D

【解析】 根据《第三次全国国土调查成果国家级核查方案》技术方法与流程内容规定,充分运用遥感(RS)、地理信息系统(GIS)、全球导航卫星系统(GNSS)和国土调查云等技术手段,采用计算机自动对比与人机交互检查相结合,全面检查和抽样检查相结合,内业检查、"互联网+"在线检查和外业实地核查相结合的技术方法,检查"三调"成果数据与遥感影像、举证照片和实地现状的一致性和准确性,故 ABC 选项正确,CIM 是城市信息模型,"三调"中未明确为核查技术。故 D 选项符合题意。

38. D

【解析】 大数据指的是所涉及的数据量规模巨大到无法透过主流软件工具,在合理时间内达到提取、存储、搜索、共享以及分析处理的海量且复杂的数据集合。手机信令因其时空性、变化性、数据大量性和动态记录用户的轨迹,成为目前城市规划常用的空间大数据。故 D 选项符合题意。

39. C

【解析】 集体建设用地使用权是指农村集体经济组织及其成员,以及符合法律规定的其他组织和个人在法律规定的范围内对集体所有的建设用地享有的用益物权。故 C 选项符合题意。

40. A

【解析】 农业生产要素是指以土地和水为代表的资源、劳动力、资本和科学技术。农业生产实际中农业生产要素主要指土地、劳动力和资本。因此 A 选项正确,符合题意。

41. D

【解析】 污染者负担原则,全称为污染者付费、利用者补偿、开发者保护、破坏者恢复的原则。这是确定造成环境污染和不利影响的责任归属的基本原则。因此 D 选项符合题意。

42. C

【解析】 级差地租Ⅰ是投入不同地块上的等量资本,由于土地的肥沃程度不同或土地的位置不同而产生的有差额的超额利润。甲相对乙的级差地租Ⅰ为 $2 \times 20 = 40$ 元,因此 C 选项符合题意。

43. C

【解析】 根据国际上通行的标准理论是租金开支占家庭月收入的 30% 为租金上线,因为如果超过了这个比例,家庭的生活质量就会受到影响。故 C 选项符合题意。

44. A

【解析】 因为农业用地单位面积土的收益远远低于城市用地,所以它能支付的地租也远远低于城市用地,这使得农业用地的竞标租金曲线相当平缓,所以理论分析中常常把它划成两条水平的线,其对土地价格的影响最小。故 A 选项符合题意。

45. B

【解析】 交通运输项目融资模式一般有:金融机构贷款、债权融资、项目融资 BOT(特许权融资,授予一定时期特许经营权)、股票融资。故 B 选项符合题意。

46. A

【解析】 根据 2020 年统计,在以上省份中,陕西西安首位度 38.3%,全国排第 3,选项中最高。其他排名分别为福建福州第 19 名、广东广州第 20 名、江西南昌第 21 名。故 A 选项符合题意。

47. A

【解析】 因飞行器姿态的变化、观测角度的限制、成像过程的种种干扰以及传感器自身投影方式的局限,造成的图像误差应通过几何校正的方法处理。故 A 选项符合题意。

48. C

【解析】 克里斯泰勒中心地理论的假设条件的基本特征是每一点均有接收一个中心地的同等机会,一点与其他任一点的相对通达性只与距离成正比,而不管方向如何,均有一个统一的交通面。中心地理论描述的是理想状态下点与点之间的关系。故 C 选项符合题意。

49. C

【解析】 随着城市人口规模的增加,城市非基本部分增加,B/N 下降。因此 C 选项错误。专业化程度高的城市 B/N 大,老城市 B/N 较小,而城市新区可能来不及完善内部服务系统,B/N 可能较大。BD 选项正确。综合性城市因内部服务完善,非基本部分增加,B/N 通常小。A 选项正确。故 C 选项符合题意。

50. B

【解析】 都市圈是以中心城市为核心,与周边城乡在日常通勤和功能组织上存在密切联系的一体化地区,一般为一小时通勤圈,是带动区域产业、生态和服务设施等一体化发展的空间单元。故 B 选项符合题意。

51. A

【解析】 城区区域影响力主要看城市吸引力范围,城市吸引力范围研究方法有经验的方法和理论的方法,其中理论的方法包括断裂点公式和潜力模型两种。故 A 选项符合题意。

52. A

【解析】 城市经济区组织要素包括:中心城市原则、腹地原则、经济联系原则、空间通道原则。因此 A 选项符合题意。

53. D

【解析】 地理格局分析与尺度有直接关系,不同地理格局研究要采用不同的尺度,只有合适的尺度分析才能更好地分析自然地理格局。针对研究范围小、研究精度高的应采用小尺度叠加分析;针对研究范围大、研究精度不高的应采取全尺度分析甚至超范围分析。故 D 选项符合题意。

54. C

【解析】 在生物群落中,两个利用相似资源的物种之间容易形成生态位重叠,占据相同生态位的两个物种竞争,会导致一种被消灭或通过生态位分化而得以共存。C 选项错误。生物群落由物种构成,物种之间各有合适的生态位从而保证群落环境的稳定性,群落是存在关键物种的,关键物种间竞争导致关键物种的消灭可导致群落的灭亡。故 C 选项符合题意。

55. C

【解析】 路易斯·沃斯于 1938 年在《美国社会学杂志》第 44 期上发表了一篇题为《作为一种生活方式的城市性》著名论文,认为巨大人口数量、人口异质性和高人口密度这些特征使城市区别于乡村。故 C 选项符合题意。

56. A

【解析】 恩格尔系数法是国际上常用的一种测定贫困线的方法,是指居民家庭中食物支出占消费总支出的比重,它随家庭收入的增加而下降,即恩格尔系数越小就越富裕,生活水平就越高。故 A 选项符合题意。

57. B

【解析】 通过人口金字塔,我们可以看出该地区人口的年龄结构、老少比、各年龄段占比等信息。故 B 选项符合题意。

58. A

【解析】 根据国际标准,65 岁及以上老人占总人口的比重超过 7% 就意味着进入老年社会。故 A 选项符合题意。

59. C

【解析】 自 20 世纪 80 年代,出生人口性别比例持续偏高,自 2010 年后比例有缓慢下降趋势,从第七次全国人口普查数据看,性别比正在逐渐回归正常。故 C 选项符合题意。

60. A

【解析】 根据《中共中央 国务院关于加强基层治理体系和治理能力现代化建设的意见》健全基层群众自治制度,健全村(居)民自治机制。故 A 选项符合题意。

61. B

【解析】 根据《居委会组织法》第二条:居民委员会是居民自我管理、自我教育、自我服务的基层群众性自治组织。不设区的市、市辖区的人民政府或者它的派出机关对居民委员会的工作给予指导、支持和帮助。故 B 选项符合题意。

62. D

【解析】 根据《国务院办公厅关于全面推进城镇老旧小区改造工作的指导意见(国

办〔2020〕23号)》,城镇老旧小区改造内容可分为基础类、完善类、提升类3类。故D选项符合题意。

63. A

【解析】 公众参与可以使规划有效应对利益主体的多元化,但是不能使规划满足所有利益相关者的需求。故A选项符合题意。

64. D

【解析】 地下水污染主要指人类活动引起地下水化学成分、物理性质和生物学特性发生改变而使质量下降的现象。由于矿体、矿化地层及其他自然因素引起地下水某些组分富集或贫化的现象,称为"矿化"或"异常",不应视为污染。故D选项符合题意。

65. C

【解析】 静脉产业是垃圾回收和再资源化利用的产业,是运用先进的技术,将生产和消费过程中产生的废物转化为可重新利用的资源和产品,实现各类废物的再利用和资源化的产业,包括废物转化为再生资源及将再生资源加工为产品两个过程。静脉产业因涉及再生资源和再生资源加工,其噪声、生产过程原料可能存在污染,对水电需求大。因此C选项符合题意。

66. B

【解析】 光污染包括可见光污染和不可见光污染,国际上一般将光污染分为白亮污染、人工白昼和彩光污染。多光眩目是光污染的一种表现,而并非光污染是指多光眩目组合而成的综合现象。诸如红外光、紫外光等看不见的光也会造成光污染。故B选项符合题意。

67. A

【解析】 根据《生态保护红线划定技术指南》依据水源涵养功能评估与分级结果,将水源涵养极重要区划入生态保护红线。饮用水水源地的一、二级保护区纳入生态保护红线。故A选项符合题意。

68. A

【解析】 根据《京都议定书》附录A规定,温室气体有:二氧化碳(CO_2)、甲烷(CH_4)、氧化亚氮(N_2O)、氢氟碳化物(HFCs)、全氟碳化（PFCs)、六氟化硫(SF_6)。故A选项符合题意。

69. B

【解析】 土壤水分属于土壤的物理性质,pH值、养分元素和有机质属于土壤化学性质。故B选项符合题意。

70. B

【解析】 能效电厂是一种虚拟电厂,"能效电厂"把各种节能措施、节能项目打包,通过实施一揽子节能计划,形成规模化的节电能力,减少电力用户的电力消耗需求,从而达到与扩建电力供应系统相同目的。国际能源界将实施电力需求侧管理,开发、调度需方资源所形成的能力,形象地命名为能效电厂,是电力需求侧管理的一种创新模式,能效电力是虚拟的发电形式,本身并不产生电能,其还是利用其他现实发电设备发电,因此,发电效率并没改变。因此B选项符合题意。

71．D

【解析】 根据《长江保护法》第二条：本法所称长江流域,是指由长江干流、支流和湖泊形成的集水区域所涉及的青海省、四川省、西藏自治区、云南省、重庆市、湖北省、湖南省、江西省、安徽省、江苏省、上海市,以及甘肃省、陕西省、河南省、贵州省、广西壮族自治区、广东省、浙江省、福建省的相关县级行政区域。故 D 选项符合题意。

72．D

【解析】 根据《自然资源部 国家发展改革委 农业农村部关于保障和规范农村一二三产业融合发展用地的通知》规定,在充分尊重农民意愿的前提下,可依据国土空间规划,以乡镇或村为单位开展全域土地综合整治,盘活农村存量建设用地,腾挪空间用于支持农村产业融合发展和乡村振兴。故 D 选项符合题意。

73．A

【解析】 根据《土地管理法实施条例》第四条,土地调查应当包括下列内容:(一)土地权属以及变化情况;(二)土地利用现状以及变化情况;(三)土地条件。因此 A 选项符合题意。

74．D

【解析】 城市规划中常见的地质灾害主要有滑坡、崩塌、地面沉降、地面塌陷,有时也把泥石流归为地质灾害。因此 D 选项符合题意。

75．B

【解析】 土地沙化的诱因一般有:气候变化(气候变暖变干)、开荒、过度放牧、滥挖滥伐、水资源利用不合理(地下水超采、地下水位下降)。故 B 选项符合题意。

76．B

【解析】 根据《关于加快发展保障性租赁住房的意见》规定,经城市人民政府同意,在确保安全的前提下,可将产业园区中工业项目配套建设行政办公及生活服务设施的用地面积占项目总用地面积的比例上限由 7% 提高到 15%。故 B 选项符合题意。

77．A

【解析】 "可燃冰"一般指天然气水合物,其主要成分是甲烷,属于有机化合物。故 A 选项符合题意。

78．A

【解析】 中共中央办公厅 国务院办公厅印发《建设高标准市场体系行动方案》提出在符合国土空间规划和用途管制要求前提下,推动不同产业用地类型合理转换,探索增加混合产业用地供给。故 A 选项符合题意。

79．B

【解析】 大陆自然海岸线保有率:大陆自然海岸线(砂质岸线、淤泥质岸线、基岩岸线、生物岸线等原生海岸线及整治修复后具有自然海岸形态特征和生态功能的海岸线)长度占大陆海岸线总长度的比例。故 B 选项符合题意。

80．C

【解析】 《海岛保护法》第三十六条:国家对领海基点所在海岛、国防用途海岛、海洋自然保护区内的海岛等具有特殊用途或者特殊保护价值的海岛,实行特别保护。故 C 选项符合题意。

二、多项选择题(共 20 题,每题 1 分。每题的备选项中有 2~4 个符合题意。多选、少选、错选都不得分)

81. BE

【解析】 美国——能源与环境设计先锋(LEED);日本——建筑综合环境性能评价体系(CASBEE);德国——可持续建筑评价标准(DGNB);英国——绿色建筑评估体系(BREEAM);荷兰——绿色建筑评估体系(GPR)。故 BE 选项符合题意。

82. ACE

【解析】 根据《民用建筑热工设计规范》(GB 50176—2016),建筑热工设计分区用累年最冷月(即 1 月)和最热月(即 7 月)平均温度作为分区主要指标,累年日平均温度≤5℃和≥25℃的天数作为辅助指标,将全国划分成 5 个区,即严寒、寒冷、夏热冬冷、夏热冬暖和温和地区。故 ACE 选项符合题意。

83. BCD

【解析】 根据《城市轨道交通线网规划标准》(GB/T 50546—2018)6.3.9:当快线、普线共用走廊时,快线与普线应独立设置。A 选项正确。6.3.9 条:如快线、普线的运输能力富余可共轨时,共轨后各自线路的旅行速度应满足各层次的技术指标要求,各自线路的运能应满足该走廊交通需求的基本要求。快线、普线的线路控制宽度与线路的速度、运能有关,满足各自的要求,并不存在快线控制宽度一定大于普线控制宽度。B 选项错误。5.1.4 条:普线平均车厢舒适度不宜低于 C 级(一般),快线平均车厢舒适度不宜低于 B 级(舒适)。故 D 选项错误。6.3.6 条:快线在中心城区与普线宜采用多点换乘方式,不宜与普线采用端点衔接方式。快线应串联沿线主要客流集散点,在外围可设支线增加其覆盖范围。E 选项正确、C 选项错误。故 BCD 选项符合题意。

84. ABE

【解析】 《铁路线路设计规范》(GB 50090—2006)1.0.5 条:设计线的旅客列车设计行车速度应根据运输需求、铁路等级、地形条件并考虑远期发展条件等因素综合比选确定。当沿线运输需求或地形和运营条件差异较大,并有充分的技术经济依据时,可分路段选定旅客列车设计行车速度;1.0.12 条:区间通过能力应预留一定的储备。单、双线铁路的储备能力在扣除综合维修"天窗"时间后,应分别采用 20% 和 15%,并应考虑客货运量的波动性。1.0.15 条:旅客列车设计行车速度 120km/h 及以上的路段,铁路两侧应设置隔离栅栏。因此 ABE 选项错误,C 选项正确;《城际铁路设计规范》(TB 10623—2014)2.1.1 条:城际铁路是专门服务于相邻市间或城市群,旅客列车设计速度 200km/h 及以下的快速、边界、高密度客运专线铁路。因此 D 选项正确。故 ABE 选项符合题意。

85. ABD

【解析】 振动污染程度主要与振动强度、振动频率、振动时间有关。故 ABD 选项符合题意。

86. ACDE

【解析】 根据《城市工程管线综合规划规范》(GB 50289—2016)4.2.1条:当遇下列情况之一时,工程管线宜采用综合管廊敷设。(1)交通流量大或地下管线密集的城市道路以及配合地铁、地下道路、城市地下综合体等工程建设地段;(2)高强度集中开发区域、重要的公共空间;(3)道路宽度难以满足直埋或架空敷设多种管线的路段;(4)道路与铁路或河流的交叉处或管线复杂的道路交叉口;(5)不宜开挖路面的地段。故 ACDE 选项符合题意。

87. ACDE

【解析】 根据《国土空间规划"一张图"实施监督信息系统技术规范》4.1条:总体框架组成分别是:设施层、数据层、支撑层、应用层、标准规划体系、安全保障体系和运维保障体系。故 ACDE 选项符合题意。

88. BD

【解析】 可变成本指支付给各种变动生产要素的费用,如购买原材料及电力消耗费用和工人工资等,这种成本随产量的变化而变化。A 选项不符合题意。固定成本(又称固定费用)相对于可变成本,是指成本总额不受业务量增减变动影响而能保持不变的成本。B 选项符合题意。平均成本分为行业平均成本和企业平均成本,企业平均成本是由企业的总成本除以企业的总产量所得的商数。C 选项不符合题意。沉没成本是指以往发生的但与当前决策无关的费用,不考虑以往发生的费用。D 选项符合题意。在经济学和金融学中,边际成本指的是每一单位新增生产的产品(或者购买的产品)带来的总成本的增量。E 选项不符合题意。故 BD 选项符合题意。

89. BDE

【解析】 回归模型、环境容量法、类比法属于人口预测方法;BDE 选项符合题意。双评价是资源环境承载能力评价和国土空间适宜性评价;主成分分析法是对事物内部主要成分的分析方法。因此 AC 选项不符合题意。

90. DE

【解析】 GIS 属于空间数据的分布式存储,能对数据进行实时计算和快速渲染,GIS 与空间大数据的结合促进了行业的发展。GIS 并不能拓展空间数据类型和对数据内容进行全部展示,GIS 可按层级显示数据相应精度,对属性数据需结合属性表展示。故 DE 选项符合题意。

91. AB

【解析】《中华人民共和国国民经济和社会发展第十四个五年规划和 2035 年远景目标纲要》明确提出,坚持走中国特色新型城镇化道路,深入推进以人为核心的新型城镇化战略,以城市群、都市圈为依托促进大中小城市和小城镇协调联动、特色化发展,使更多人民群众享有更高品质的城市生活。故 AB 选项符合题意。

92. BC

【解析】 问卷调查可以使答案标准化,方便对问卷的统计和分析,A 选项正确;问卷回收率是指回收来的问卷占总发放问卷数量的比例,B 选项错误;对于问卷调查中的少数问题,可以采用填写的方式进行调查,即所谓的开放式调查,C 选项错误;问卷调查适用于大规模的社会调查,D 选项正确;问卷调查的瑕疵是:在调查过程中,文化程度较低或者文盲调查者填写问卷存在一定困难,E 选项正确。故 BC 选项符合题意。

93. ABE

【解析】 共同富裕的关键词是"共同"与"富裕"。这里的"富裕"不只是简单的物质的富足(物资的充裕),还包括精神的富足(精神的愉悦)、政治的富足(政治的廉明)、文化的富足(文化的丰富)、生态的富足(生态的友好),作为社会主义国家,实现全体人民共同富裕,是社会主义制度的本质特征,但是,这里的共同绝不是也不应该是平均主义大锅饭,而更应是在确保人人有份、有保障,确保公平公正的前提下,实现过程、机会、权利、责任、收益分享等的共同。因此 ABE 选项符合题意。

94. BCD

【解析】 生物多样性监测物种水平,主要选择濒危物种、经济物种和指示物种等。珍稀动植物体现濒危物种;特殊环境标示体现为指示物种;经济性体现为经济物种。因此 BCD 选项符合题意。适应性强和村民熟知物种一般分布广泛和数量巨大,能在低劣环境中生存,一般不选择作为生物多样监测物种,故 AE 选项不符合题意。

95. ABD

【解析】 用水效率是指在特定的范围内,水资源有效投入和初始总的水资源投入量之比。单位 GDP 用水量、工业用水重复率、城镇供水管网漏损率可以直接反映用水效率。污水处理率是反应污水处理情况,供水覆盖率是体现管网的覆盖情况。故 ABD 选项符合题意。

96. BD

【解析】《中共中央 国务院 关于构建更加完善的要素市场化配置体制机制的意见》明确指出,完善城乡基准地价、标定地价的制定与发布制度,逐步形成与市场价格挂钩动态调整机制。故 BD 选项符合题意。

97. ACD

【解析】 农业设施建设用地指对地表耕作层造成破坏的,为农业生产、农村生活服务的乡村道路用地以及种植设施、畜禽养殖设施、水产养殖设施建设用地。A 选项属于农业设施建设用地中的乡村道路用地,符合题意;B 选项地表耕作层没破坏,不属于农业设建设用地,不符合题意;C 选项属于农业设施建设用地中的种植设建设用地,符合题意;D 选项属于农业设施建设用地中的畜禽养殖设施建设用地,符合题意;E 选项属于休闲旅游用地,并不是为农业生产、生活服务,因此不属于农业设施建设用地。故 ACD 选项符合题意。

98. CDE

【解析】 城乡建设用地竖向规划在满足各项用地功能要求的条件下,尊重原始地形地貌,合理利用地形,宜避免高填、深挖,减少土石方,A 选项错误;6.0.2 条:建设用地的规划高程宜比周边道路的最低路段的地面高程或地面雨水收集点高出 0.2m 以上,B 选项错误;4.0.2 条:规划地面形式可分为平坡式、台阶式和混合式,C 选项正确;3.0.3 条:乡村建设用地竖向规划应有利于风貌特色保护,D 选项正确;3.0.7 条:同一城市的用地竖向规划应采用统一的坐标和高程系统,E 选项正确。故 CDE 选项符合题意。

99．ABC

【解析】 泥石流是一种自然灾害,并且这种自然灾害的出现需要满足三个条件:一是松散的地质结构(松散的地质结构为泥石流带来丰富的松散物质);二是水(泥石流的运动需要水提供能量);三是陡峭的地形地貌。故 ABC 选项符合题意。

100．ABE

【解析】 根据《资源环境承载能力和国土空间开发适宜性评价指南(试行)》A.1.1.3条:珊瑚礁、红树林、海草床、重要海藻场、重要滩涂及浅海水域、重要河口、特别保护海岛属于优先保护海洋系统。故 ABE 选项符合题意。

2022 年度全国注册城乡规划师职业资格考试模拟题与解析

城乡规划相关知识

模 拟 题 一

一、单项选择题(共 80 题,每题 1 分。每题的备选项中,只有 1 个最符合题意)

1. 以下哪项不是中国的建筑类型?（　　）

    A. 宫殿建筑　　　　B. 礼制建筑　　　　C. 园林建筑　　　　D. 寺庙建筑

2. 下列说法错误的是（　　）。

    A. 木构架体系包括抬梁式、穿斗式、井干式三种形式

    B. 木构架体系中承受荷载的梁柱结构部分称为大木作

    C. 斗拱可以传递屋面荷载,并有一定的装饰作用

    D. 宋代用"斗口",清代用"材"

3. 建筑物等级按由高到低的顺序,下列说法错误的是（　　）。

    A. 重檐、重檐歇山、披尖、悬山及硬山

    B. 开间 9、7、5、3

    C. 色彩黄、赤、绿、青、蓝、灰、黑

    D. 宫殿、官署、民房、草屋

4. 下列关于我国古代宫殿建筑特点的表述,哪项是错误的?（　　）

    A. 周代宫殿的形制为"三朝五门"

    B. 隋唐宫殿出现了"三朝五门"

    C. 唐代宫殿的装饰特点是雄伟与宏大

    D. 元代喜用"回"字形宫殿

5. 我国古典园林发展的全盛出现在（　　）时期。

    A. 秦、汉　　　　　　　　　　　B. 魏、晋、南北朝

    C. 隋、唐　　　　　　　　　　　D. 明、清

6. 下列关于西方古建筑风格特点的表述,哪项是错误的?（　　）

    A. 古埃及建筑追求雄伟、庄严、神秘、震撼人心的艺术效果

    B. 古希腊建筑风格的特点为庄严、典雅、精致、有性格、有活力

    C. 巴洛克建筑应用纤巧的装饰,具有贵族气息

    D. 古典主义建筑立面造型强调轴线对称和比例关系

7. 关于 20 世纪 20 年代现代建筑运动的主要特点,下列说法错误的是（　　）。

    A. 设计以功能为出发点　　　　　B. 发挥新型材料和建筑结构的性能

    C. 注重建筑的经济性　　　　　　D. 强调表面的外加装饰

8. 下列说法错误的是（　　）。

    A. 建筑的空间组合分为主、次要使用空间及交通联系空间

    B. 建筑的交通联系分为水平交通、垂直交通和枢纽交通三种空间形式

C. 医院建筑的过道是单纯的交通空间

D. 建筑的通道宽度与防火要求有关

9. 下列关于公共建筑组合类型的说法错误的是(　　)。

　　A. 公共建筑群体组合分为分散式布局和中心式布局

　　B. 分散式布局的特点是功能分区明确,适应不同的地形

　　C. 中心式能形成鲜明的个性建筑特点

　　D. 中心式布局可增加建筑的层次感

10. 依据我国现行《住宅设计规范》,下列关于住宅建筑套内空间低限面积的表述,哪一项是正确的?(　　)

　　A. 单人卧室为 $6m^2$

　　B. 双人卧室为 $10m^2$

　　C. 三件套卫生间为 $2.5m^2$

　　D. 起居室为 $12m^2$

11. 下列说法错误的是(　　)。

　　A. 12 层以上住宅每栋楼设置电梯应不少于 2 部

　　B. 从设计上解决建筑保温问题,最有效的措施是加大建筑的进深,缩短外墙长度,尽量减少每户所占的外墙面

　　C. 炎热地区住宅朝向的选择十分重要,应综合考虑阳光照射和夏季主导风向,注意减少东西向阳光对建筑物的直接照射,并能有夏季主导风入室

　　D. 每户至少有 1 间卧室布置在良好朝向

12. 下列关于工业工厂一般道路运输系统设计技术要求的表述,哪一项是错误的?(　　)

　　A. 主要运输道路的宽度为 7m 左右

　　B. 功能单元之间辅助道路的宽度为 3～4.5m

　　C. 行驶拖车的道路转弯半径为 9m

　　D. 交叉口视距大于等于 20m

13. 以下关于城市各项建筑用地的使用坡度错误的是(　　)。

　　A. 工业用地 0.5%～2.00%

　　B. 铁路场站用地 0～0.25%

　　C. 居住建筑 0.3%～10.0%

　　D. 机场用地 0.3%～1.0%

14. 关于百货商场的选址,以下说法错误的是(　　)。

　　A. 宜选址在城市商业地区或主要道路的位置

　　B. 大中型商业建筑应不小于 1/6 的周边总长度

　　C. 建筑物不少于 2 个出入口以便与城市道路相邻

　　D. 设置相应的集散场地及停车场

15. 总平面设计的内容不包括(　　)。

　　A. 场地施工坐标网、场地四周测量坐标和施工坐标

　　B. 主要建筑物、构筑物的坐标、层数、室外设计标高

　　C. 相邻建筑物的名称和层数

　　D. 风玫瑰图及指北针

16. 下列不属于场地设计标高应考虑的因素是(　　)。

　　A. 场地排水

　　B. 建筑结构

C. 交通联系的可能性　　　　　　　D. 土方平衡

17. 下列说法错误的是(　　)。

    A. 纵向承重体系适用于要求较大空间的房屋

    B. 横向承重体系空间刚度很大,整体性很好,能较好地调整地基的不均匀沉降

    C. 内框架承重体系空间刚度较差,容易产生不均匀沉降

    D. 框架结构的体系由楼板、梁、柱构件组成

18. 下列关于建筑材料的基本物理参数的说法错误的是(　　)。

    A. 堆积密度:散粒状材料在自然堆积状态下单位体积的质量

    B. 孔隙率:材料中孔隙体积占材料总体积的百分率,反映材料的堆积性能

    C. 空隙率:散粒状材料在自然堆积状态下,颗粒之间空隙体积占总体积的百分率

    D. 含水率:材料内部所包含水分的质量占材料干质量的百分率

19. 隔热构造采取的措施不包括(　　)。

    A. 采用浅色光洁的外饰面　　　　B. 采用遮阳-通风构造

    C. 合理利用空间通风　　　　　　D. 绿化植被隔热

20. 下列关于色彩的表述,哪项是错误的?(　　)

    A. 色彩的原色纯度最高　　　　　B. 红、黄、蓝为色光三原色

    C. 青、品红、黄为色料三原色　　D. 固有色指的是物体的本色

21. 下列关于建筑形式美的表述,哪项是正确的?(　　)

    A. 对比可以借助相互烘托、陪衬求得变化

    B. 微差利用相互间的协调和连续性以求得变化

    C. 均衡包括对称均衡、不对称均衡

    D. 韵律分为简洁韵律和复杂韵律

22. 下列哪项不属于建筑工程项目建议书的内容?(　　)

    A. 拟建规模和建设地点初步设想论证

    B. 建设项目提出的依据和缘由

    C. 项目的工程预算

    D. 项目施工进程安排

23. 下列不属于城市总体规划阶段道路规划设计的基本内容的是(　　)。

    A. 路线设计　　　　　　　　　　B. 路面设计

    C. 交叉口设计　　　　　　　　　D. 交叉口选型(详细规划)

24. 下列关于铁路通行限界的说法错误的是(　　)。

    A. 内燃机5.5m　　　　　　　　　B. 双层集装箱7.96m

    C. 高速列车7.5m　　　　　　　　D. 宽度限界4.88m

25. 下列有关城市主干路机动车车道宽度的选择,哪项是错误的?(　　)

    A. 大型车车道宽度选用3.75m　　B. 混合行驶车道宽度选用3.75m

    C. 公交车道宽度选用3.50m　　　D. 小型车车道宽度选用3.50m

26. 如果一条自行车带的路段通行能力为 1000 辆/h,那么,当自行车道的设计宽度为 4.5m 时,其总的通行能力为(   )。

    A. 3500 辆/h   B. 4000 辆/h   C. 4500 辆/h   D. 5000 辆/h

27. 下列有关"渠化交通"的表述,哪项是错误的?(   )

    A. 适用于交通组织复杂的异形交叉口

    B. 适用于交通量较小的次要路口

    C. 适用于城市边缘地区的交叉口

    D. 不可以配合信号灯使用

28. 关于自行车交通组织的方法,下列说法错误的是(   )。

    A. 设置自行车右转专用车道   B. 停车线提前法

    C. 设置自行车横道   D. 多次绿灯法

29. 下列关于环形交叉口中心岛设计的表述,哪项是错误的?(   )

    A. 主次干路相交的椭圆形中心岛的长轴应沿次干路方向布置

    B. 中心岛的半径与车辆进出交叉口的交织距离有关

    C. 中心岛上不应设置人行道

    D. 中心岛上的绿化不应影响绕行车辆的视距

30. 设计时速 80km/h 的路段,设置互通式立交的最小距离为(   )m。

    A. 800   B. 1000   C. 1200   D. 1500

31. 在选择交通控制类型时,"二路停车"一般适用于(   )相交的路口。

    A. 主干路与主干路   B. 主干路与支路

    C. 次干路与次干路   D. 支路与支路

32. 下列关于车辆停发方式的说法不正确的是(   )。

    A. 前进停车、后退发车常用于斜向停车和要求尽快停车就位的车场

    B. 后退停车、前进发车是最常见的停车方式,常用于垂直停车

    C. 前进停车、前进发车常用于大型货车停车场,平均占地面积较小

    D. 停车方式需按照停车场的要求及不同情况因地制宜地设计

33. 下列说法错误的是(   )。

    A. 车辆停放方式分为平行停车方式、垂直停车方式、斜停车方式

    B. 城市公共停车方式分为路边停车带和路外停车场

    C. 城市主干道不应设置路边停车带,次干道设置时,应布置为港湾式

    D. 路边停车带的面积为 $25\sim30m^2$/停车位

34. 下列关于停车设施的表述,错误的是(   )。

    A. 螺旋坡道式机车停车库的用地比直坡道式节省

    B. 错层式机动车停车库用地比斜楼板式节省

    C. 斜楼板式机动车停车库可不设置专用坡道

    D. 自行车停车场以中、小型分散就近设置为主

35. 站前广场的本质功能是(   )。

    A. 集会   B. 交通   C. 商业   D. 景观

36. 根据规范,中运量城市轨道交通系统的单向运输能力为（　　）。

    A. 5万～7万人·次/h

    B. 3万～5万人·次/h

    C. 1万～3万人·次/h

    D. 小于1万人·次/h

37. 下列关于城市供水工程规划内容的表述,哪项是正确的?（　　）

    A. 非传统水资源包括污水、雨水,但不包括海水

    B. 城市供水设施规模应该按照最高日最高时用水量确定

    C. 划定城市水源保护区范围是城市总体规划阶段供水工程规划的内容

    D. 城市水资源总量越大,相应的供水保证率越高

38. 下列关于城市排水系统规划内容的表述,哪项是错误的?（　　）

    A. 重要地区雨水管道设计宜采用3～5年一遇重现期标准

    B. 道路路面的径流系数高于绿地的径流系数

    C. 为减少投资,应将地势较高区域和地势低洼区域划在同一雨水分区

    D. 在水环境保护方面,截流式合流制与分流制各有利弊

39. 下列不属于城市供水工程总体规划阶段内容的是（　　）。

    A. 预测城市用水量

    B. 确定城市自来水厂的布局和供水能力

    C. 划定水源保护区的范围

    D. 计算规划区用水量

40. 不属于资源型缺水实施措施的是（　　）。

    A. 调整产业结构

    B. 加强配水管网建设和改造措施

    C. 推广先进的节水灌溉技术

    D. 对水厂常规处理后进一步深度处理

41. 下列哪项不属于城市总体规划阶段供电工程规划的主要内容?（　　）

    A. 预测城市供电负荷

    B. 确定城网电压等级层次

    C. 确定城市变电站容量和数量

    D. 确定开闭所容量和数量

42. 下列关于城市供电规划的表述,哪项是错误的?（　　）

    A. 变电站应接近负荷中心

    B. 变电站可以与其他建筑物混合建设

    C. 容载比过大将使电网适应性提高

    D. 单位建筑面积负荷指标法常用于城市总体规划阶段的负荷预测

43. 下列关于城市燃气规划内容的表述,哪项是正确的?（　　）

    A. 液化石油气储配站应尽量靠近居民区

    B. 小城镇应采用高压三级管网系统

    C. 城市气源应尽可能选择单一气源

    D. 燃气调压站应尽可能布置在负荷中心

44. 关于输气管网规划,下列说法错误的是（　　）。

    A. 分为一、二、三级管网以及混合管网四种

    B. 中压一级管网系统适用于新城区或者安全距离可以保证的地区

    C. 中压二级管网系统适用于城市中街道狭窄、房屋密集的地区

    D. 只有混合管网系统适用于复杂的大中城市

45. 单回 220kV 电力架空线路走廊宽度控制指标为(　　)。
 A. 30~40m　　　　B. 45~60m　　　　C. 60~75m　　　　D. 75~90m

46. 关于供热工程规划,下列说法错误的是(　　)。
 A. 城市供热对象选择应满足"先大后小,先集中后分散"的原则
 B. 采暖热负荷等于采暖指标和采暖建筑面积之积
 C. 热负荷预测一般采用指标预算法
 D. 采暖热指标往往随地域气候状况和建筑结构形式的变化而变化

47. 下列关于城市通信工程规划内容的表述,哪项是错误的?(　　)
 A. 邮政通信枢纽优先考虑在客运火车站附近选址
 B. 电信局(所)优先考虑与变电站等设施合建以便于集约利用土地
 C. 无线电收、发信区一般选择在大城市两侧的远郊区
 D. 通信管道集中建设、集约使用是目前国内外通信行业发展的主流

48. 下列关于城市环卫规划的表述,哪项是正确的?(　　)
 A. 医疗垃圾可以与生活垃圾混合进行填埋处理
 B. 生活垃圾都属于焚烧技术处理的垃圾范畴
 C. 生活垃圾填埋场距大中城市规划建成区不应小于 3km
 D. 人均指标法适用于生活垃圾产生量预测

49. 下列不属于城市防灾规划总体阶段内容的是(　　)。
 A. 确定设防标准　　　　　　　　B. 提出防灾对策
 C. 布置防灾设施　　　　　　　　D. 布置防灾设施的位置、用地

50. 在城市消防规划中,下列哪项不属于消防安全布局的内容?(　　)
 A. 消防站布置　　　　　　　　　B. 危险化学品储存设施布置
 C. 避难场地布置　　　　　　　　D. 建筑物耐火等级

51. 下列说法错误的是(　　)。
 A. 所有城市都应该设置一级普通消防站,特别困难时,可以设置二级普通消
    防站
 B. 陆上消防站接到报警后,按正常速度 3min 要达到辖区边缘
 C. 陆上消防站应设置在主次干道临街地段,距离交叉口不宜小于 30m
 D. 消防站应布置在常年主导风向的上风向或者侧风向,距离危险化学药品设施
    不小于 200m

52. 下列哪项对策措施不属于防洪安全布局的内容?(　　)
 A. 合理选择城市建设用地
 B. 将城市重要功能区布置在洪水风险相对较小的地段
 C. 预留足够的行洪通道
 D. 建设高标准的防洪工程

53. 下列有关地震烈度的表述,哪项是错误的?(　　)
 A. 地震烈度是反映地震对地面和建筑物造成破坏的指标
 B. 地震烈度与震级具有一一对应关系

C. 我国地震烈度区划图是各地确定抗震设防烈度的依据

D. 在抗震设防区内一般建设工程应按地区地震基本烈度设防

54. 下列关于人防工程的说法错误的是( )。

A. 我国人防工程规模按照战时留城人口 1.5m²/人计算

B. 成片居住区内按建筑面积的 2% 设置防空工程,或者按地面建筑总投资的6% 左右安排

C. 避开易燃易爆生产储存设施,控制距离大于 50m

D. 人员掩蔽所距离人员工作生活地点不宜大于 100m

55. 当下列工程管线交叉时,应根据( )的高程控制交叉点的高程。

A. 电力管线 　　B. 热力管线 　　C. 排水管线 　　D. 供水管线

56. 下列关于城市工程管线综合布置原则的表述,哪项是错误的?( )

A. 城市各种管线的位置应采用统一的城市坐标系统及标高系统

B. 当新建管线与现状管线冲突时,新建管线避让现状管线

C. 交叉管线垂直净距指上面管道底内壁到下面管道顶外壁之间的距离

D. 管线埋设深度指地面到管道底(内壁)的距离

57. 下列关于城市用地竖向规划的表述,哪项是错误的?( )

A. 总体规划阶段需要确定防洪排涝及排水方式

B. 纵横断面法多用于地形不太复杂地区

C. 地面规划形式包括平坡、台阶、混合三种

D. 台地的长边应平行于等高线布置

58. 为了对全校学生档案和成绩等资料进行管理而开发的系统属于( )。

A. 事务系统 　　　　　　　　B. 管理信息系统

C. 决策支持系统 　　　　　　D. 人工智能和专家系统

59. 在数据库管理系统中,某个数据表有 20 个字段,1000 条记录,如果查找其中符合某条件的 200 条记录的 5 个字段,应进行哪项操作?( )

A. 投影+选择 　　　　　　　B. 选择

C. 投影 　　　　　　　　　　D. 选择+删除列

60. 下面哪种空间关系属于拓扑关系?( )

A. 远近 　　　　B. 包含 　　　　C. 南北 　　　　D. 角度

61. 在 GIS 数据管理中,下列哪项属于非空间属性数据?( )

A. 环境监测站点的监测资料 　　B. 地下管线的走向

C. 规划地块的面积 　　　　　　D. 城市建筑数量

62. 历史性保护建筑的等距线影响范围一般需应用到以下哪种分析?( )

A. 网络分析 　　　　　　　　B. 邻近分析

C. 栅格分析 　　　　　　　　D. 几何量算和叠合

63. 下列关于遥感数据在城市规划研究中应用的表述,哪项是错误的?( )

A. 遥感数据可以用于监测城市大气污染

B. 遥感数据可以直接获取地物的社会属性

C. 气象卫星数据可以用于监测城市热岛效应

D. 高分辨率影像可以用于分析城市道路交通状况

64. 下列哪项几何遥感影像数据适用于林火监测？（　　）

A. LandsatTM 影像　　　　　　　　B. SpotHRV 影像

C. 风云气象卫星影像　　　　　　　D. MODIS 影像

65. 图像解译的主要依据不包括（　　）。

A. 波谱特征　　　B. 物理特征　　　C. 化学特征　　　D. 几何特征

66. 在地震发生后，在云层较厚、天气不好的情况下，为了尽快获取灾区的受灾情况，合适的遥感数据是（　　）。

A. 可见光遥感数据　　　　　　　　B. 微波雷达遥感数据

C. 热红外线遥感数据　　　　　　　D. 激光雷达遥感数据

67. 城市经济学分析城市问题的出发点是（　　）。

A. 资源利用效率　　　　　　　　　B. 社会公平

C. 政府相关政策　　　　　　　　　D. 国家法律法规

68. 政府对居民用电收费属于下列哪种关系？（　　）

A. 市场经济关系　　　　　　　　　B. 公共经济关系

C. 外部效应关系　　　　　　　　　D. 社会交换关系

69. 城市规模难以在最佳规模上稳定下来的原因是（　　）。

A. 边际收益高于边际成本　　　　　B. 边际收益低于边际成本

C. 平均收益高于平均成本　　　　　D. 平均收益低于平均成本

70. 下列哪项措施可以把交通拥堵的外部性内部化？（　　）

A. 无车日　　　B. 限购　　　C. 抢买车牌　　　D. 征收拥堵费

71. 大城市采用公共交通的合理性是基于（　　）。

A. 初始成本低　　B. 平均成本低　　C. 时间成本低　　D. 价格低

72. 根据城市经济学的定价曲线，下列哪种情况会导致城市中心区地价和郊区地价发生逆向变化？（　　）

A. 人口增长　　　B. 投资增长　　　C. 产出增长　　　D. 收入增长

73. 下列哪项是外部负效应导致的结果？（　　）

A. 零售业集聚形成商业中心　　　　B. 工业企业扩大生产规模

C. 小企业集聚形成产业集群　　　　D. 道路上车辆过多造成交通拥堵

74. 城市交通早高峰的拥堵采用提高票价无法解决的原因是（　　）。

A. 出行价格是刚性的　　　　　　　B. 上班时间是刚性的

C. 交通供给是刚性的　　　　　　　D. 就业中心是刚性的

75. 若采用"用脚投票"方式来选择社会公共产品，可能形成以下哪种情况？（　　）

A. 收入相同社区　　　　　　　　　B. 年龄相同社区

C. 爱好相同社区　　　　　　　　　D. 教育水平相同社区

76. 下列哪项措施可以缓解城市交通供求的空间不均衡？（　　）

A. 对易达路段收费　　　　　　　　B. 征收汽油税

C. 提高高峰小时出行成本　　　　D. 实行弹性工作时间

77. 在市场中,下列哪项变化会导致资本密度上升?（　　　）

A. 利率上升　　　　　　　　　　B. 地价上升

C. 人工费上涨　　　　　　　　　D. 建筑新技术的发展

78. 下列关于城市空间分布地理特征的表述,哪项是错误的?（　　　）

A. 世界大城市分布向中纬度地带集中

B. 中国的设市城市分布也明显具有向沿海低海拔地区集中的特点

C. 世界多数国家城市空间分布属于典型的集聚分布

D. 地形条件对城市分布影响不大

79. 下列关于城市化的表述哪项是错误的?（　　　）

A. 城市化就是工业化

B. 城市化水平与经济发展水平之间有密切关系

C. 发展中国家逐渐成为世界城市化的主体

D. 流动人口已成为中国城镇人口增长的主体

80. 下列关于城市地域概念的表述,错误的是（　　　）。

A. 城市建成区是城市研究中最基本的城市地域概念

B. 城市实体地域的边界是明确的

C. 城市实体地域的边界随着城市的发展不断向外拓展

D. 城市实体地域一般比功能地域要大

二、多项选择题(共 20 题,每题 1 分。每题的备选项中有 2～4 个符合题意。多选、少选、错选都不得分)

81. 下列关于城市道路交叉口常用的交通改善方法,哪些项是正确的?（　　　）

A. 错口交叉改为十字交叉　　　　B. 斜角交叉改为正交交叉

C. 环形交叉改为多路交叉　　　　D. 合并次要道路

E. 多路交叉改为十字交叉

82. 设置立体交叉的条件有（　　　）。

A. 主干道交叉口高峰小时流量超过 6000 辆当量小汽车

B. 城市干道与铁路支线交叉

C. 设计速度大于 80km/h 的城市快速路与其他道路相交

D. 具有用地和高差条件

E. 具有其他安全等特殊要求的交叉口和桥头

83. 下列关于城市铁路客运站站前广场规划设计的表述,哪些项是正确的?（　　　）

A. 大城市的公交站点应布置在广场内部

B. 轨道交通车站应远离站房

C. 社会车辆停车场可修建在广场地下

D. 自行车停车场一般应在站前广场内部集中设置

E. 大型铁路客运站应把出租车停车场的接客区和送客区分开设置

84. 下列关于生态恢复的表述,哪些项是正确的?(　　)

　　A. 生态恢复不是物种的简单恢复

　　B. 人类可以通过生态恢复对受损生态系统进行干预

　　C. 生态恢复本质上是生物物种和生物量的重建

　　D. 生态恢复是指自然生态系统的次生演替

　　E. 生态恢复可以用于被污染土地的治理

85. 下列关于内框架承重体系的特点,哪些项是正确的?(　　)

　　A. 墙和柱都是主要承重构件　　　　　B. 结构容易产生不均匀变形

　　C. 施工工序搭接方便　　　　　　　　D. 房屋的刚度较差

　　E. 在使用上便于提供较大的空间

86. 下列哪些措施适用于解决资源性缺水地区的水资源供需矛盾?(　　)

　　A. 调整产业和行业结构,将高耗水产业逐步搬迁

　　B. 推广城市污水再生利用

　　C. 推广农业滴灌、喷灌

　　D. 控制城市发展规模

　　E. 改进城市自来水厂净水工艺

87. 下列哪些项不属于可再生能源?(　　)

　　A. 风能　　　　　B. 石油　　　　　C. 沼气　　　　　D. 水能

　　E. 核能

88. 下列关于住宅设计的表述,哪些项是错误的?(　　)

　　A. 单栋住宅的长度大于 160m 时,应设消防车通道

　　B. 高层住宅一般应有 2 部以上的电梯

　　C. 单栋住宅的长度小于 100m 时,应设消防车通道

　　D. 7 层以上的住宅为高层住宅

　　E. 12 层以上的住宅每栋楼电梯不应少于 2 部

89. 下列关于城市工程管线综合布置原则的表述,哪些项是错误的?(　　)

　　A. 城市各种管线的位置应采用统一的城市坐标系统及标高系统

　　B. 热力管道一般不与电力、通信电缆共沟敷设

　　C. 当新建管线与现状管线冲突时,现状管线应避让新建管线

　　D. 交叉管线垂直净距指上面管道内底(内壁)到下面管道顶(外壁)之间的距离

　　E. 管线埋设深度指地面到管道内底(内壁)的距离

90. 下列关于城市用地竖向工程的规划设计方法,哪些表述是错误的?(　　)

　　A. 高程箭头法中的箭头表示各类用地的排水方向

　　B. 纵横断面法多用于地形变化不太复杂的丘陵地区

　　C. 设计等高线法多用于地形比较复杂的地区

　　D. 纵横断面法需在规划区平面图上根据需要的精度绘制方格网

　　E. 高程箭头法工作量较小,易于变动与修改

91. 下列关于城市供电规划的表述,哪些项是错误的?(　　)
    A. 燃煤发电厂需要足够的储灰场
    B. 市区内新建变电站应采用全户外式结构
    C. 变电站可以与其他建筑物合建
    D. 有稳定冷、热需求的公共建筑区应建设三联供(热、电、冷)设施
    E. 核电厂限制区半径一般不得小于 3km

92. 与填埋相比,固体垃圾焚烧的优点是(　　)。
    A. 能迅速而大幅度地减少体积
    B. 可以有效地消除有害病菌和有害物质
    C. 体积减小 50%～65%
    D. 可以达到再生资源化的目的
    E. 不再产生污染

93. 下面五个条件中,(　　)属于邮政局所选址原则必须要求的。
    A. 局址应交通便利,运输邮件车辆易于出入
    B. 局址应较平坦,地形、地质条件良好
    C. 符合城市规划要求
    D. 有方便接发火车邮件的邮运通道
    E. 方便人员上下班

94. 分蓄洪区的作用表现为(　　)。
    A. 牺牲局部利益
    B. 保证重点城市、重点地区安全
    C. 按规定的地点和宽度开口门或按规定漫堤作为泄洪通道
    D. 防止洪灾发生的频率过大
    E. 预留土地

95. 突发性强的地质灾害包括(　　)。
    A. 滑坡　　　　　　B. 崩塌　　　　　　C. 塌陷　　　　　　D. 泥石流
    E. 洪涝

96. 温室气体包括(　　)。
    A. 水蒸气　　　　　B. 二氧化碳　　　　C. 制冷剂　　　　　D. 一氧化碳
    E. PM2.5

97. 以下哪些项是我国大中型建设项目环境影响评价的对象?(　　)
    A. 城市地下铁路交通项目
    B. 城市道路及住宅区的建设项目
    C. 大面积开垦荒地、围湖、围海和采伐森林的基本建设项目
    D. 生态类型的自然保护区的基本建设项目
    E. 生态公园建设

98. 下列关于生态恢复的说法,正确的是(　　)。
    A. 生态恢复的方法有物种框架方法和最大多样性方法

B. 生态恢复指通过自然方法,按照自然规律,恢复天然的生态系统

C. 生态恢复是试图重新创造、引导或加速自然演化过程

D. 生态恢复的原则包括自然法则、社会经济技术原则和美学原则

E. 生态恢复是指完全不要人为参加的演替

99. 下列对属于生态工程主要特征的说法正确的是( )。

A. 是多目标的,能够导致资源的合理利用与生态保护

B. 具有完整性、协调性、循环与自主的特性

C. 具有生态效益、社会效益,但不具有经济效益

D. 为单一学科特征,主要检验生态学是否有用

E. 不具有伦理学特征

100. 下面关于城市热岛的表述,哪些是错误的?( )

A. 城市热岛是城市环境的污染效应

B. 城市热岛有利于大气污染物扩散

C. 城市热岛效应的强度与局部地区气象条件、季节、地形、建筑形态以及城市规模、性质等有关

D. 由于城市内建筑密集,地面大多被水泥覆盖,辐射热的吸收率高,而导致其温度高于郊区

E. 城市热岛只涉及大城市

模拟题一解析

一、单项选择题(共80题,每题1分。每题的备选项中,只有1个最符合题意)

1. D

【解析】 中国主要的建筑类型有居住建筑、宫殿建筑、礼制建筑、宗教建筑、园林建筑等。寺庙建筑属于宗教建筑类型,其本身不是一个建筑类型,故选 D。

2. D

【解析】 在建筑的模数制中,宋代用"材",清代用"斗口"。故选 D。

3. C

【解析】 建筑物等级由高到低的使用色彩为:黄、赤、绿、青、蓝、黑、灰。故选 C。

4. D

【解析】 元代喜用工字形宫殿。故选 D。

5. C

【解析】 我国古典园林发展的全盛出现在隋、唐时期。故选 C。

6. C

【解析】 洛可可建筑应用纤巧的装饰,具有贵族气息。故选 C。

7. D

【解析】 "一战"后的20世纪20年代,出现了现代建筑运动,其代表人物建筑主张的共同特点是:(1)设计以功能为出发点;(2)发挥新型材料和建筑结构的性能;(3)注重建筑的经济性;(4)强调建筑形式与功能、材料、结构、工艺的一致性,灵活处理建筑造型,突破传统的建筑构图格式;(5)认为建筑空间是建筑的主角;(6)反对表面的外加表饰。故选 D。

8. C

【解析】 医院建筑的过道不但有交通功能,也兼具其他功能(比如候诊)。故选 C。

9. D

【解析】 公共建筑群体组合类型可分为两种形式,即分散式布局的群体组合和中心式布局的群体组合。(1)分散式布局的组合。许多公共建筑,因其使用性质或其他特殊要求,往往可以划分为若干独立的建筑进行布置,使之成为一个完整的室外空间组合体系,如某些医疗建筑、交通建筑、博览建筑等。分散式布局的特点是功能分区明确,减少不同功能间的相互干扰,有利于适应不规则地形,可增加建筑的层次感,有利于争取良好的朝向与自然通风。(2)中心式布局的群体组合。把某些性质上比较接近的公共建筑集中在一起,组成各种形式的组群或中心,如居住区中心的公共建筑、商业服务中心、体育中心、展览中心、市政中心等。各类公共活动中心由于功能性质不同,反映在群体组织中必然各具特色,只有抓住其功能特点及主要矛盾,才能既保证功能的合理性,又使之具有鲜明的个性。故选 D。

10. C

【解析】 依据《住宅设计规范》(GB 50096—2011),单人卧室不应小于 $5m^2$,双人卧室不应小于 $9m^2$,起居室不应小于 $10m^2$,配置三件卫生设备的卫生间面积不应小于 $2.5m^2$。故选 C。

11. D

【解析】 每户至少有一间居室布置在朝向良好的地段。居室包括客厅、卧室等。故选 D。

12. C

【解析】 行驶拖车的道路转弯半径为 12m。故选 C。

13. D

【解析】 机场用地的使用坡度为 $0.5\%\sim1.0\%$。故选 D。

14. B

【解析】 大中型商业建筑不小于 1/4 的周边总长度和建筑物不少于 2 个出入口与一边城市道路相邻接,基地内应设净宽度不小于 4m 的运输消防道路。故选 B。

15. B

【解析】 总平面设计包括主要建筑物、构筑物的坐标、层数、室内设计标高。B 选项中的室外设计标高错误,故 B 选项符合题意。

16. B

【解析】 场地设计标高应考虑的因素有:场地排水、交通联系的可能性、尽量减少土方平衡、考虑地下水位、地质条件。故选 B。

17. D

【解析】 框架结构的体系由楼板、梁、柱及基础 4 种承重构件组成。故选 D。

18. B

【解析】 孔隙率:材料中孔隙体积占材料总体积的百分率。它是反映材料的细观结构的重要参数。故选 B。

19. C

【解析】 隔热的主要手段有:(1)采用浅色光洁的外饰面;(2)采用遮阳-通风构造;(3)合理利用封闭空气层;(4)绿化植被隔热。故选 C。

20. B

【解析】 自然界中存在三种最基本的色光,它们的颜色分别为红色、绿色和蓝色。故选 B。

21. A

【解析】 对比可以借助相互烘托、陪衬求得变化;微差利用相互间的协调和连续性以求得调和;均衡包括对称均衡、不对称均衡和动态均衡;韵律分为连续韵律、渐变韵律、起伏韵律和交错韵律。故选 A。

22. C

【解析】 项目建议书的内容包括:(1)建设项目提出依据和缘由;(2)拟建规模和建设地点初步设想、论证;(3)资源情况、建设条件可行性及协作可靠性;(4)投资估算和资金筹措设想；(5)设计、施工项目进程安排；(6)经济效果和社会效益的分析与初估。故ABD属于建议书的内容。工程预算属于建筑设计阶段的内容。因此C选项符合题意。

23. D

【解析】 城市道路规划设计一般包括路线设计、交叉口设计、道路附属设施设计、路面设计和交通管理设施设计5个部分。其中道路选线、道路横断面组合、道路交叉口选型等都属于城市总体规划和详细规划的重要内容。故选D。

24. C

【解析】 高速列车限高为7.25m。故选C。

25. C

【解析】 公交车道宽度一般选用3.75m。故选C。

26. B

【解析】 1条车带的通行能力为1000辆/h,4.5m的宽度有4条车带,为4000辆/h。故选B。

27. D

【解析】 渠化交通适用于交通量较小的次要交叉口、交通组织复杂的异形交叉口和城市边缘地区的道路交叉口。在交通量比较大的交叉口,配合信号灯组织渠化交通,有利于交叉口的交通秩序,增大交叉口的通行能力。故选D。

28. D

【解析】 自行车交通组织常用措施主要有以下几种:(1)设置自行车右转专用车道;(2)设置左转候车区;(3)停车线提前法;(4)两次绿灯法;(5)设置自行车横道。故选D。

29. A

【解析】 主次干路相交的椭圆形中心岛的长轴应沿主干路方向布置。故选A。

30. B

【解析】 设计时速80km/h的路段,设互通式立交的最小距离为1000m。故选B。

31. B

【解析】 在选择交通控制类型时,"二路停车"一般适用于主干路与支路相交的路口。故选B。

32. C

【解析】 前进停车、前进发车常用于大型货车停车场,平均占地面积较大。故选C。

33. D

【解析】 路边停车带的面积为 $16\sim20\text{m}^2$/停车位。故选D。

34. B

【解析】 斜楼板式停车库比错层式机动车停车库用地更节省。故选B。

35. B

【解析】 站前广场的交通枢纽功能是第一位的,但它也是城市形象的缩影,更是城市环境质量和景观特色再现的空间环境。故选B。

36. C

【解析】 根据规范,中运量城市轨道交通系统的单向运输能力为1万人·次/h～

3万人·次/h。故选C。

37. C

【解析】 非传统水资源是指江河水系和浅层地下含水层中的淡水资源之外的水资源,包括雨水、污水、微咸水、海水等;城市水资源总量越大,相应的供水保证率越低;城市供水设施规模应该按照最高日用水量配置。故选C。

38. C

【解析】 排水分区规划的原则:(1)充分利用地形和水系,以最短的距离靠重力流将雨水排入附近水系;(2)高水高排,低水低排,避免将地势较高、易于排水的地段与低洼区划分在同一排水分区。故选C。

39. D

【解析】 计算规划区用水量是详细规划阶段供水工程的内容。故选D。

40. D

【解析】 对水厂常规处理后进一步深度处理属于水质型缺水的措施。故选D。

41. D

【解析】 确定开闭所容量和数量是城市详细规划阶段供电工程的内容。故选D。

42. D

【解析】 单位建筑面积负荷指标法常用于城市详细规划阶段的负荷预测。故选D。

43. D

【解析】 液化石油气储配站属于危险性企业,站址应选择在城市边缘;城市气源应尽可能选择多种气源;小城镇的燃气投资小,采用一级管网就可以满足。故选D。

44. D

【解析】 混合管网和三级管网系统两种情况适用于大、中城市。故选D。

45. A

【解析】 单回220kV电力架空线路走廊宽度控制为30～40m。故选A。

46. A

【解析】 城市供热对象选择应满足"先小后大,先集中后分散"的原则。故选A。

47. B

【解析】 邮政通信枢纽优先考虑客运火车站附近,有专门的邮政通道,便于衔接运输。电信局应避开变电站和电力线路,以避免强电对弱电的干扰。故选B。

48. D

【解析】 医疗垃圾属于危险废物,不能与生活垃圾混合填埋;生活垃圾热值不大于5000kJ/kg是无法燃烧的;生活垃圾卫生填埋场距离大、中城市建成区应大于5km。故选D。

49. D

【解析】 总体规划阶段,防灾规划的主要内容是:(1)确定防洪和抗震设防标准;(2)提出防灾对策措施;(3)布置防灾设施;(4)提出防灾设施规划建设标准。故选D。

50. A

【解析】 消防安全布局包括:(1)危险化学物品储存设施布局;(2)危险化学物品运

输;(3)建筑物耐火等级;(4)避难场地布置。故选 A。

51. B

【解析】 陆上消防站接到报警后,按正常速度 5min 要达到辖区边缘。故选 B。

52. D

【解析】 建设高标准的防洪工程属于工程措施,不是安全布局方面的内容。故选 D。

53. B

【解析】 同一次地震,主震震级只有一个,而烈度在空间上呈现明显差异。故选 B。

54. D

【解析】 人员掩蔽所距离人员工作生活地点不宜大于 120m。故选 D。

55. C

【解析】 压力管避让自流管,所以 C 选项排水管线应作为基础来控制高程。故选 C。

56. C

【解析】 交叉管线垂直净距指上面管道外壁最低点到下面管道顶外壁最高点之间的距离。故选 C。

57. B

【解析】 纵横断面法多用于地形比较复杂的地区。故选 B。

58. B

【解析】 不进行分析和决策,支持内部数据管理的系统为管理信息系统。故选 B。

59. A

【解析】 关系数据库的表由行和列组成,每一行代表一条记录,每一列代表一种属性。投影是指按需要选择列,选择则是按某种条件对表中的行进行选择。题目中是在 20 个字,1000 条记录中查找 5 个字符和 200 条记录,需要用到列和行的功能,也就需要投影+选择的操作。因此 A 选项符合题意。

60. B

【解析】 拓扑关系,指满足拓扑几何学原理的各空间数据间的相互关系,即用节点、弧段和多边形所表示的实体之间的邻接、关联、包含和连通关系。故选 B。

61. A

【解析】 典型的非空间属性数据如环保监测站的各种监测资料,道路交叉口的交通流量,道路路段的通行能力、路面质量。故选 A。

62. B

【解析】 邻近分析,产生离开某些要素一定距离的邻近区,是 GIS 的常用分析功能。例如,产生点状设施的服务半径包络区、道路中心线两侧等距边线包络区、历史性保护建筑的等距影响范围。故选 B。

63. B

【解析】 通过遥感数据只能观测地物的形状、范围等空间数据,无法直接获取地物的社会属性。比如通过遥感数据无法知道地图上某所大学的名字。故选 B。

64. C

【解析】 对林火的监测,不但需要监测林火的发生,还需要对林火的势头、方向、面积等进行多次观测和对比,要求可以一日进行多次观测。Landsat 可在同一地点成像18d;SpotHRV 的监测时间为 5d;MODIS 的监测时间为 1d 或者 2d;风云气象卫星可一日数次观测。故选 C。

65. C

【解析】 图形解译的依据有:(1)波谱特性;(2)物理特性;(3)几何特性。故选 C。

66. B

【解析】 微波可穿透云层,能分辨地物的含水量、植物长势、洪水淹没范围等情况,具有全天候的特点。故选 B。

67. A

【解析】 由于经济学研究的核心问题是市场中的资源配置问题,所以城市经济学也是从城市中最稀缺的资源——土地资源的分配问题开始着手,论证了经济活动在空间上如何配置可以使土地资源得到最高效率的利用。故选 A。

68. B

【解析】 公共经济关系是指政府与社会之间的经济关系。故选 B。

69. C

【解析】 当边际成本等于边际收益的时候,达到城市的最佳规模,但城市规模不会停止下来,因为此时平均收益仍高于平均成本,仍有企业或个人进入城市。平均成本等于平均收益的时候是均衡城市规模。最佳规模时期,平均收益高于平均成本。故选 C。

70. D

【解析】 限购、抢买车牌均涉及对无车人员的影响,而无车日是针对所有车进行限制,不属内部消化。征收拥堵费是把车辆拥堵的外部性内部化。故选 D。

71. B

【解析】 大城市采用公共交通的合理性是基于平均成本低。故选 B。

72. D

【解析】 当居民收入增加时,他们会消费更多的商品,也会选择更大的住房。根据房价曲线我们知道,离中心区越远,房价越低,所以对大房子的需要使得人们向外迁移,而收入的增加也使得人们可以支付由外迁带来的通勤交通成本的上升。这样的行为就导致接近中心区房价的下降和外围地区房价的上升,即价格曲线发生了扭转,变得更平缓了,房价的变化又导致相应的地价曲线发生同样的变化,结果就是城市边界的外移和城市空间规模的扩大。故选 D。

73. D

【解析】 ABC 选项均为正效应导致的结果,D 选项为负效应导致的结果。故选 D。

74. B

【解析】 城市交通早高峰的拥堵采用提高票价无法解决的原因是上班时间是刚性的。故选 B。

75. C

【解析】 采用"用脚投票"方式选择社会公共产品,选择者会依据自己的爱好来选择。故选 C。

76. A

【解析】 征收汽油税针对所有的汽车,空间上依旧会存在不均衡性,故 B 选项不正确,CD 选项是时间不均衡性的解决措施。对易达路段收费可以解决空间上的不均衡性。故选 A。

77. B

【解析】 资本密度与土地价格之间具有"替代效应",因此,土地价格上涨,会导致资本在地块上的密度增加。故选 B。

78. D

【解析】 除气温和降水等地理条件对城市分布有直接影响外,地形条件也是一个与城市分布有密切关系的地理影响因素。故选 D。

79. A

【解析】 人类社会的发展过程从产业的角度看是工业化的过程,从地域角度看是城市化,但二者仍有区别,不能认为城市化就是工业化。故选 A。

80. D

【解析】 城市功能地域一般比城市实体地域要大,包括联系的建成区以外的一些城镇和城郊,也可能包括一部分乡村地域。故选 D。

二、多项选择题(共 20 题,每题 1 分。每题的备选项中有 2~4 个符合题意。多选、少选、错选都不得分)

81. ABDE

【解析】 历史上形成的城市道路中的一些交叉口,或者由于交叉形状不合理,或者由于与交通流量流向不适应,而影响了交叉口的通行效率和行车安全,需要进行改善。除了渠化、拓宽路口、组织环形交叉和立体交叉外,改善的方法主要有以下几种:(1)错口交叉改为十字交叉;(2)斜角交叉改为正交交叉;(3)多路交叉改为十字交叉;(4)合并次要道路,再与主要道路相交。故选 ABDE。

82. ACDE

【解析】 设置立体交叉的条件:(1)快速道路(速度≥80km/h 的城市快速路、高速公路)与其他道路相交;(2)主干公路交叉口高峰小时流量超过 6000 辆当量小汽车(PCU)时;(3)城市干路与铁路干线交叉;(4)具有其他安全等特殊要求的交叉口和桥头;(5)具有用地和高差条件。故选 ACDE。

83. ACE

【解析】 一般而言,站前广场静态交通设施的布设,应从方便大多数乘客的角度出发,公交站点(或轨道交通车站)应离站房最近;大、中城市的站前广场因其庞大的公交线网,需要把公交站点布置在广场的内部,以充分体现换乘的便捷性;在有轨道交通的大城市和特大城市,一般都把轨道交通的车站设置在站前广场的地下(或高架位置),以实现旅客的无缝换乘。考虑到实际情况,社会车辆停车场可以修建在广场的地下,而且可以是多层。这样,广场的人、车拥挤状况会得到明显改善。流量特别大或者站前用地比较宽余的火车站一般都把出租车停车场的接客区和送客区分开来设置。故选 ACE。

84．ABCE

【解析】 生态恢复的特征有:(1)强调受损的生态系统要恢复到具有生态学意义的理想状态。生态恢复并不完全是自然的生态系统次生演替,人类可以有目的地对受损生态系统进行干预。(2)强调生态完整性恢复。生态恢复并不是对某个物种的简单恢复,而是对系统的结构、功能、生物多样性和持续性进行全面的恢复。(3)强调应用生态学过程的重要性。演替是生态系统的基本过程和特征,生态恢复本质上是生物物种和生物量的重建,以及生态系统基本功能恢复的过程。故选 ABCE。

85．ABDE

【解析】 内框架承重体系特点:(1)墙和柱都是主要承重构件,由于取消了承重内墙由柱代替,在使用上可以有较大的空间,而不增加梁的跨度。(2)在受力性能上有以下缺点:由于横墙较少,房屋的空间刚度较差;由于柱基础和墙基础的形式不一,沉降量不易一致,以及钢筋混凝土柱和砖墙的压缩性不同,结构容易产生不均匀变形,使构件中产生较大的内应力。(3)由于柱和墙的材料不同,施工方法不同,给施工工序的搭接带来一定的麻烦。因此 ABDE 选项符合题意。

86．ABCD

【解析】 缺水分为资源型缺水和水质型缺水,其中资源型缺水通过①开源节流、②非传统水资源的利用解决。选项 ACD 属于开源节流措施,选项 B 属于非传统水资源的利用。改进净水工艺属于水质型缺水的改进措施。因此 ABCD 符合题意。

87．BE

【解析】《中华人民共和国可再生能源法》第二条规定:本法所称可再生能源,是指风能、太阳能、水能、生物质能、地热能、海洋能等非化石能源。故选 BE。

88．CD

【解析】 单栋住宅的长度小于 80m 时,应设人行通道,C 选项错误;10 层以上的住宅为高层住宅,D 选项错误;单栋住宅的长度超过 160m,应设消防通道,高层住宅一般应有 2 部电梯,12 层以上的住宅每栋楼不应少于 2 部电梯,ABE 选项正确。故选 CD。

89．CD

【解析】 管线垂直净距指两条管线上下交叉敷设时,从上面管道外壁最低点到下面管道外壁最高点之间的垂直距离,D 选项错误。当新建管线与现状管线冲突时,新建管线应避让现状管线,C 选项错误。故选 CD。

90．BC

【解析】 纵横断面法多用于地形比较复杂地区的规划。设计等高线法多用于地形变化不太复杂的丘陵地区的规划。故选 BC。

91．BE

【解析】 市区内规划新建的变电所(站),宜采用户内式或半户外式结构;厂址要求在人口密度较低的地方,以核电厂为中心,半径 1km 内为限制区,在隔离区外围,人口密度也要适当。故选 BE。

92．AB

【解析】 目前我国生活垃圾处理常采用的方法为填埋(占 70%)、堆肥(占 20%)和焚烧(占 10%)。

固体垃圾焚烧可以达到减量化、无害化和资源化的目的。优点：能迅速而大幅度地减少容积，可以使体积减小 85%～95%，质量减少 70%～80%；可以有效地消除有害病菌和有害物质；所产生的能量可以供热、发电；占地面积小，选址灵活。焚烧的缺点主要是投资和运营管理费高，管理操作要求高；产生的气体处理不当，容易造成二次污染。故选 AB。

93．ABC

【解析】 邮政局(所)选址原则有四个，除题目选项中的 ABC 选项之外，还有：邮政局地址应设在闹市区、居住集聚区、文化游览区、公共活动场所、大型工矿企业、大专院校所在地。邮政通信枢纽选址原则要考虑有方便接发火车邮件的邮运通道。

94．AB

【解析】 利用低洼地区分蓄超过河道安全泄量的超额洪水的地区，叫作分蓄洪区。建立分蓄洪区，是牺牲局部利益，保证重点城市、重点地区安全的一项迫不得已的措施，因此 A、B 项正确。CDE 选项为行洪区和蓄洪区的主要作用。故选 AB。

95．ABCD

【解析】 突发性强的地质灾害包括滑坡、崩塌、塌陷、泥石流等。故选 ABCD。

96．ABC

【解析】 温室气体指的是大气中能吸收地面反射的太阳辐射，并重新发射辐射的一些气体，如水蒸气、二氧化碳、大部分制冷剂等。它们的作用是使地球表面变得更暖，类似于温室截留太阳辐射，并加热温室内空气的作用。这种温室气体使地球变得更温暖的影响称为"温室效应"。水蒸气(H_2O)、二氧化碳(CO_2)、氧化亚氮(N_2O)、甲烷(CH_4)和臭氧(O_3)是地球大气中主要的温室气体。故选 ABC。

97．CD

【解析】 编制环境影响报告书的基本建设项目范围除上述选项中的 CD 选项外，还包括：(1)一切对自然环境产生影响或排放污染物对周围环境质量产生影响的大、中型工业基本建设项目；(2)一切对自然环境和生态平衡产生影响的大中型水利枢纽、矿山、港口和铁路交通等基本建设项目；(3)对珍稀野生动物、野生植物等资源的生存和发展产生严重影响，甚至造成灭绝危险的大、中型基本建设项目；(4)对各种生态类型的自然保护区和有重要科学价值的特殊地质、地貌地区产生严重影响的基本建设项目。故选 CD。

98．ACD

【解析】 生态恢复指通过人工方法，按照自然规律，恢复天然的生态系统。B 选项错误；生态恢复是试图重新创造、引导或加速自然演化过程。C 选项正确。人类没有能力去恢复出真的天然系统，但是我们可以帮助自然提供基本的条件，然后让它自然演化，最后实现恢复。E 选项错误。生态恢复是研究生态整合性恢复和管理过程的科学，已成为世界各国的研究热点，其方法有物种框架方法和最大多样性方法。A 选项正确。生态恢复的原则包括自然法则、社会经济技术原则和美学原则。D 选项正确。因此 ACD 选项符合题意。

99. AB

【解析】 生态工程学的主要特征有：(1)是多目标的,能够导致资源的合理利用与生态保护;(2)是综合效益的,经济效益、生态效益和社会效益协调发展;(3)具有完整性、协调性、循环与自主的特性;(4)具有多学科相结合的特征,并能够检验生态学是否有用;(5)具有鲜明的伦理学特征,体现人类对自然的关怀而做出的精明选择。因此 AB 选项符合题意。

100. ABE

【解析】 城市热岛效应是由于人们改变城市地表而引起小气候变化的综合现象,是城市气候最明显的特征之一。由于城市化的速度加快,城市建筑群密集,柏油路和水泥路面比郊区的土壤、植被具有更大的热容量和吸热率,使得城市地区储存了较多的热量,并向四周和大气中大量辐射,造成了同一时间城区气温普遍高于周围的郊区气温,高温的城区处于低温的郊区包围之中,如同汪洋大海中的岛屿,人们把这种现象称为城市热岛效应。城市热岛效应是城市环境的地学效应的一种,不是污染效应,A 选项错误,热岛效应让城市与郊区产生环流,地面风由郊外吹向城区,不利于污染物扩散,B 选项错误。热岛效应是因为地物的热容和热比不同造成的,中、小城市也会产生热岛效应,E 选项错误。故 ABE 选项符合题意。

模 拟 题 二

一、单项选择题(共 80 题,每题 1 分。每题的备选项中,只有 1 个最符合题意)

1. 以下关于中国古代建筑知识的叙述,错误的是(　　　)。
   A. "小木作"指门、窗、隔扇、屏风以及其他非结构部件
   B. "步"是指屋架上的檩与檩中心线的垂直距离
   C. 建筑物纵向相邻两檐柱中心线间的距离称为面阔,各间面阔的总和为通面阔
   D. 建筑物横向相邻两柱中心线间的距离称为进深,各间进深的总和(前后檐柱中心线间的距离)为通进深

2. 以下关于多层住宅特征的叙述,错误的是(　　　)。
   A. 长外廊一梯服务多户,分户明确,每户有好朝向、采光、通风条件,不会对户内产生噪声、视线等干扰影响
   B. 长内廊两侧布置住户,服务户数多,各户均为单朝向,廊暗,且套间干扰大
   C. 点式住宅又称塔式住宅,其特点是若干户围绕一个楼梯或电梯枢纽布置,分户灵活,每户一般能够获得两面朝向,具有转角、通风良好、地形处理较灵活、自由、占地面积小等优点。但点式住宅外墙较多,造价较高,一些住房的居室易出现朝向不好的问题
   D. 多层住宅的垂直交通组织以楼梯间为枢纽,必要时辅助以走廊

3. 台阶式建设用地地面的坡度是(　　　)。
   A. 大于 6% 　　　　B. 小于 8% 　　　　C. 大于 8% 　　　　D. 大于 10%

4. 柔性防水屋面的基本构造层次从下至上依次是(　　　)。
   A. 结构层、找平层、防水层、结合层、保护层
   B. 结构层、找平层、结合层、防水层、保护层
   C. 结构层、防水层、找平层、结合层、保护层
   D. 结构层、结合层、防水层、找平层、保护层

5. 下列关于中国古代汉传佛教建筑的论述,正确的是(　　　)。
   A. 佛教建筑群的布局是左塔右殿
   B. 佛教建筑在汉代有较大发展
   C. 佛教建筑群包括塔、殿、廊院
   D. 云冈石窟、龙门石窟、敦煌石窟均为我国唐代开凿建成的艺术宝库

6. 建筑材料的基本物理参数除密度、表观密度、堆积密度外,还有(　　　)。
   A. 孔隙率、空隙率、吸水率、脱水率　　　B. 孔隙率、空隙率、吸水率、含水率
   C. 孔隙率、空隙率、脱水率、含水率　　　D. 孔隙率、吸水率、含水率、脱水率

7. 有机建筑理论的创始人是建筑大师（　　）。

    A. 勒·柯布西埃   B. 密斯·凡·德·罗

    C. 格罗皮乌斯   D. 赖特

8. 我国房地产开发的程序是（　　）。

    ①投资决策分析；②建设实施工作；③拟定设计文件；④建设前期工作；⑤拟定设计任务书

    A. ①—②—③—④—⑤   B. ①—④—⑤—③—②

    C. ①—②—⑤—③—④   D. ①—⑤—④—③—②

9. 在寒冷地区,住宅设计的一个主要矛盾是解决建筑的防寒问题,其包括哪两个方面?（　　）

    A. 采光与通风   B. 采光与开窗

    C. 采暖和保温   D. 通风与开窗

10. 联排式低层住宅,拼联长度一般取（　　）左右为宜。

    A. 30m   B. 40m   C. 45m   D. 60m

11. 一座跨度为50m的大型公共建筑,其合理的结构类型选择次序为（　　）。

    A. 空间网架、悬索、折板、薄壳   B. 平板网架、折板、屋架、拱式结构

    C. 拱式结构、屋架、薄壳   D. 单层刚架、屋架、拱式结构、薄壳

12. 我国自然式山水风景园林兴起于（　　）时期。

    A. 秦、汉   B. 魏、晋、南北朝

    C. 唐朝   D. 宋朝

13. 平屋顶和斜屋顶的坡度区分界限值是（　　）。

    A. 2%   B. 6%   C. 10%   D. 12%

14. 行人净空要求：净高要求为（　　）m,净宽要求为（　　）m。

    A. 2.0,0.70~1.0   B. 2.2,0.85~1.0

    C. 2.0,0.80~1.0   D. 2.2,0.75~1.0

15. 城市道路右侧同向车道通行能力将依次有所变化,假定最靠中线的一条车道的通行能力为1,则同侧右方向第三条车道的折减系数为（　　）。

    A. 0.90~0.95   B. 0.80~0.90

    C. 0.78~0.80   D. 0.65~0.78

16. 城市道路横断面由（　　）等几个部分组成。

    A. 机动车道、非机动车道、人行道

    B. 车行道、人行道、绿化带

    C. 车行道、人行道、分隔带、绿地

    D. 车行道、人行道、绿化带、道路交通设施

17. 车辆翻越坡顶时,与对面驶来的车辆之间应保证必要的安全视距,通常用设置（　　）的方法来保证。

    A. 平曲线   B. 竖曲线   C. 标志   D. 超高

18. 平原地区城市道路机动车最大纵坡宜控制在（　　）以下，最小纵坡应大于或等于（　　）。

    A. 2.5%；0.5%　　　　　　　　　　B. 2.5%；0.6%

    C. 5.0%；0.5%　　　　　　　　　　D. 6.0%；0.6%

19. 道路超高缓和段长度最好不小于（　　）m。

    A. 15～20　　　　B. 20～25　　　　C. 25～30　　　　D. 30～35

20. 道路行道树的最小布置宽度应为（　　）m；道路分隔带兼作公共车辆停靠站台或供行人过路临时驻足之用时，最好宽（　　）m 以上；绿化带最大宽度一般为（　　）m。

    A. 1.0；2.0；3.0～4.5　　　　　　B. 1.2；2.5；4.5～6.0

    C. 1.5；2.0；4.5～6.0　　　　　　D. 2.0；2.5；4.5～6.0

21. 平原地区城市道路机动车最大纵坡宜控制在（　　）以下，最小纵坡应大于（　　），纵坡小于（　　）时，应采取其他排水措施。

    A. 2.5%；0.5%；0.2%　　　　　　B. 2.5%；0.5%；0.3%

    C. 5.0%；0.5%；0.2%　　　　　　D. 5.0%；0.5%；0.3%

22. 以下四种城市排水体制中，在不具备改造条件的合流制地区可采用（　　）。

    A. 直排式合流制　　　　　　　　　B. 截流式合流制

    C. 不完全分流制　　　　　　　　　D. 完全分流制

23. 下列（　　）项属于城市道路上的路面标志。

    A. 车道线、防撞护栏、导向箭头、公共交通停靠范围

    B. 交通指挥信号、人行横道线、导向箭头

    C. 车道线、停车线、人行横道线、导向箭头

    D. 突起路标、停车线、交通指挥信号、停车道范围

24. 环形交叉口的中心岛直径为（　　）时，环道的外侧缘石可以做成与中心岛相同的同心圆。

    A. 45m　　　　　　B. 50m　　　　　　C. 55m　　　　　　D. 60m

25. 室内停车库场的停车面积规划指标按当量小汽车估算，常采用（　　）。

    A. 16～20m²/停车位　　　　　　　B. 20～25m²/停车位

    C. 25～30m²/停车位　　　　　　　D. 30～35m²/停车位

26. 下列有关"渠化交通"的表述，哪项是错误的？（　　）

    A. 适用于交通组织复杂的异形交叉口

    B. 适用于交通量较大的次要路口

    C. 适用于城市边缘地区的交叉口

    D. 可以配合信号灯使用

27. 在设计车速为80km/h的城市快速路上，设置互通式立交的最小净距为（　　）m。

    A. 500　　　　　　B. 1000　　　　　　C. 1500　　　　　　D. 2000

28. 下面四个选项中，不属于城市给水工程系统详细规划内容的是（　　）。

    A. 布置给水设施和给水管网

    B. 平衡供需水量，选择水源，确定取水方式和位置

C. 选择管材

D. 计算用水量,提出对水质、水压的要求

29. 在城市给水工程规划中进行水量预测时,一般采用下列( )组城市用水分类。

①工业企业用水;②生产用水;③居民生活用水;④生活用水;⑤公共建筑用水;⑥市政用水;⑦消防用水;⑧施工用水;⑨绿化用水

A. ①③⑤⑦   B. ①④⑥⑨

C. ②④⑥⑦   D. ①③④⑨

30. 城市排水按照来源和性质分为( )三类。

A. 生活污水、工业污水、降水   B. 生活污水、工业废水、降水

C. 生活污水、工业废水、雨水   D. 生活污水、工业污水、雨水

31. 下列工作内容中,( )项不属于城市分区规划中燃气工程规划的内容。

A. 选择城市气源种类

B. 确定燃气输配设施的分布、容量和用地

C. 确定燃气输配管网的级配等级,布置输配干线管网

D. 确定燃气输配设施的保护要求

32. 当工程管线交叉敷设时,自地表面向下的排列顺序宜为( )。

A. 电力管线、热力管线、燃气管线、给水管线、雨水管线、污水管线

B. 电力管线、燃气管线、热力管线、给水管线、雨水管线、污水管线

C. 电力管线、给水管线、雨水管线、燃气管线、热力管线、污水管线

D. 燃气管线、热力管线、电力管线、雨水管线、给水管线、污水管线

33. 用于地形比较复杂的地区,先在所需规划的居住区平面图上根据需要的精度绘出方格网,在方格网的每一交点上注明原地面标高和设计地面标高。这种方法属于详细规划阶段的竖向规划方法中的( )。

A. 设计等高线法   B. 高程箭头法

C. 纵横断面法   D. 竖向综合法

34. 下列关于城市供水工程规划内容的表述,哪项是正确的?( )

A. 非传统水资源包括污水、雨水,但不包括海水

B. 城市供水设施规模应按照最高日最高时用水量确定

C. 划定城市水源保护区范围是城市总体规划阶段供水工程规划的内容

D. 城市水资源总量越大,相应的供水保证率越高

35. 下列关于城市排水系统规划内容的表述,哪项是错误的?( )

A. 重要地区雨水管道设计宜采用3～5年一遇重现期标准

B. 道路路面的径流系数高于绿地的径流系数

C. 为减少投资,应将地势较高区域和地势低洼区域划在同一雨水分区

D. 在水环境保护方面,截流式合流制与分流制各有利弊

36. 在负荷预测中,要做的工作包括( )。

① 明确城市用电构成,提出城市各发展时期用电量及负荷的发展;

② 确定各产业用电水平及居民生活用电水平;

③ 确定电源、变电站等设施容量及设施空间规模,形成满足城市发展运作的供电系统;

④ 布局城市高压送电网和高压走廊。

A. ①②③④　　B. ①②③　　　　C. ①②④　　　　D. ②③④

37. 城市电源的两种基本类型是(　　　)。

A. 大型发电机组和城市发电厂

B. 城市发电厂和区域变电站

C. 大型发电机组和区域变电站

D. 火力发电厂和大型发电机组

38. 火电厂的选择要点是(　　　)。

① 电厂尽量靠近负荷中心;

② 厂址靠近原料产地或有良好的原料运输条件;

③ 厂址接近水源,水源要有充足的水量;

④ 厂址有足够容量的储灰场或灰渣回收利用能力;

⑤ 厂址有足够的出线走廊;

⑥ 厂址与周边其他城市用地要有一定的防护距离;

⑦ 地势高而平坦,工程地质条件良好;

⑧ 有方便的交通运输条件。

A. ①②③④⑥⑦　　　　　　　B. ①②③④⑤⑥⑦⑧

C. ①②③④⑤⑥　　　　　　　D. ②③④⑥⑦⑧

39. 下列不符合高压线路规划原则的是(　　　)。

A. 线路的长度短,减少线路电荷损失

B. 保证线路与居民、建筑物、各种工程构筑物之间的安全距离

C. 高压线路不宜穿过城市的中心地区和人口密集的地区

D. 高压线路可在高大乔木成群的树林带通过

40. 下列不属于城市燃气工程系统详细规划内容的是(　　　)。

A. 估算分区燃气的用气量

B. 规划布局燃气输配设施,确定其位置、容量和用地

C. 规划布局燃气输配管网

D. 计算燃气管网管径

41. 一般在(　　　)城市居民用气量会高于其他月份。

A. 10月、11月　　B. 11月、12月　　　C. 12月、1月　　　D. 1月、2月

42. 下列关于城市供电规划内容的表述,哪项是正确的?(　　　)

A. 变电站选址应尽量靠近负荷中心

B. 单位建筑面积负荷指标法是总体规划阶段常用的负荷预测方法

C. 城市供电系统包括城市电源和配电网两部分

D. 城市道路可以布置在220kV供电架空走廊下

43. 下列关于城市燃气规划内容的表述,哪项是正确的?(　　　)

A. 液化石油气储配站应尽量靠近居民区

B. 小城镇应采用高压一级管网系统

    C. 城市气源应尽可能选择单一气源

    D. 燃气调压站应尽可能布置在负荷中心

44. 下列关于城市环卫设施的表述,哪项是正确的?(　　　)

    A. 城市固体废物分为生活垃圾、建筑垃圾、一般工业固体废物三类

    B. 固体废物处理应考虑减量化、资源化、无害化

    C. 生活垃圾填埋场距大中城市规划建设区应大于1km

    D. 常用的生活垃圾产生量预测方法有万元产值法

45. 下列关于城市通信工程规划内容的表述,哪项是正确的?(　　　)

    A. 总体规划阶段应考虑邮政支局所的分布位置和规模

    B. 架空电话线可与电力线合杆架设,但是要保证一定的距离

    C. 无线电收、发信区的通信主向应直对城市市区

    D. 不同类型的通信管道分建分管是目前国内外通信行业发展的主流

46. 大气窗口指天体辐射中能穿透大气的一些(　　　)。

    A. 波段　　　　　B. 温度　　　　　C. 时间　　　　　D. 影像

47. 针对城市中污染物空间扩散的模拟分析,通常采用的方法是(　　　)。

    A. 邻近分析　　　B. 网络分析　　　C. 网格分析　　　D. 叠加分析

48. 工程填挖方计算采用的分析方法为(　　　)。

    A. 几何量算　　　B. 网络分析　　　C. 邻近分析　　　D. 栅格分析

49. 图像的几何分辨率是指(　　　)。

    A. 最小波长范围　　　　　　　　B. 最大波长范围

    C. 覆盖的地标空间范围　　　　　D. 图像上的最小地物尺寸

50. 经实际操作证明,利用(　　　)分辨率的卫星遥感影像,可以分辨出绝大多数类型的城市建设用地。

    A. 0.51m　　　　B. 0.61m　　　　C. 0.85m　　　　D. 1m

51. 下列关于数据质量的说法,错误的是(　　　)。

    A. 位置精度存在误差

    B. 属性精度通过减少疏忽可以减少误差

    C. 某些实用数据不存在数据质量问题

    D. 一些情况下,需要人为制造缺陷、增加误差

52. (　　　)表示市场价格和生产者所愿意供给的物品数量之间的关系。

    A. 需求曲线　　　B. 价格曲线　　　C. 供给曲线　　　D. 供需理论

53. 伯吉斯的同心圆城市理论的土地使用中,从城市中心向外用地依次为(　　　)。

    A. 中央商务区(CBD)、低收入住宅区、中等收入住宅区、高收入住宅区

    B. 商业区、CBD、低收入住宅区、中等收入住宅区、高收入住宅区

    C. 商业区、低收入住宅区、CBD、中等收入住宅区、高收入住宅区

    D. CBD、商业区、高收入住宅区、中等收入住宅区、低收入住宅区

54. 最早涉及城市经济问题的是有关学者在 20 世纪 20 年代对(　　)方面的研究。

    A. 城市土地经济和城市地价　　　　B. 城市土地经济和土地区位

    C. 城市交通和城市住宅　　　　　　D. 城市交通和土地区位

55. 县域内除县城外的其他镇经常明显偏离中心而靠近边缘,矿业城市要求邻接矿区,这是城市区位追求邻接于(　　)。

    A. 中心区域　　　　　　　　　　　B. 决定其发展的区域

    C. 重心区域　　　　　　　　　　　D. 交通枢纽

56. 与一般经济学相比,城市经济学研究的特殊性体现在(　　)方面。

    A. 地理空间属性　　　　　　　　　B. 城市土地配置

    C. 城市公共财政　　　　　　　　　D. 城市环境生态

57. 城市土地价格由(　　)来决定。

    A. 政府　　　　　B. 开发商　　　　　C. 供求关系　　　　D. 土地部门

58. 下列各类商品中,(　　)的需求相对来说是弹性的。

    A. 水　　　　　　B. 电　　　　　　C. 汽车　　　　　　D. 煤气

59. 位序-规模法则从(　　)的关系来考察一个城市体系的规模分布。

    A. 城市之间　　　　　　　　　　　B. 城市的规模和城市规模位序

    C. 城市不同位序　　　　　　　　　D. 城市规模和职能等级

60. 核心边缘理论是一种关于(　　)的理论。

    A. 城市空间相互作用和扩散　　　　B. 城市规模分布

    C. 城市产业结构调整　　　　　　　D. 城市职能研究

61. 按照城市离心扩散形式的不同,可分为(　　)两种类型的城市化。

    A. 向心型和离心型　　　　　　　　B. 景观型与职能型

    C. 外延型和飞地型　　　　　　　　D. 直接型和间接型

62. 下列适用于小城镇规模预测定性分析的是(　　)。

    A. 增长率法　　　B. 回归模型　　　C. 区位法　　　　D. 分项预测法

63. 体系具有一定的特点,下列不属于城镇体系特点的是(　　)。

    A. 整体性　　　　B. 层次性　　　　C. 动态性　　　　D. 稳定性

64. 下列关于城市基本部分与非基本部分的说法错误的是(　　)。

    A. 随着城市人口规模的增加,B/N 变大

    B. 规模相似的城市、专业化程度高的城市 B/N 较大

    C. 老城 B/N 较小

    D. 新城 B/N 较大

65. 从全世界城市空间分布看,城市的空间分布是(　　)。

    A. 均衡分布　　　　　　　　　　　B. 随机分布

    C. 不均衡集聚分布　　　　　　　　D. 均衡集聚分布

66. 依据城市地理学基础知识,下列不属于区域城镇体系研究主要内容的是(　　)。

    A. 城镇职能分工　　　　　　　　　B. 城镇规模等级

    C. 城镇空间组织结构　　　　　　　D. 城镇用地布局

67. 下列不是城市带地区的是(　　)。

    A. 印度孟买城市地区　　　　　　　　B. 美国五大湖沿岸地区

    C. 美国东北部海滨地区　　　　　　　　D. 中国以上海为中心的长江三角洲地区

68. 社会学收集资料的四种方法是(　　)。

    A. 问卷法、推理法、观察法、访谈法　　B. 问卷法、访谈法、观察法、文件法

    C. 访谈法、推理法、文件法、考证法　　D. 访谈法、观察法、推理法、考证法

69. (　　)是产生社区凝聚力和认同感的基础。

    A. 社区活动　　　B. 服务设施　　　C. 社区文化　　　　D. 社区人口

70. (　　)也可叫作结构性失业。

    A. 由于经济因素的不协调而产生的失业

    B. 由于社会因素的影响而引起的失业

    C. 由于自然界的条件变化或其他因素的影响而引起的失业

    D. 引起经济结构,甚至社会结构变动的失业

71. 城市社会学经验研究中,(　　)是迄今为止最严密、最科学的经验研究法。

    A. 社会观察法　　　　　　　　　　　B. 社会实验法

    C. 社会调查法　　　　　　　　　　　D. 文献分析法

72. 以下不属于造成我国城镇人口失业原因的是(　　)。

    A. 结构性失业　　　　　　　　　　　B. 摩擦性失业

    C. 贫困性失业　　　　　　　　　　　D. 高福利失业

73. 下列与城市社会学的研究无关的学者是(　　)。

    A. 帕克　　　　　B. 伯吉斯　　　　C. 哈维　　　　　D. 汤普逊

74. 首位度是指(　　)。

    A. 一国最大城市人口与第二位城市人口的比值

    B. 一国最大城市人口与其他所有城市人口之和的比值

    C. 一国最大城市人口与第一、第二大城市人口之和的比值

    D. 一国前二大城市人口之和与其他城市人口之和的比值

75. 当聚集力和分散力达到平衡时,城市规模就稳定下来,这个规模称为(　　)。

    A. 最佳规模　　　　　　　　　　　　B. 均衡规模

    C. 城市规模　　　　　　　　　　　　D. 规划规模

76. 高峰期增加交通成本对上下班的交通拥挤状况的改善没有效果,原因是(　　)。

    A. 上下班时间无弹性　　　　　　　　B. 上下班时间有弹性

    C. 上班不是刚性需求　　　　　　　　D. 空间不均衡

77. 下列说法正确的是(　　)。

    A. 城市越大,公共交通成本越低

    B. 城市越大,公共交通成本越高

    C. 城市公共交通成本与城市大小无关

    D. 公共交通越发达越经济

78. 自然生态系统由生物群落与无机自然环境所构成,以下表述(　　)项是正确的。

A. 生产者是绿色植物,消费者是动物,还原者是微生物

B. 生产者是人,消费者是动物,还原者是绿色植物

C. 生产者是动物,消费者是绿色植物,还原者是微生物

D. 生产者是微生物,消费者是动物,还原者是绿色植物

79. 工业废水不经处理而排放会对人类造成危害。下列( )类废水中污染物会长期积累在人体和动物体内,造成如神经、骨骼等方面的疾病。

A. 油类物质 B. 有机污染物

C. 重金属物质 D. 酸碱物质

80. 某城市附近湖泊由于城市污水的排入,湖中大量藻类繁殖耗去水中大量溶解氧造成鱼类死亡。该城市拟建的污水处理厂除了要满足一般二级处理的目标外,还需要把下列( )类污染物作为处理目标。

A. 重金属 B. 氮、磷、钾

C. 酸、碱污染 D. 酸、氢类、有毒物质

二、多项选择题(共20题,每题1分。每题的备选项中有2~4个符合题意。多选、少选、错选都不得分)

81. 下面关于砖混结构的纵向承重体系的论述,正确的是( )。

A. 在砖混结构的纵向承重体系中,对纵墙上开门、开窗限制较少

B. 在砖混结构的纵向承重体系中,对纵墙上开门、开窗大小和位置都有限制

C. 在砖混结构的纵向承重体系中,对横墙上开门、开窗限制较多

D. 在砖混结构的纵向承重体系中,对横墙上开门、开窗限制较少

E. 在砖混结构的纵向承重体系中,对横墙没有影响

82. 我国古代建筑成就主要以木构架建筑为主,其存在的内在优势包括( )。

A. 取材方便 B. 适用于大空间、复杂空间

C. 施工速度快 D. 便于搬迁

E. 未采用简支梁结构

83. 人行道宽度的确定要考虑下列( )选项。

A. 人行道所处的地段和道路性质

B. 步行交通量的发展远景

C. 车流量

D. 绿化环境建设和敷设各种城市管线的要求

E. 无障碍设计

84. 下列各项内容中,属于建筑"八大构件"的是( )。

A. 地基 B. 基础 C. 门窗 D. 勒脚

E. 雨篷

85. 下列建筑与广场中,( )属于巴洛克风格。

A. 罗马耶稣会教堂 B. 巴黎卢浮宫东廊

    C. 凡尔赛宫　　　　　　　　　　　D. 罗马圣彼得大教堂广场

    E. 罗马圣卡罗教堂

86. 下列各项叙述中,(　　)是现代主义建筑的观点。

    A. 建筑外观是建筑的主角

    B. 设计以功能为出发点

    C. 发挥新型建筑材料和建筑结构的性能

    D. 反对表面的外加装饰

    E. 注重建筑的经济性

87. 城市道路设计基本内容包括(　　)。

    A. 路面设计　　　　　　　　　　　B. 道路附属设施设计、路线设计

    C. 交通管理设施　　　　　　　　　D. 交叉口设计

    E. 道路选线

88. 城市道路交叉口可以使用交通岛组织渠化交通的包括(　　)。

    A. 交通量小的次要交叉口　　　　　B. 复杂的异形交叉口

    C. 城市边缘地区的交叉口　　　　　D. 一般平面十字交叉口

    E. 有连续交通要求的大交通量交叉口

89. 城市道路平面交叉口的改善措施包括(　　)。

    A. 合并次要道路,再与主要道路相连

    B. 多路交叉改为十字交叉

    C. 斜交叉改为正交叉

    D. 错口交叉改为十字交叉

    E. 丁字路口改为斜交叉

90. 螺旋坡道式停车库是常用的一种停车库类型,具有很多优点,但也具有以下缺点(　　)。

    A. 交通路线不明确　　　　　　　　B. 螺旋式坡道造价高

    C. 上下坡道干扰大　　　　　　　　D. 单位停车面积较大

    E. 布局复杂不整齐

91. 将城市工程管线按弯曲程度分类,下列(　　)属于可弯曲管线。

    A. 自来水管　　B. 污水管道　　C. 电信电缆　　　D. 电力电缆

    E. 电信管道

92. 下列属于城市总体规划阶段城市供水工程内容的是(　　)。

    A. 预测城市用水量

    B. 确定自来水厂布局和供水能力

    C. 布置输入管、配水管各级管线

    D. 确定管径以及管道的平面和竖向位置

    E. 划定水源保护区

93. 下列属于城市电力总体规划阶段负荷预测方法的是(　　)。

    A. 增长率法　　　　　　　　　　　B. 人均用电指标法

C. 单位建筑面积负荷指标法   D. 点负荷

E. 横向比较法

94. 下列属于消防布局阶段需要研究的内容是(　　　)。

A. 危险化学品设施布局   B. 危险化学品运输

C. 建筑耐火等级   D. 避难场地

E. 消防站规划

95. 下列城市地下工程管线避让原则正确的是(　　　)。

A. 自流管让压力管   B. 管径小的让管径大的

C. 现有的让新建的   D. 临时的让永久的

E. 不易弯曲的让易弯曲的

96. 空间数据对事物最基本的表示方法是(　　　)。

A. 点   B. 线   C. 面   D. 时间

E. 三维表面

97. 环境保护治理中,"三废"是指(　　　)。

A. 废气   B. 废水   C. 废渣   D. 废生活垃圾

E. 废弃物

98. 光化学烟雾最易发生在(　　　)条件下。

A. 大气相对湿度较低   B. 微风

C. 日照弱   D. 近地逆温

E. 冬季晴天

99. 下列关于 PM2.5 的说法正确的是(　　　)。

A. 当量直径小于 $2.5\mu m$

B. 易黏附有毒有害气体

C. 空气中停留时间长,输送距离远

D. 这个值越高,就代表空气污染越严重

E. 可进入呼吸道,但不能进入肺部

100. 下列属于社区三要素的是(　　　)。

A. 地区   B. 共同纽带   C. 社会互动   D. 距离

E. 归属感

模拟题二解析

一、单项选择题(共80题,每题1分。每题的备选项中,只有1个最符合题意)

1. B

【解析】 "步"是指屋架上的檩与檩中心线间的水平距离。各步的总和或侧面各开间宽度总和为"通进深"。若有斗拱,则按照前后挑檐檩中心线间水平距离计算。清代各步距离相等,宋代有相等的、递增或递减以及不规则排列的。故选 B。

2. A

【解析】 外廊式住宅在联排式低层住宅、多层、高层的板式住宅和"Y"形、"工"字形的点式住宅中普遍采用。它的交通方式是在房间的一侧设有公共走廊,走廊的一端通向楼梯和电梯。它可以分为长外廊和短外廊两种,长外廊一梯每层可以服务许多户,短外廊一梯每层可以服务 3～5 户。外廊也可分为封闭式和敞开式两种,前者多在多层、高层住宅中使用,采用柱子、栅栏和玻璃等围护。外廊式住宅的特点是:分户明确,每间或每套住房在公共走廊有一个出入口,每户均可获得较好的朝向,采光通风好。缺点是:外廊作为公共交通走道,所占的面积较大,建筑造价较高;同时,每户的门对着公共走廊,相互干扰较大。故选 A。

3. C

【解析】 规划地面形式包括平坡式、台阶式、混合式三种。其中用地自然坡度小于 3％时,宜规划为平坡式;坡度大于 8％时,宜规划为台阶式。用地的长边应平行于等高线布置;台地的高度宜为 1.5～3.0m。故选 C。

4. B

【解析】 柔性防水屋面的基本构造层次从下至上依次为:结构层、找平层、结合层、防水层、保护层。

结构层:为屋面承重层。找平层:其作用是使基层平整,防止卷材凹陷或断裂。结合层:其作用是在基层与卷材胶黏剂间形成一层胶质薄膜,使卷材与基层胶结牢固。防水层:用于屋面防水。保护层:其作用是保护防水层,减缓卷材老化和防止沥青等胶黏材料液化流淌。故选 B。

5. C

【解析】 佛教建筑分为汉传佛教建筑、藏传佛教建筑和南传佛教建筑三大类。汉传佛教建筑由塔、殿和廊院组成,其布局的演变由以塔为主,到前殿后塔,再到塔殿并列、塔另设别院或山门前,最后变成塔可有可无。佛教在两晋、南北朝时曾有很大发展,人们建造了大量的寺院、石窟和佛塔。我国现存著名石窟如云冈石窟、龙门石窟、天龙山石窟、敦煌石窟等,都肇始于这一时期。其建筑与艺术的造诣也都达到很高的水平。故选 C。

6. B

【解析】 建筑材料的基本物理参数有密度、表观密度、堆积密度、孔隙率、空隙率、吸水率、含水率。故选 B。

7. D

【解析】 F.L.赖特是第一位真正的有机建筑设计师。他将自然的主题和天然材料不断地应用在自己的建筑设计当中,如开放式的平面布局、简洁的几何线条和水、石头、木材、草原和天空,从而使所设计建筑与周围的环境相当和谐,并有机地融为一体。故选 D。

8. D

【解析】 我国房地产开发的基本程序为:投资决策分析—拟定设计任务书—建设前期工作—拟定设计文件—建设实施工作。因此 D 选项符合题意。

9. C

【解析】 在寒冷地区,住宅设计主要需解决的矛盾就是建筑的防寒问题,在设计上包括采暖和保温两方面措施。因此 C 选项符合题意。

10. A

【解析】 联排式低层住宅一般是将独院式住宅拼联至少 3 户以上,但不宜过多,否则交通迂回,干扰较大,通风也受影响。拼联也不宜过少,否则对节约用地不利,一般取 30m 左右为宜,即 3 户左右的拼联。故选 A。

11. C

【解析】 大跨度的建筑需要考虑没有烦琐支撑体系的屋盖结构形式,并且受力性能好,经济适用。拱式结构是一种较早为人类开发的结构体系,应用广泛,比较适宜的跨度为 40~60m,使用材料要求不高,是首选结构形式。屋架也是大跨度建筑的常用结构形式,屋架由杆件组成,节点为铰接,在节点荷载作用下,杆件只产生轴向力,预应力混凝土屋架跨度常为 24~26m,钢屋架可达 70m,可作为次选形式。薄壳式空间结构体系适用于较大跨度的建筑物,种类多,形式丰富多种,适用于多种平面,为制作多种形式的建筑物提供了良好结构条件。故选 C。

12. B

【解析】 中国园林主要经历了以下几个发展阶段:汉代以前为帝王皇族苑圃为主体的思想;魏、晋、南北朝奠定了山水园林的基础;唐代风景园林全面发展;两宋时造园风气遍及地方城市,影响广泛;明、清时期皇家园林与江南私家园林均达到鼎盛。故选 B。

13. C

【解析】 为了排除雨水,屋面必须设置坡度。坡度大则排水快,对屋面的防水要求可降低,反之则要求提高。根据排水坡的坡度大小不同可分为平屋顶和斜屋顶两大类,一般公认坡面升高与其投影长度之比<1:10 时为平屋顶,此比值>1:10 时为斜屋顶。故选 C。

14. D

【解析】 人在城市道路上通行要占有一定的通行断面,称为净空。为了保证交通的畅通,避免发生交通事故,要求街道和道路构筑物为行人的通行提供一定的限制性空间。

其中行人净高要求为 2.2m,净宽要求为 0.75～1.0m。故选 D。

15. D

【解析】 可能通行能力指的是在现实的道路和交通条件下,一条车道或一条道路某一路段的通行能力。城市道路一条车道的小汽车理论通行能力为每车道 1800 辆/h。靠近中线的车道,通行能力最大,右侧同向车道通行能力将依次有所折减,最右侧车道的通行能力最小。假定最靠中线的一条车道的通行能力为 1,则同侧右方向第二条车道通行能力的折减系数为 0.80～0.89,第三条车道的折减系数为 0.65～0.78,第四条车道的折减系数为 0.50～0.65。故选 D。

16. C

【解析】 城市道路横断面是指垂直于道路中心线的剖面,道路的用地总宽度包括车行道、人行道、分隔带、绿地等。故选 C。

17. B

【解析】 车辆越坡时,为保证与对面驶来的车辆之间保持必要的安全视距,通常采用设置竖曲线的方法,并以竖曲线半径来表示纵向视距限界。故选 B。

18. C

【解析】 城市道路所在地区起伏的地形、海拔高度、气温、雨量、湿度等,都会影响机动车辆的行驶状况和上坡能力,为兼顾地下管线的埋设要求,平原地区城市机动车道路最大纵坡宜控制在 5.0% 以下,最小纵坡主要考虑道路路面排水及管道埋设。考虑路面状况,一般路面最小纵坡应大于或等于 0.5%,有困难时可大于或等于 0.3%。故选 C。

19. A

【解析】 超高缓和段是由直线段上的双坡横断面过渡到具有完全超高的单坡横断面的路段。超高缓和段长度不宜过短,否则车辆行驶时会发生侧向摆动,行车不十分稳定,一般情况下最好不小于 15～20m。故选 A。

20. C

【解析】 道路行道树的最小布置宽度应以保证树种生长的需要为准,一般为 1.5m,相当于树穴的直径或边长。道路分隔带兼作公共车辆停靠站台或供行人过路临时驻足之用的最好宽 2m 以上。绿化带的最大宽度取决于可利用的路幅宽度,除为了保留备用地外,一般为 4.5～6.0m,相当于种植 2～3 排树。故选 C。

21. C

【解析】 城市道路为了便于行人行走和沿路建筑的处理,以及地下管线的埋设等要求,不宜把道路纵坡定得过大。对于平原城市,机动车最大纵坡宜控制在 5.0% 以下。城市最小纵坡主要取决于道路排水与地下管道的埋设。一般路面粗糙时,最小纵坡应大于 0.5%,在有困难时可大于或等于 0.3%。特殊困难路段,纵坡小于 0.2% 时,应采取其他排水措施。故选 C。

22. B

【解析】 根据《城市排水工程规划规范》(GB 50318—2017)3.3.2 条:除干旱地区外,城市新建地区和旧城改造地区的排水系统应采用分流制;不具备改造条件的合流制地区可采用截流式合流制排水体制。故选 B。

23. C

【解析】 在城市道路上广泛地使用着各种路面标志,如车道线、停车线、人行横道线、导向箭头以及分车线、公共交通停靠范围、停车道范围(高速公路还有路面边缘线),所有这些组织交通的线条、箭头、文字或图案,一般用白漆(或黄漆)涂在路面上,也有的用白色沥青或水泥混凝土、白色瓷砖或特制耐磨的塑料嵌砌或粘贴于路面上,以指引交通。故选C。

24. D

【解析】 环形交叉口中心岛直径小于60m时,环道的外侧缘石做成与中心岛相同的同心圆后,进入环道的车辆遇到两段反向曲线,不符合实际行车轨迹,降低了环形交叉口的通行能力。因此,环道的外侧缘石做成与中心岛相同的同心圆需要中心岛直径在60m以上。故选D。

25. D

【解析】 停车设施的停车面积规划指标按照当量小汽车进行估算时,露天地面停车场为$25\sim30\mathrm{m}^2$/停车位,路边停车带为$16\sim20\mathrm{m}^2$/停车位,室内停车库为$30\sim35\mathrm{m}^2$/停车位。故选D。

26. B

【解析】 渠化交通是指在道路上施画各种交通管理标线及设置交通岛,用以组织不同类型、不同方向车流分道行驶,互不干扰地通过交叉口。它适用于交通量较小的次要交叉口、交通组织复杂的异形交叉口和城市边缘地区的道路交叉口。在交通量比较大的交叉口,配合信号灯组织渠化交通,有利于交叉口的交通秩序,增大交叉口的通行能力。故选B。

27. B

【解析】 设计车速为80km/h的快速路,设置互通式立交的最小净距为1000m。故选B。

28. B

【解析】 城市给水工程系统详细规划的内容包括:计算用水量,提出对水质、水压的要求;布局给水设施和给水管网;计算输配水管渠管径,校核配水管网水量及水压;选择管材;进行造价估算。B选项为城市给水工程系统总体规划的主要内容。故选B。

29. C

【解析】 通常在进行用水量预测时,根据用水目的的不同,以及用水对象对水质、水量和水压的不同要求,将城市用水分为四类,即生产用水、生活用水、市政用水和消防用水。故选C。

30. B

【解析】 城市排水按来源和性质分为三类:生活污水、工业废水和降水。通常所说的城市污水是指排入城市排水管道的生活污水和工业废水的总和。故选B。

31. A

【解析】 选择城市气源种类属于城市总体规划中燃气工程规划的内容。城市分区规划中燃气工程规划的内容除BCD选项之外,还包括估算分区燃气的用气量。故选A。

32. A

【解析】 工程管线交叉敷设时,自地表面向下排列时要考虑管道内的介质及管线输送方式、埋深等问题,确定各管道垂直间距。一般自地表面向下的排列顺序宜为电力管线、热力管线、燃气管线、给水管线、雨水管线、污水管线。故选 A。

33. C

【解析】 纵横断面法多用于地形比较复杂的地区。沿方格网长轴方向者称为纵断面,沿短轴方向者称为横断面。这种方法的优点是对规划设计地区的原地形有一个立体的形象概念,容易着手考虑地形和改造;缺点是工作量大,花费的时间多。故选 C。

34. C

【解析】 非传统水资源是指江河水系和浅层地下含水层中的淡水资源之外的水资源,包括雨水、污水、微咸水、海水等,因此 A 选项错误。城市供水设施应按最高日用水量确定,B 选项错误。划定水源保护区的范围,提出水源保护措施是总体规划阶段供水工程规划的内容,C 选项正确。城市水资源总量越大,相应的供水保证率越低,D 选项错误。故选 C。

35. C

【解析】 排水分区是指考虑排水地区的地形、水系、水文地质、容泄区水位和行政区划等因素,把一个地区划分成若干个不同排水方式排水区的工作。一是充分利用地形和水系,以最短的距离靠重力将雨水排至附近水系。二是高水高排、低水低排,避免将地势较高、易于排水的地段与低洼区划分在同一排水分区。故选 C。

36. B

【解析】 在负荷预测中,需要做的工作主要为:明确城市用电构成,提出城市各发展时期用电量及负荷的发展;确定各产业用电水平及居民生活用电水平;确定电源、变电站等设施容量及设施空间规模,形成满足城市发展运作的供电系统。题目中的第④项为城市供电工程系统总体规划的主要内容。故选 B。

37. B

【解析】 城市电源由城市发电厂直接提供,或由外地发电厂经高压长途输送至变电所,接入城市电网。变电所除变换电压外,还起集中电力和分配电力的作用,并控制电力流向和调整电压。城市电源通常分为城市发电厂和区域变电所两种基本类型。故选 B。

38. C

【解析】 题目中的第⑦项和第⑧项是区域变电站的选址要点。区域变电站选址应注意:接近负荷中心或网络中心,地势高而平坦,交通运输方便,设在污染的上风侧,不占或少占农田。其中 110~500kV 的变电所所址宜在 100 年一遇的高水位上,35kV 变电所所址标高宜在 50 年一遇的高水位处。故选 C。

39. D

【解析】 D 选项易发生短路事故。

高压线路规划应注意下面一些问题:(1)线路应短捷,既可减少投资又可节约贵重的有色金属;(2)保证居民及建筑物的安全,有足够走廊宽度;(3)不宜穿过城市中心地区和人口密集地区；(4)考虑与其他工程管线的关系；(5)避免从洪淹区经过；(6)尽量减少线路转弯次数；(7)远离空气污浊的地区。

40. A

【解析】 估算分区燃气的用气量是城市燃气工程系统分区规划的主要内容。城市燃气工程详细规划的内容包括：计算燃气用量；规划布局燃气输配设施，确定其位置、容量和用地；规划布局燃气输配管网；计算燃气管网管径；进行造价估算。故选 A。

41. D

【解析】 由于我国居民炊事用气在春节期间大大增加，1 月、2 月的居民用气量一般高于其他月份。故选 D。

42. A

【解析】 变电站(所)选址应尽量靠近负荷中心或网络中心。单位建筑面积负荷指标法是详细规划阶段常用的负荷预测方法。城市供电系统包括供电电源、送电网和配电网。35kV 及以上高压架空线路应规划专用通道，并加以保护，下面不能规划布置城市道路。故选 A。

43. D

【解析】 液化石油气储配站属于甲类火灾危险性企业，站址应选择在城市边缘，与服务站之间的平均距离不宜超过 10km。小城镇应采用低压一级管网系统。城市气源应尽可能选择多种气源联合供气。故选 D。

44. B

【解析】 城市固体废弃物通常分为一般工业固体废物、城市建筑垃圾、城市生活垃圾、危险固体废物。在垃圾处理过程中，要遵循减量化、资源化、无害化的"三化"原则，故 A 选项错误，B 选项正确。生活垃圾及卫生填埋场应在城市建成区外选址，距离大、中城市规划建成区应该大于 5km，距小城市规划建成区应大于 2km，距居民点应大于 0.5km，所以 C 选项错误。常用的工业固体废物产生量预测方法有万元产值法，D 选项错误。故选 B。

45. B

【解析】 详细规划阶段应考虑邮政支局所的分布位置和规模。无线电收、发信区的通信主向应避开市区，一般选择在大中城市两侧的远郊区。不同类型的通信管道集中建设、集约使用是目前国内外通信行业发展的主流。故选 B。

46. A

【解析】 太阳光从宇宙空间到达地球表面须穿过地球的大气层，太阳光在穿过大气层时，会受到大气层对太阳光的吸收和散射影响，因而使透过大气层的太阳光能量受到衰减。但是大气层对太阳光的吸收和散射影响随太阳光的波长而变化。通常把太阳光透过大气层时透过率较高的光谱段称为大气窗口。大气窗口的光谱段主要有：微波波段、热红外波段、中红外波段、可见光和近红外波段。

大气窗口指天体辐射中能穿透大气的一些波段。由于地球大气中的各种粒子对辐射的吸收和反射，只有某些波段范围内的天体辐射才能到达地面。按所属范围不同分为光学窗口、红外窗口和射电窗口。故选 A。

47. C

【解析】 比较复杂的网格分析可以模拟资源在一定空间范围内的扩散能力。基于一些专业模型计算得到相应专题信息,如大气污染的空间扩散,也通常采用栅格的途径实现。故选 C。

48. D

【解析】 工程填挖方计算通常采用栅格分析法。故选 D。

49. D

【解析】 图像的几何分辨率是指影像图上能分辨出的最小地物尺寸。故选 D。

50. B

【解析】 经实际操作证明,利用 0.61m 分辨率的卫星遥感影像,可以分辨出绝大多数类型的城市建设用地。故选 B。

51. C

【解析】 任何实用性的数据均存在数据质量问题。故选 C。

52. C

【解析】 供给曲线表示市场价格和生产者所愿意供给的物品数量之间的关系。需求曲线表示物品的市场价格和这种物品的需求量之间的关系。故选 C。

53. A

【解析】 同心圆城市理论的城市,以不同用途土地围绕单一核心,有规则地向外扩展成圆形区域为特征。核心为商务中心(CBD),围绕商务中心通常是低、中、高收入阶层的环形居住区。故选 A。

54. B

【解析】 最早涉及城市经济问题的是 20 世纪 20 年代对城市土地经济和土地区位的研究,侧重于研究城市的土地经济,探讨城市发展中的内部结构和用地布局,其研究成果广泛地影响了城市规划、城市地理学等学科的发展。故选 B。

55. B

【解析】 中心、重心位置和邻接、门户位置是从城市及其腹地之间的相对位置关系来区分的。渔港要求邻近渔场,矿业城市要求邻近矿区,这是城市区位追求邻近于决定其发展的区域。县域内除县城外的其他镇经常明显偏离中心而靠近边缘是为了避免与中心县城的竞争,在县城引力较弱的边缘地区利用两县产品和商品价格的差别开展县际贸易而发展起来,追求的是邻近于决定其发展的区域。故选 B。

56. A

【解析】 城市经济学具有多学科性。它是从经济学中分离出来,并与城市问题的研究相结合而产生的一门新兴边缘学科。城市经济学研究的一个特殊性就是它不可脱离的地理空间属性。故选 A。

57. C

【解析】 市场机制是土地市场的运行机制。虽然收益机制在很大程度上决定了土地提供的经济剩余量,但经济剩余必须由开发经营者在土地市场上通过投资、租赁、买卖等方式得以实现,市场机制使得土地市场价格围绕着经济剩余量而波动。市场机制包括供求机制、竞争机制、利率机制等,其中供求机制是最基本的机制,供求关系决定土地的市场价格,而竞争机制和利率机制则对市场的供求关系产生影响。市场机制对地价形成的作用大小主要取决于两个方面:一是城市土地市场发育程度,即市场机制在多大程度上发挥对土地资源配置和地价形成的作用。土地市场化程度越高,市场竞争越激烈,市场主体的行为越规范,市场地价水平越接近地块的收益水平;反之,则市场地价水平与收益水平相差越大。二是土地市场的供求关系。一般地,供求关系越紧张,市场地价水平越高,越接近地块的收益水平。故选 C。

58. C

【解析】 不同的物品对价格变动的反应程度不同,经济学上称之为供需的价格弹性。如果一种物品的需求对价格变化的反应大,就可以说这种物品的需求是富有弹性的;反之,如果一种物品的需求对价格变化反应不大,则此种物品是缺乏弹性,或者说是趋于刚性的。通常,生活必需品倾向于刚性,非必需品及奢侈品倾向于弹性。城市中的基础设施如水、电、煤气作为生活必需品,其需求相对来说是缺乏弹性的。一个特殊的例子是土地,短期内城市土地的供应是接近刚性的,土地供应曲线呈垂直向上的直线。土地中、长期的供给仍呈弹性。故选 C。

59. B

【解析】 位序-规模法则从城市的规模和城市规模位序的关系来考察一个城市体系的规模分布。现在广泛使用的公式实际是罗卡特模式的一般化。故选 B。

60. A

【解析】 经济发展不会同时出现在每一地区,但是,一旦经济在某一地区得到发展,产生了主导工业或发动型工业时,则该地区就必然产生一种强大的力量,使经济发展进一步集中在该地区,该地区必然成为一种核心区域,而每一核心区均有一影响区,约翰·弗里德曼称这种影响区为边缘区。核心区与边缘区共同组成一个完整的空间系统。

一个空间系统发展的动力是核心区产生大量革新(材料、技术、精神、体制等),这些革新从核心向外扩散,影响边缘区的经济活动、社会文化结构、权力组织和聚落类型。因此,连续不断地产生的革新,通过成功的结构转换而作用于整个空间系统,促进国家发展。除了产生革新外,核心-边缘模式还包括四个基本的空间作用过程,联系空间系统中的核心区和边缘区:革新的扩散、决策、移民和投资。因此,可以认为核心边缘理论是一种关于城市空间相互作用和扩散的理论。故选 A。

61. C

【解析】 按照城市离心扩散形式的不同,可分为外延型和飞地型两种类型的城市化。如果城市的离心扩散一直保持与建成区接壤,连续渐次地向外推进,则这种扩散方式称为外延型城市化。如果在推进过程中出现了空间上与建成区断开、职能上与中心城市保持联系的城市扩展方式,则称为飞地型城市化。

城市化概念包括两方面的含义:一是物化了的城市化,即物质上和形态上的城市化;二是无形的城市化,即精神上的、意识上的城市化,生活方式的城市化。故选 C。

62. C

【解析】 区位法、类比法、分配法适用于小城市规模预测。故选 C。

63. D

【解析】 城镇体系具有整体性、等级性或层次性、动态性等特点。故选D。

64. A

【解析】 随着城市人口规模的增大,非基本部分的比例有相对增加的趋势,B/N变小。故选A。

65. C

【解析】 从世界或大洲以及多数国家的情况来看,城市的空间分布具有典型的不均匀性,即城市在地域空间上的分布不属于均衡分布,也不属于随机分布,而呈典型的集聚分布的特征。故选C。

66. D

【解析】 城镇用地布局属于城市总体规划的内容,不属于城镇体系规划。故选D。

67. A

【解析】 世界上现有的城市带有6个:美国东北部海滨城市带;美国五大湖沿岸城市带;日本太平洋沿岸东京至横滨、大阪城市带;英格兰城市带;欧洲大陆城市带;中国以上海为中心的长江三角洲城市带。故选A。

68. B

【解析】 城市社会学收集资料的方法主要有访谈法、问卷法、观察法、文件法等几种。故选B。

69. C

【解析】 公共文化服务体系建设是一个系统工程,社区文化建设是其中的重要组成部分。在社区文化建设中,精神层面的建设尤为重要,让社区居民有强烈的社区认同感、归属感,对于构建和谐社会具有基础性作用。邻里意识、互助精神、共同价值这几个关键词,可以帮助诠释社区文化的内涵。故选C。

70. D

【解析】 科学技术的进步,会引起生产和劳动结构的变动。使用新的生产设备、生产方法、新的材料或组织新的生产过程,改善经营管理,都会更加节约劳动力而引起一部分劳动力的失业。这就引起经济结构甚至社会结构的变动,这类失业也可叫作结构性失业。故选D。

71. B

【解析】 社会实验法是把研究对象置于人为设计的条件控制中进行观察和比较的研究方法,是迄今为止最严密、最科学的经验研究法。故B选项符合题意。

72. D

【解析】 现阶段,造成我国城镇人口失业的原因主要有以下几种:一是结构性失业,即由于产业结构的调整,部分产业出现下滑与衰退现象,造成原从业人员失业;二是摩擦性失业,即频繁地更换工作所造成的间歇性失业;三是贫困性失业,即由于地区经济发展活力不足,创造的就业岗位有限,无法满足就业需求,导致一部分人因找不到工作失业。故ABC正确。高福利失业一般是西方发达国家人们因享受高福利不愿找工作而所谓的失业。因此D选项符合题意。

73. D

【解析】 汤普逊与城市社会学研究无关。故选 D。

74. A

【解析】 首位度是衡量城市规模分布状况的一种常用指标,即一国最大的城市与第二位城市人口的比值。首位度大的城市规模分布就叫首位分布。首位城市和首位度的概念被引入中国以后,原先的特定含义被淡化了,有人把国家或区域中规模最大的城市统称为首位城市。故选 A。

75. B

【解析】 当聚集力和分散力达到平衡时,城市规模就稳定下来,这个规模称为均衡规模。故选 B。

76. A

【解析】 要减少由于交通供求的时间不均衡带来的问题,基本思路是要想办法减少需求的时间波动性,而需求的时间波动性是由于人们的出行在时间上集中带来的,所以要想办法减少出行的时间集中度。办法之一是用价格来调节,当高峰小时的出行价格上升时,能避开高峰时的人们就会尽量避开高峰时段出行,但由于大部分人的上班时间具有刚性,所以需求曲线的弹性较小,靠价格调整到供求完全平衡就困难,因此,增加高峰期交通出行成本对上下班交通拥堵状况改善没有效果,主要是因为大部分人的上下班时间无弹性。故 A 选项符合题意。

77. A

【解析】 城市越大,公共交通的人均成本越低,乘坐公共交通的人数也多,越经济。故选 A。

78. A

【解析】 自然生态系统以生物结构和物理结构为主线,包括植物、动物、微生物、人工设施和自然环境等。其中生产者是绿色植物,消费者是动物,还原者是微生物。故选 A。

79. C

【解析】 工业废水不经处理排放会对人类造成危害,重金属物质类废水中污染物会长期积累在人体和动物体内,造成如神经、骨骼等方面疾病的长期影响。故选 C。

80. B

【解析】 大量藻类的繁殖是因为水中含有大量的氮、磷、钾等元素,因此,对此类污水的处理应把氮、磷、钾增加为污水的处理目标。故选 B。

二、**多项选择题**(共 20 题,每题 1 分。每题的备选项中有 2~4 个符合题意。多选、少选、错选都不得分)

81. BD

【解析】 纵向承重体系荷载的主要传递路线是:板—梁—纵墙—基础—地基。纵墙是主要承重墙。横墙的设置主要是为了满足空间刚度和整体性的要求,它的间距可大可小,空间布置较灵活;纵墙作承受荷载之用,因此,纵墙上开门、开窗的大小和位置都受到一定限制,横墙上开门、开窗的限制较少。

横向承重体系荷载的主要传递路线是:板—横墙—基础—地基。横墙是主要承重墙,纵墙起围护、隔断作用,因此纵墙上开门、开窗的限制较少。这种体系在抵抗风力、地震作用等水平荷载的作用和调整地基的不均匀沉降方面,比纵墙承重体系有利得多。故选 BD。

82. ACD

【解析】 中国木构架建筑长期、广泛地被作为一种主流建筑类型加以使用,必然有其内在优势。具体体现为:取材方便;适应性强;有较强的抗震性能;施工速度快;便于修缮、搬迁。但也存在根本性缺陷:木材现在越来越少;易遭火灾;采用简支梁体系,难以满足更大、更复杂的空间需求。故选 ACD。

83. ABDE

【解析】 人行道的宽度主要由步行交通需要宽度和绿化管线布置要求确定。步行交通需要宽度=一条人行带宽度×所需人行带数。规范规定,一条人行带的宽度按所处的地段和道路性质确定(比如车站码头要求宽于一般道路,生活性道路大于交通性道路)。A 选项正确。所需人行带数主要考虑步行交通的发展远景。B 选项正确。从无障碍通行的要求出发,人行道宽度还必须适应各类人群的要求,E 选项正确。由于绿化、地下管线敷设一般沿人行道设置,在进行人行道宽度设计时,还应该满足相应管线敷设的要求。D 选项正确。人行道宽度与车流量没关联,因此 C 选项错误。因此,ABDE 选项符合题意。

84. BC

【解析】 建筑的"八大构件"为:竖向的基础、墙体、门、窗构件,水平部分的屋顶、楼面、地面构件及解决上下层交通联系的楼梯。故选 BC。

85. ADE

【解析】 罗马耶稣会教堂、罗马圣彼得大教堂广场、罗马圣卡罗教堂属于巴洛克建筑风格;巴黎卢浮宫东廊是法国古典主义建筑的经典之作;凡尔赛宫是绝对君权时期的作品。故选 ADE。

86. BCDE

【解析】 现代建筑运动,其代表人物建筑主张的共同特点是:(1)设计以功能为出发点;(2)发挥新型材料和建筑结构的性能;(3)注重建筑的经济性;(4)强调建筑形式与功能、材料、结构、工艺的一致性,灵活处理建筑造型,突破传统的建筑构图格式;(5)认为建筑空间是建筑的主角;(6)反对表面的外加装饰。故选 BCDE。

87. ABCD

【解析】 城市道路设计基本内容包括路面设计、道路附属设施设计、路线设计、交通管理设施、交叉口设计五个部分。故选 ABCD。

88. ABC

【解析】 采用渠化交通,即在道路上施画各种交通管理标线及设置交通岛,用以组织不同类型、不同方向车流分道行驶,互不干扰地通过交叉口。它适用于交通量较小的次要交叉口、交通组织复杂的异形交叉口和城市边缘地区的道路交叉口。在交通量比较大的交叉口,配合信号灯组织渠化交通,有利于交叉口的交通秩序,增大交叉口的通行能力。故选 ABC。

89. ABCD

【解析】 城市道路平面交叉口改善措施包括:(1)错口交叉改为十字交叉;(2)斜交叉改为正交叉;(3)多路交叉改为十字交叉;(4)合并次要道路,再与主要道路相连。故选 ABCD。

90. BD

【解析】 螺旋坡道式停车库停车楼面采用水平布置,每层楼面之间用圆形螺旋式坡道相连,坡道可为单向行驶(上下分设)或双向行驶(上下合一,上行在外,下行在里)。螺旋坡道式停车库布局简单整齐,交通线路明确,上下行坡道干扰少,速度较快,但螺旋式坡道造价较高,用地稍比直行坡道节省,单位停车面积较大,是常用的一种停车库类型。因此 BD 选项符合题意。

91. ACD

【解析】 自来水管是压力管,可以弯曲,电缆更易弯曲。故选 ACD。

92. ABE

【解析】 总体规划阶段供水工程规划的主要内容是:(1)预测城市用水量;(2)进行水资源供需平衡分析;(3)确定城市自来水厂布局和供水能力;(4)布置输水管(渠)、配水干管和其他配水设施;(5)划定城市水源保护区范围,提出水源保护措施。故选 ABE。

93. ABE

【解析】 城市电力总体规划阶段负荷预测方法,宜选用电力弹性系数法、回归分析法、增长率法、人均用电指标法、横向比较法、负荷密度法、单耗法等。故选 ABE。

94. ABCD

【解析】 消防安全布局需要研究的内容是:(1)危险化学物品设施布局;(2)危险化学品运输;(3)建筑耐火等级;(4)避难场地。故选 ABCD。

95. BD

【解析】 城市地下工程管线避让原则是:(1)压力管让自流管;(2)管径小的让管径大的;(3)易弯曲的让不易弯曲的;(4)临时性的让永久性的;(5)工程量小的让工程量大的;(6)新建的让现有的;(7)检修次数少的、方便的,让检修次数多的、不方便的。故选 BD。

96. ABCE

【解析】 空间数据对事物最基本的表示方法是点、线、面和三维表面。所谓点是指该事物的大小、长度可忽略不计;所谓线是指该事物的面积可以忽略不计,但长度、走向很重要;所谓面是指该事物具有封闭的边界、特定的面积,一般为不规则的多边形;所谓三维表面是指该事物在一定地理范围内边界比较模糊,在空间上可能是连续变化的。三维表面一般以图像、等值线等方式表示。地理信息系统将点、线、面、三维表面等信息储存在计算机中,成为事物的空间数据。故选 ABCE。

97. ABC

【解析】 在环境保护治理中"三废"是指废水、废气、废渣三种废弃物。故选 ABC。

98. ABD

【解析】 光化学烟雾一般最易发生在大气相对湿度较低,微风、日照强、气温为 24～32℃ 的夏季晴天并有近地逆温的天气,是一种循环过程,白天生成,傍晚消失。故选 ABD。

99. BCD

【解析】 PM2.5 是指当量直径小于或等于 $2.5\mu m$ 的颗粒物,浓度数值越高,表示污染浓度越大。它可长时间停留在空气中,输送的距离远,易附带有毒、有害物质,能进入肺部,对人体伤害较大。故选 BCD。

100. ABC

【解析】 社区三要素:(1)地区;(2)共同纽带;(3)社会互动。故选 ABC。

模 拟 题 三

一、单项选择题(共80题,每题1分。每题的备选项中,只有1个最符合题意)

1. 中国宋代建筑中使用的建筑模数是用( )作为标准的。
   A. 斗口　　　　　B. 材　　　　　C. 步架　　　　　D. 开间

2. 我国炎热地区的建筑朝向多选择( )。
   A. 东向　　　　　B. 北向　　　　　C. 南向　　　　　D. 西向

3. 拱是一种曲线或折线形构件,主要承受( )。
   A. 弯力　　　　　B. 扭矩　　　　　C. 弯矩　　　　　D. 轴向压力

4. 下面叙述正确的是( )。
   A. 唐代建筑的典型是山西太原晋祠圣母殿
   B. 河北承德外八庙建于 18 世纪初期
   C. 辽代建筑的典型是山西五台县佛光寺大殿
   D. 宋代建筑的典型是天津蓟县独乐寺

5. 下面关于古罗马建筑的叙述错误的是( )。
   A. 古罗马建筑的历史发展可分为三个时期:雅典时期、罗马共和国盛期、罗马帝国时期
   B. 罗马人把古希腊柱式发展分为五种,即多立克柱式、塔司干柱式、爱奥尼柱式、科林斯柱式和组合柱式,并创造了券柱式
   C. 古罗马公共建筑大发展,对券拱、陶工的发展有促进作用
   D. 古罗马公共建筑的艺术成就包括大竞技场、图拉真广场和纪功柱、凯旋门

6. 下列四个建筑中,( )建筑体现了"新建筑五点"原则。
   A. 范斯沃斯住宅　　　　　　　　B. 萨伏伊别墅
   C. 马赛公寓　　　　　　　　　　D. 流水别墅

7. 按空间使用功能来分,一套住宅应包括( )部分。
   A. 居室、厨房、门厅、阳台等
   B. 居室、厨房、卫生间、门厅或过道、储藏间、阳台、餐室、客厅等
   C. 卧室、起居室、厨房、餐室等
   D. 居室、客厅、厨房、阳台、门厅等

8. 关于场地排水下列说法正确的是( )。
   A. 暗管排水多用于建筑物、构筑物比较集中的场地,运输线路及地下管线较多、面积较大、地势平坦的地段
   B. 暗管排水多用于建筑物、构筑物比较分散的场地,断面尺寸按汇水面积大小

而定

    C. 明沟排水多用于建筑物、构筑物较集中的场地,断面尺寸按汇水面积而定

    D. 明沟排水多用于建筑物、构筑物比较分散的场地,运输路线及地下管线较多、面积较大、地势平坦的地段

9. 我国古代最完整的建筑技术书籍是(　　)。

    A.《周礼·考工记·匠人》   B. 宋《木经》

    C. 宋《营造法式》   D. 清《工程做法则例》

10. 一般情况下,下列公共建筑中兼有连续性疏散和集中性疏散性质的是(　　)。

    A. 商店   B. 学校教学楼   C. 剧院   D. 旅馆

11. 一座跨度为50m的大型公共建筑,其合理的结构类型选择次序为(　　)。

    A. 空间网架、悬索、折板、薄壳   B. 平板网架、折板、屋架、拱式结构

    C. 拱式结构、屋架、薄壳   D. 单层刚架、屋架、拱式结构、薄壳

12. 我国自然式山水风景园林兴起于(　　)时期。

    A. 秦汉   B. 魏晋南北朝   C. 唐朝   D. 宋朝

13. 第二次世界大战后建筑的主要思潮不包括(　　)。

    A. 对"理性主义"的充实与提高,讲求技术精美的倾向

    B. "粗野主义"倾向、"典雅主义"倾向

    C. 工艺美术运动、注重"高度工业技术"倾向

    D. 讲求"个性"与象征的倾向,后现代主义

14. 中国古代建筑中宫殿的等级制度由高到低排列,以下各项表述正确的是(　　)。

    A. 重檐庑殿、单檐庑殿、重檐歇山、单檐歇山

    B. 重檐庑殿、重檐歇山、重檐攒尖、硬山、悬山

    C. 重檐庑殿、重檐歇山、重檐攒尖、悬山、硬山

    D. 硬山、悬山、重檐攒尖、重檐歇山、重檐庑殿

15. 场地设计时,一般来说,当地面的自然坡度(　　)时宜做平坡处理。

    A. 为3%   B. 小于3%   C. 大于3%   D. 无论什么坡度

16. 斗拱是我国木构架建筑特有的结构构件,其作用是在柱子上伸出悬臂承托出檐部分的重量,还作为封建社会中森严等级制度的象征和重要建筑的尺度衡量标准。明清以前唐宋时期斗拱的结构作用十分明显,作为承重构件,明清以后逐渐变为装饰构件,但其结构作用仍未丧失。斗拱在宋代称作(　　)。

    A. 斗头   B. 材   C. 铺作   D. 木作

17. 供残疾人轮椅通过的门,净宽最小尺寸不应小于(　　)。

    A. 0.6m   B. 0.8m   C. 1.0m   D. 1.2m

18. 地震区多层砌体房屋结构体系的承重方案中,下列(　　)合适。

    A. 下部采用横墙承重,上部采用纵墙承重方案

    B. 区段性纵墙或横墙承重方案

    C. 横墙承重或纵横墙共同承重方案

    D. 纵墙承重方案

19. 色彩三原色是( )。

    A. 红色、绿色、蓝色   B. 红色、黄色、蓝色

    C. 绿色、蓝色、紫色   D. 黄色、绿色、紫色

20. 在纵向承重体系中,( )承受的荷载较大,因此在此墙上开门、开窗的位置都受到一定限制。

    A. 山墙   B. 外墙   C. 横墙   D. 纵墙

21. 建筑构造中经常要在几个间层中进行冷底子油漆刷,其作用是( )。

    A. 防水   B. 密合缝隙   C. 黏结   D. 隔潮

22. 在城市道路工程设计中,下列( )项是包括在城市道路平面设计中的。

    A. 行车安全视距验算   B. 街头绿地绿化设计

    C. 雨水管干管平面布置   D. 人行道铺地设计

23. 下列( )项属于城市道路上的路面标志。

    A. 车道线、防撞护栏、导向箭头、公共交通停靠范围

    B. 交通指挥信号、人行横道线、导向箭头

    C. 车道线、停车线、人行横道线、导向箭头

    D. 突起路标、停车线、交通指挥信号、停车道范围

24. 环形交叉口的中心岛直径为( )时,环道的外侧缘石可以做成与中心岛相同的同心圆。

    A. 45m   B. 50m   C. 55m   D. 60m

25. 室内停车库场的停车面积规划指标,按当量小汽车估算,常采用( )。

    A. 16~20m²/停车位   B. 20~25m²/停车位

    C. 25~30m²/停车位   D. 30~35m²/停车位

26. 一般平面环道的宽度选择( )左右比较适当。

    A. 18m   B. 21m   C. 24m   D. 25m

27. 城市次干路交叉口转角半径一般为( )m。

    A. 15~25   B. 8~10   C. 5~8   D. 3~5

28. 环形交叉口环道的设计车速一般为路段设计行车速度的( )倍。

    A. 0.3   B. 0.5   C. 1.0   D. 2.0

29. 交通量较小的次要交叉口、异形交叉口一般采用( )的交通管理与组织形式。

    A. 无交通管制   B. 渠化交通

    C. 交通指挥   D. 立体交叉

30. 机动车停止线应设在人行横道线( )处。

    A. 里侧面1~2m   B. 外侧面2~3m

    C. 里侧面2~3m   D. 外侧面1~2m

31. 城市道路非机动车的最大纵坡,按自行车的行驶能力控制在( )以下为宜。

    A. 2.0%   B. 2.5%   C. 3.0%   D. 3.5%

32. 航道等级分( )级,其中桥下二级航道的净高限界为( )m。

    A. 3;7.0   B. 4;8.0   C. 5;10.0   D. 6;11.0

33. 净空与限界的关系是( )。

  A. 净空大于限界   B. 净空等于限界

  C. 净空小于限界   D. 不一定

34. 城市道路横向安全距离取为( )m。

  A. 0.8~1.0   B. 1.0~1.4

  C. 1.2~1.6   D. 1.6~2.0

35. 当机动车与非机动车分隔行驶时,双向( )是最经济合理的。

  A. 2~4 条非机动车道   B. 3~5 条非机动车道

  C. 4~6 条机动车道   D. 6~8 条机动车道

36. 单位专用停车场常采用下列( )项车辆停发方式。

  A. 前进停车,后退发车   B. 后退停车,前进发车

  C. 前进停车,前进发车   D. 后退停车,后退发车

37. 立体交叉适用于快速、有连续交通要求的大交通量交叉口,可分为两大类,下列分类中( )是正确的。

  A. 简单立交和复杂立交   B. 定向立交和非定向立交

  C. 分离式立交和互通式立交   D. 直通式立交和环行立交

38. 城市地面机动车公共停车场,当车位超过( )个时,出入口不少于两个。

  A. 30   B. 50   C. 100   D. 150

39. 当竖曲线半径为定值时,其切线长度随着两纵坡差的数值加大而( )。

  A. 加大   B. 缩小

  C. 保持不变   D. 与纵坡值大小成正比

40. 为了保持平面和纵断面的线形平顺,一般取凸形竖曲线的半径为平曲线半径的( )倍。

  A. 5~8   B. 8~12   C. 10~20   D. 15~25

41. 在机动车与非机动车混行的道路上,应以( )的爬坡能力来确定道路的最大纵坡。

  A. 小汽车   B. 载重车   C. 机动车   D. 非机动车

42. 大型公交车应该采取的停车、发车的方式是( )。

  A. 后退发车,前进停车   B. 后退发车,后退停车

  C. 前进发车,后退停车   D. 前进发车,前进停车

43. 老城改建通常采用( )排水方式。

  A. 直排式合流制   B. 截流式合流制

  C. 完全分流制   D. 不完全分流制

44. 根据用水的目的,以及用水对象对水质、水量和水压的不同要求,在城市给水工程规划和进行水量预测时,一般采用下列( )项城市用水分类。

  ①工业企业用水;②生产用水;③居民生活用水;④生活用水;⑤公共建筑用水;⑥市政用水;⑦消防用水;⑧施工用水;⑨绿化用水

  A. ①③⑤⑦   B. ①④⑥⑨   C. ②④⑥⑦   D. ①④⑧⑨

45. 城市电力负荷预测是城市供电规划的重要组成部分,下列城市用电量预测方法中( )不宜用于城市用电量的远期预测。

    A. 经济指标相关分析法   B. 年平均增长率法

    C. 电力弹性系数法   D. 时间序列建模法

46. 在城市燃气系统设施工程规划中,确定燃气气源、输配设施和管网管径的最重要依据应是( )。

    A. 预测年的城市燃气总用气量

    B. 预测年的燃气日用气量和小时用气量

    C. 预测年的民用和工业燃气负荷重量,并适当考虑未预见用气量(如管网漏损等)

    D. 预测年的燃气资源状况、城市规模、城市环境质量要求和城市经济实力

47. 污水管道最小设计流速为( )。

    A. 0.5m/s   B. 0.6m/s   C. 0.7m/s   D. 0.8m/s

48. 下列城市电网典型结线方式中,( )不宜在城市高压配电网中采用。

    A. 放射式   B. 多回线式   C. 环式   D. 格网式

49. 下列城市工程管线中,( )最宜采用环状管网布局形式。

    A. 雨水管   B. 污水管   C. 热力管   D. 给水管

50. 将城市工程管线按弯曲程度分类,下列( )项属于可弯曲管线。

    ①自来水管道;②污水管道;③电信电缆;④电力电缆;⑤电信管道;⑥热力管道

    A. ③④⑤   B. ①②③   C. ③④⑥   D. ①③④

51. 城市燃气调压站具有( )功能。

    A. 调峰   B. 混合   C. 加压   D. 调压

52. 综合布置城市地下工程管线产生矛盾时,提出的下列避让原则中,( )是不合理的。

    A. 压力管让自流管   B. 小管让大管

    C. 低压管让高压管   D. 易弯曲的管让不易弯曲的管

53. 城市地下工程管线的埋设深度是指( )。

    A. 地面到管道顶(外壁)的垂直距离   B. 地面到管道几何中心的垂直距离

    C. 地面到管道底(内壁)的垂直距离   D. 地面到管道底(外壁)的垂直距离

54. 城市用地竖向规划采用台阶式,当保护台地的挡土墙高度超过6.0m时,宜退台处理。退台的宽度不能小于( )。

    A. 1.0m   B. 1.5m   C. 2.0m   D. 2.5m

55. 在土地开发中,房地产开发商为了追求最大利润,总是尽可能提高建筑容积率,然而过高的开发强度会引起( )。

    A. 外部经济的正效果   B. 外部经济的负效果

    C. 内部经济的负效果   D. 内部经济的正效果

56. 在激励企业研究污染治理技术方面,( )方法更为有效。

    A. 收取排污费   B. 发放补贴

    C. 制定环境标准   D. 排污权交易

57. 针对城市中污染物空间扩散的模拟分析,通常采用的方法是(　　)。

    A. 邻近分析　　　B. 网络分析　　　C. 网格分析　　　D. 叠加分析

58. 下面各项是对矢量模型和栅格模型所做的比较,正确的是(　　)。

    A. 数据量:矢量模型大;栅格模型小

    B. 位置精度:矢量模型低;栅格模型高

    C. 分析功能:矢量模型——连续表面的分析、多层叠合、层与层的算术运算;栅格模型——点、线、面相互关系分析,网络分析,叠合分析,相邻分析

    D. 使用对象:矢量模型——大比例、边界明确的事物;栅格模型——小比例、边界模糊的事物

59. 大气窗口指天体辐射中能穿透大气的一些(　　)。

    A. 波段　　　　　B. 温度　　　　　C. 时间　　　　　D. 影像

60. 空间插值法是指(　　)。

    A. 根据矢量图形推断整个区域内事物的变化

    B. 产生三维表面模型

    C. 根据样本的位置和属性推断整个区域内事物在空间上的变化

    D. 根据栅格图像推断整个区域内事物的变化

61. 高分辨率遥感图像与低分辨率遥感图像相比,处理困难的原因主要是(　　)。

    A. 采集方式困难　　　　　　　　B. 文件量大

    C. 获取困难　　　　　　　　　　D. 地物信息多

62. 不同路面的空间判读是依靠其(　　)进行的。

    A. 几何特征　　　B. 物理特征　　　C. 波谱特征　　　D. 纹理特征

63. 众多的消费者和企业在市场交易中建立起来的经济关系是(　　)。

    A. 外部效应关系　　　　　　　　B. 内部效应关系

    C. 公共经济关系　　　　　　　　D. 市场经济关系

64. 在新城市社会学代表理论中,属于马克思城市社会主义学派的是(　　)。

    A. 哈维　　　　　B. 卡斯泰尔　　　C. 雷克斯　　　　D. 帕尔

65. 城市地理学研究的核心问题是(　　)。

    A. 城市形成的条件　　　　　　　B. 城市的发展模式

    C. 城市的发展条件　　　　　　　D. 城市的空间组织演化

66. 下列说法错误的是(　　)。

    A. 城市实体地域边界是明确且稳定的

    B. 城市行政边界是稳定的

    C. 城市功能地域在现实中没有明确边界

    D. 城市功能地域比实际地域面积大

67. 克里斯塔勒认为,在开放、便于通行的地区,(　　)可能起主要作用。

    A. 市场原则　　　B. 交通原则　　　C. 行政原则　　　D. 文化原则

68. 关于问卷有效率的定义,下列说法正确的是(　　)。

    A. 回收问卷数量占总发放问卷数量的比例

B. 有效问卷占回收问卷数量的比重

C. 有效问卷占总发放问卷数量的比重

D. 有效问卷的数量占未收回问卷的比重

69. 不属于我国老龄化特点的是（　　）。

A. 少子老龄化 　　　　　　　　B. 长寿老龄化

C. 重负老龄化 　　　　　　　　D. 快速老龄化

70. 由于产业机构调整，部门产业出现下滑与衰退导致的失业是（　　）。

A. 摩擦性失业 　　　　　　　　B. 结构性失业

C. 贫困性失业 　　　　　　　　D. 富裕性失业

71. 伯吉斯同心圆的第Ⅲ环带为（　　）。

A. 较好的居住区分布带 　　　　B. 过渡地带

C. 通勤地带 　　　　　　　　　D. 独立的工人居住地带

72. 下列不属于区域生态适宜性评价方法的是（　　）。

A. 形态分析法 　　　　　　　　B. 因素地图叠加法

C. 逻辑规划组合法 　　　　　　D. 城市适宜度分析法

73. 下列关于生态恢复的主要方法的说法，正确的是（　　）。

A. 生态恢复是完全的自然生态系统的次生演替

B. 人类不能有目的地对受损的生态系统进行干预

C. 生态恢复是对系统结构、功能、生物多样性和持续性进行全面的恢复

D. 物种是生态集体的基本特征

74. 城市生态规划应该注意的主要问题，不包括（　　）。

A. 生态保护战略，包括自然保护，动、植物区系及自然资源保护和污染防治

B. 生态基础设施

C. 居民的生活标准

D. 让自然回归自然，城市融入自然

75. 关闭矿山是基于工程建设特点的舒缓措施中的（　　）。

A. 环境保护工程措施 　　　　　B. 管理措施

C. 替代方案 　　　　　　　　　D. 生产技术改革

76. 土壤环境容量取决于污染物的（　　）和土壤净化能力的大小。

A. 成分 　　　B. 总量 　　　C. 性质 　　　D. 来源

77. 区域环境承载力最终表征为区域所能承受的社会经济规模和（　　）。

A. 生物资源 　　　B. 人口数量 　　　C. 土地资源 　　　D. 环境质量

78. 区域生态适宜性评价方法中，（　　）的缺点是其景观类型或小区的划分及适宜性的评价需要较高的专业修养和经验。

A. 形态分析法 　　　　　　　　B. 生态位适宜度模型

C. 线性与非线性因子组合法 　　D. 逻辑规划组合法

79. 区域生态适宜性评价方法中不包括（　　）。

A. 形态分析法 　　　　　　　　B. 逻辑规划组合法

C. 因素地图叠加法　　　　　　　　D. 因果假设法

80. 区域生态安全格局构建模式的第三步是（　　　）。

    A. 景观决策　　　B. 景观表述　　　C. 景观改变　　　D. 景观评价

二、**多项选择题**（共20题，每题1分。每题的备选项中有2～4个符合题意。多选、少选、错选都不得分）

81. 在严寒地区，从设计上解决建筑保温问题，最有效的措施是（　　　）。

    A. 安装采暖设施　　　　　　　　　B. 加大建筑的进深

    C. 尽量减少每户所占的外墙面　　　D. 缩短外墙长度

    E. 加厚墙面

82. 影响城市轨道交通线路走廊用地控制范围的主要因素有（　　　）。

    A. 地下线产生的震动对周围环境的影响

    B. 地上线产生的噪声对周围环境的影响

    C. 区间线路、车站建筑与城市其他建筑间的安全防护距离

    D. 工程实施对预留施工场地的要求

    E. 线路走廊用地的控制原则和控制范围的指标

83. 城市总体规划用水量预测的方法包括（　　　）。

    A. 人均综合用水法　　　　　　　　B. 单位用地指标法

    C. 年递增率法　　　　　　　　　　D. 分类加和法

    E. 负荷法

84. 在场地总平面设计中，选择设计地面连接形式时要综合考虑的因素有（　　　）。

    A. 自然地形的坡度大小　　　　　　B. 建筑物的使用要求及运输联系

    C. 场地面积大小　　　　　　　　　D. 土石方工程量多少

    E. 建筑场地的供水与供电

85. 隔热的主要手段为（　　　）。

    A. 加设隔热层　　　　　　　　　　B. 采用遮阳-通风构造

    C. 采用浅色光洁的外饰面　　　　　D. 合理利用封闭空气间层

    E. 绿化植被隔热

86. 下列关于铁路通行限界的表述中，正确的为（　　　）。

    A. 电力机车高度限界为6.55m　　　B. 内燃机车高度限界为5.5m

    C. 宽度限界为3.88m　　　　　　　D. 电力机车高度限界为5.5m

    E. 宽度限界为4.88m

87. 设置道路立体交叉的条件有（　　　）。

    A. 快速道路（速度≥80km/h的城市快速路，高速公路）与其他道路相交

    B. 主干道交叉口高峰小时交通量超过3000辆当量小汽车

    C. 城市干道与铁路干线交叉

    D. 具有用地和高差条件

E. 其他安全等特殊要求的交叉口和桥头

88. 平行停车方式是指车辆停放时车身方向与通道平行,其特点是(　　)。

A. 出入时占用车行道宽度较小　　　　B. 车辆驶出方便迅速

C. 停车带和通道的宽度最小　　　　　D. 能适应同时停放不同车型的车辆

E. 占用停车道宽度最大

89. 常规净水工程主要由(　　)组成。

A. 沉淀池　　　　B. 消毒池　　　　C. 过滤池　　　　D. 泵站

E. 清水池

90. 城市轨道交通系统中,中低速磁悬浮系统的主要特征包括(　　)。

A. 曲线和道岔性能与单轨等新交通系统相近

B. 噪声小,轨道的维护费用少

C. 属于小运量系统

D. 车辆费用较高

E. 车辆荷载平均分布,车身较轻

91. 城市轨道交通线网规划的背景研究的主要内容包括(　　)。

A. 自然　　　　B. 政策　　　　C. 人文　　　　D. 交通

E. 规划

92. 古希腊柱式主要有(　　)等形式。

A. 爱奥尼柱式　　　　　　　　B. 多立克柱式

C. 组合柱式　　　　　　　　　D. 科林斯柱式

E. 塔司干柱式

93. 一般情况下,下列哪种变形缝不必将建筑物从基础到屋顶全部构件断开?(　　)

A. 伸缩缝　　　　B. 沉降缝　　　　C. 施工缝　　　　D. 防震缝

E. 构造缝

94. 大量的(　　)气体排入环境,形成酸雨,从而影响气候变化,影响生物圈的正常功能和物质平衡。

A. 二氧化碳　　　B. 二氧化硫　　　C. 一氧化氮　　　D. 氯化钠

E. 一氧化碳

95. 城市用地竖向工程规划的设计手法,一般采用(　　)。

A. 综合指标法　　　　　　　　B. 高程箭头法

C. 纵横断面法　　　　　　　　D. 设计等高线法

E. 横断面法

96. 下列有关砖混结构的叙述中,(　　)是错误的。

A. 纵向承重体系对纵墙上开门、开窗的限制较小

B. 横向承重体系楼盖的材料用量较少

C. 内框架承重体系空间刚度较好

D. 内框架承重体系施工比较麻烦

E. 纵向承重体系中横墙是主要承重墙

97. 图像校正与信息提取的常用方法有(　　)。

A. 几何校正　　　　B. 辐射校正　　　　C. 图像削弱　　　　D. 图像编辑

E. 对比分析

98. 生态系统的特征包括(　　)。

A. 以生物为主体,具有完整性特征

B. 简单、有序的级秩系统

C. 开放的、接近平衡态的热力学系统

D. 具有动态的、生命的特征

E. 具有自维持、自调控功能

99. 有毒有害固体废物的生物处理法包括(　　)。

A. 氧化塘法　　　　B. 气化池法　　　　C. 酸碱中和法

D. 土地处理法　　　E. 活性污泥法

100. 交叉口交通组织方式中,渠化交通适用于(　　)。

A. 交通量较小的次要交叉口

B. 一般平面十字交叉口

C. 有连续交通要求的大交通量交叉口

D. 交通组织复杂的异形交叉口

E. 城市边缘地区的道路交叉口

模拟题三解析

一、单项选择题(共 80 题,每题 1 分。每题的备选项中,只有 1 个最符合题意)

1. B

【解析】 《营造法式》和《工程做法》中规定了类似于现代建筑模数制和构件的定型化,其中宋代用"材"、清代用"斗口"为标准作为建筑模数制。故选 B。

2. C

【解析】 炎热地区住宅建筑朝向的选择十分重要,必须注意减少东西向阳光对建筑物的照射,并能有夏季主导风入室。综合考虑阳光照射和夏季主导风,炎热地区住宅建筑朝向依次是南向、南偏东 30°或南偏西 15°,以南向为佳;其次为东向、北向;西向一般最差,应尽量避免。故选 C。

3. D

【解析】 拱是一种有推力的结构,它承受的主要内力是轴向压力。故选 D。

4. B

【解析】 唐代典型:山西五台县佛光寺大殿,平面为"金厢斗底槽",风格平整开朗。辽代典型:天津蓟县独乐寺,寺内观音阁是我国最古老的楼阁建筑,平面为"分心槽"式样。宋代典型:山西太原晋祠圣母殿,是减柱造的典例。元代典型:山西芮城永乐宫,是道教建筑,其内部壁画卓有成就。

西藏拉萨布达拉宫:是达赖喇嘛行政和居住的宫殿,也是最大的藏式喇嘛寺院建筑群,建于公元 7 世纪松赞干布时期,清顺治时期重建。河北承德外八庙:建于 18 世纪初期,建筑群局部模仿布达拉宫建设。故选 B。

5. A

【解析】 古罗马于公元前 2 世纪建立了横跨欧、亚、非三大洲的大帝国。其建筑历史发展可分为三个时期。其一是伊特鲁里亚时期,此时建筑在石工、陶筑构件与拱券结构方面有突出成就。罗马王与共和初期的建筑就是在这个基础上发展起来的。其二是罗马共和国盛期,此时除了神庙之外,公共建筑(如剧场、竞技场、浴场、巴西利卡)等十分发达,并发展了角斗场所。同时希腊建筑在建筑技艺上以及古典柱式方面强烈影响了古罗马。其三是罗马帝国时期,此时建造了不少凯旋门、纪功柱和广场。此外,剧场、圆形剧场与浴场也趋于宏大与华丽。故选 A。

6. B

【解析】 萨伏伊别墅于 1928 年设计,1930 年建成,外形轮廓简单,内部空间复杂,体现了勒·柯布西埃 1926 年提出的"新建筑五点"原则:底层的独立支柱;屋顶花园;自由的平面;横向长窗;自由的立面。故选 B。

7. B

【解析】 只有 B 选项所列举的功能空间最全面,其他选项皆不完整。

8. A

【解析】 暗管排水:多用于建筑物、构筑物比较集中的场地,运输线路及地下管线较多、面积较大、地势平坦的地段。明沟排水:多用于建筑物、构筑物比较分散的场地,断面尺寸按汇水面积大小而定。B 选项错在是明沟的特点,C 选项错在"集中",D 选项错在不应该是"运输线路多",运输线路多建明沟显然不合理。因此 A 选项符合题意。

9. C

【解析】 北宋李诫所著《营造法式》和清工部颁布的《工程做法则例》,是我国古代最著名的两部建筑学术著作,其中《营造法式》保存最为完整,是关于建筑技术的书籍。故选 C。

10. B

【解析】 人流疏散大体可分为正常和紧急两种情况。一般正常情况下的人流疏散有连续的(如医院、商店、旅馆等)和集中的(如剧院、体育馆等)。有的公共建筑则属于两者兼有(如学校教学楼、展览馆等)。此外,在紧急情况下,无论哪种类型的公共建筑都会变成集中而紧急的疏散性质。故选 B。

11. C

【解析】 大跨度的建筑需要考虑没有烦琐支撑体系的屋盖结构形式,并且受力性能好,经济适用。拱式结构是一种较早为人类开发的结构体系,应用广泛,比较适宜的跨度为 40～60m,使用材料要求不高,可以作为首选结构形式。屋架也是大跨度建筑的常用结构形式,它由杆件组成,节点铰接,在节点荷载作用下,杆件只产生轴向力,预应力混凝土屋架跨度常为 24～26m,钢屋架可达 70m,作为次选。薄壳式空间结构体系,适用于较大跨度的建筑物,种类多,形式丰富多种,适用于多种平面,可为创作多种形式的建筑物提供良好结构条件。故选 C。

12. B

【解析】 中国园林发展主要经历了以下几个阶段:汉以前为帝王皇族苑囿为主体的思想;魏晋南北朝奠定了山水园的基础;唐代风景园林全面发展;两宋时造园风气遍及地方城市,影响广泛;明清时皇家园林与江南私家园林均达到鼎盛。故选 B。

13. C

【解析】 第二次世界大战后建筑的主要思潮包括:(1)对"理性主义"的充实与提高;(2)讲求技术精美的倾向;(3)"粗野主义"倾向;(4)"典雅主义"倾向;(5)注重"高度工业技术"倾向;(6)讲求"人情化"与"地方性"的倾向;(7)讲求"个性"与象征的倾向;(8)后现代主义。故选 C。

14. C

【解析】 中国古代宫殿等级制度由高到低的排列顺序为:(1)屋顶。重檐庑殿,重檐歇山,重檐攒尖,单檐庑殿,单檐歇山,单檐攒尖,悬山,硬山。(2)开间。十一、九、七、五、三间。(3)色彩。黄、赤、绿、青、蓝、黑、灰。故选 C。

15. B

【解析】 地面设计形式是将自然地形改造成为满足使用功能的人工地形,其可分为平坡式、台阶式和混合式三种。设计地面连接形式,依自然地势、运输功能、场地和土石方大小而定。自然坡度小于3%时,一般选择平坡式;自然坡度大于5%时,一般选择台阶式。场地内地块间可按连接方式选择平坡或台阶形式。当场地长度超过500m,坡度小于3%时,也可用台阶式。故选B。

16. C

【解析】 斗拱是中国木架建筑特有的构件,由水平放置的方形斗、升和矩形的拱以及斜置的昂组成,其作用是在柱子上伸出悬臂承托出檐部分的重量,还作为封建社会中森严等级制度的象征和重要建筑的尺度衡量标准,一般在高级的官式建筑中使用,大体可分为外檐斗拱和内檐斗拱两类。明清以前唐宋时期斗拱的结构作用十分明显,作为承重构件,明清以后逐渐变为装饰构件,但其结构作用仍未丧失。斗拱在宋代称作"铺作"。故选C。

17. B

【解析】 供残疾人轮椅通行的一般门,门扇开启的最小净宽为0.8m。故选B。

18. C

【解析】 由《建筑抗震设计规范(2016年版)》(GB 50011—2010)7.1.7条可知,多层砌体方案应优先采用横墙承重或纵横墙共同承重的结构体系。故选C。

19. A

【解析】 色彩三原色:红色、绿色、蓝色。故选A。

20. D

【解析】 在纵向承重体系中,纵墙承受的荷载较大,因此在此墙上开门、开窗的位置都受到一定限制。故选D。

21. A

【解析】 冷底子油的作用是防水。故选A。

22. A

【解析】 道路平面设计的主要内容是根据路线的大致走向和横断面,在满足行车技术要求的情况下,结合自然地理条件与现状,考虑建筑布局要求,因地制宜地确定路线的具体方向;选定合适的平曲线半径,合理解决路线转折点之间的曲线衔接;论证设置必要的超高、加宽和缓和路段;验算必须保证的行车视距;在路幅内合理布置沿路线车行道、人行道、绿化带、分隔带以及其他公用设施等。故选A。

23. C

【解析】 在城市道路上广泛地使用着各种路面标志。通常有车道线、停车线、人行横道线、导向箭头以及分车线、公共交通停靠范围、停车道范围(高速公路还有路面边缘线),所有这些组织交通的线条、箭头、文字或图案一般用白漆(或黄漆)涂在路面上,也有的用白色沥青或水泥混凝土、白色瓷砖或特制耐磨的塑料嵌砌或粘贴于路面上,以指引交通。故选C。

24. D

【解析】 环形交叉口中心岛直径小于60m时,环道的外侧缘石做成与中心岛相同的同心圆后,进入环道的车辆遇到两段反向曲线,不符合实际行车轨迹,降低了环形交叉口的通行能力。因此,环道的外侧缘石做成与中心岛相同的同心圆需要中心岛直径在60m

以上。故选 D。

25．D

【解析】 停车设施的停车面积规划指标按照当量小汽车进行估算时,露天地面停车场为 25～30m²/停车位,路边停车带为 16～20m²/停车位,室内停车库为 30～35m²/停车位。故选 D。

26．A

【解析】 环道上一般布置三条机动车道,一条车道绕行,一条车道交叉,一条作为右转车道,同时还应设置一条专用的非机动车道。车道过多会造成行车的混乱,反而有碍安全。一般环道宽度选择 18m 左右比较适当,即相当于三条机动车道和一条非机动车道,再加上弯道加宽值。故选 A。

27．B

【解析】 城市道路交叉口转角半径一般根据城市道路性质、横断面形式、车型、车速来确定。主次干路转角半径为 15～25m,次干路为 8～10m,支路为 5～8m,单位出入口为 3～5m。因此城市次干路交叉口转角半径为 8～10m,B 选项正确,符合题意。

28．B

【解析】 平面环形交叉口的通行能力较低,计算时按路段设计行车速度的 0.5 倍作为环道的设计车速。故选 B。

29．B

【解析】 交通量较小的次要交叉口、异形交叉口或城市边缘区道路交叉口可以使用交通岛组织不同方向车流分道行驶;也可以配合信号灯组织渠化交通,增大交叉口的通行能力。故选 B。

30．D

【解析】 机动车停止线应与人行横道线距离近一些,但不要紧贴人行横道,以防止机动车闯入人行横道,伤害行人;但距离又不能太远,以便在红灯结束时,机动车很快通过交叉口。停止线设置在人行横道外侧面 1～2m 处。故选 D。

31．B

【解析】 机动车与自行车混行的坡道应按自行车行驶能力来控制,坡度在 2.5% 以下为宜。故选 B。

32．D

【解析】 桥下通航净高限界主要取决于航道等级,并依此决定桥面的高程。根据通航船只吨位,航道分为六个等级,其中一级通航船只吨位为 3000t,二级为 2000t,三级为 1000t,四级为 500t,五级为 300t,六级为 50～100t;对应桥下通航净高限界分别为:12.5m,11.0m,10.0m,7.0～8.0m,4.5～5.5m,3.5～4.5m。故选 D。

33．C

【解析】 净空加上安全距离即构成限界,因此,净空小于限界。故选 C。

34．B

【解析】 城市道路的横向安全距离是为了保证车辆行驶中横向的必要安全,根据一般经验,可取为 1.0～1.4m。故选 B。

35. C

【解析】 从实际通行能力的效果来看,车道越多,通行能力折减得越厉害,过多的车道是不经济、不合理的。分析证明,当机动车与非机动车分隔行驶时,双向 4～6 条机动车道是比较经济合理的。故选 C。

36. B

【解析】 一般单位由于用地限制,多采用后退停车、前进发车的停车方式。这样虽然停车较慢,但发车迅速,平均占地面积比较小。故选 B。

37. C

【解析】 立体交叉口分为分离式立交和互通式立交两类。分离式立交是指相交道路互不通,交通分离,主要有铁路与城市道路的立交,快速道路与地方性道路的立交。互通式立交是指可以实现相交道路上的交通在立交上相互转换,又分为非定性立交和定性立交两类。故选 C。

38. B

【解析】 有关规范规定:不多于 50 个停车位的机动车停车场,可设一个出入口,宜采用双车道;50～300 个停车位的停车场,应设两个出入口;大于 300 个停车位的停车场,出口和入口应分开设置,两个出入口之间的距离应大于 20m。故选 B。

39. A

【解析】 竖曲线的切线长 $T=RW/Z$,其中 R 为竖曲线半径,W 为两纵坡差。可见当竖曲线半径为定值时,切线长度与纵坡差成正比。故选 A。

40. C

【解析】 相关规范规定:如果平曲线和竖曲线需重合设置时,为了保持平面和纵断面的线形平顺,一般取凸形竖曲线的半径为平曲线半径的 10～20 倍。故选 C。

41. D

【解析】 不同车辆在道路上行驶的爬坡能力不同。在机动车与非机动车混行的道路上,应根据爬坡能力比较小的非机动车的爬坡能力来确定道路的最大纵坡。故选 D。

42. D

【解析】 根据汽车纵轴线与通道的夹角关系,停车场内车辆停放方式有平行式、斜列式(与通道成 30°、45°、60°停放)与垂直式三种。

垂直式停放用地紧凑,通道单位长度内停放车辆较多,但占用停车带宽度较大,进出停车均需倒车一次。斜列式停车的特点是单位长度内停放的车辆数目随交角的增加而增多,车辆出入方便。但在我国因停放车种混杂、排列不整齐而使这种方式用地不经济,因此较少采用。平行式指车辆在停车场的停、发车方式有前进停车、前进发车,前进停车、后退发车,后退停车、前进发车等。车位布置应分别考虑不同车型,有利于各种车型停放。小型车前进与后退可采用任何一种停放方式;大型车和特殊大型车的停车或发车应避免后退方式,应该采用前进停车、前进发车方式。故选 D。

43. B

【解析】 老城区因为不具备建设完全的雨水、污水管道,因此,改造过程中常采用截流式合流制。故选 B。

44. C

【解析】 通常在进行用水量预测时,根据用水目的不同,以及用水对象对水质、水量及水压的不同要求,将城市用水分为生产用水、生活用水、市政用水、消防用水四类。故选C。

45. B

【解析】 年平均增长率法是直接的统计方法,宜用于近期预测,但因其计算误差随着年份而累积,故不宜用于用电量的远期预测。故选B。

46. B

【解析】 预测年的燃气日用气量和小时用气量是确定燃气气源、输配设施和管网管径的最重要依据。故选B。

47. B

【解析】 按照规范规定,污水管道最小设计流速为0.6m/s;非金属管道最大设计流速为5m/s;金属管道最大设计流速为10m/s。故选B。

48. D

【解析】 城市配电网分为高压配电网和低压配电网。高压配电网一般采用放射式、环式、多回线式,低压配电网一般多采用放射式、环式或格网式。故选D。

49. D

【解析】 给水管网的布置形式主要有树状网和环状网两种,树状网构造简单,投资节省,但供水可靠性差;给水管网纵横相互接连,则形成闭合的环状管网,其优缺点与树状管网相反。故选D。

50. D

【解析】 可弯曲管线是指通过某些加工措施易将其弯曲的工程管线,如电信电缆、电力电缆、自来水管等。不易弯曲管线是指通过加工措施,不易将其弯曲的工程管线或强行弯曲会损坏的工程管线,如电力管道、电信管道、污水管道等。故选D。

51. D

【解析】 城市燃气有多种压力等级,各种压力等级之间的转换必须通过调压站来实现。调压站是燃气输配管网中稳压和调压的重要设施,其主要功能是按运行要求将上一级输气压力降至下一级压力。燃气调压站具有升降管道燃气压力的功能,以便于燃气远距离输送,或将高压燃气降至低压,向用户供气。故选D。

52. C

【解析】 综合布置城市地下工程管线产生矛盾时,应按下列原则处理:(1)压力管让自流管;(2)管径小的让管径大的;(3)易弯曲的让不易弯曲的;(4)临时性的让永久性的;(5)工程量小的让工程量大的;(6)新建的让现有的;(7)检修次数少的、方便的让检修次数多的、不方便的。故选C。

53. C

【解析】 相关技术术语:

管线埋设深度:地面到管道底(内壁)的距离。

管线覆土深度:地面到管道顶(外壁)的距离。

故选C。

54. A

【解析】 在用地条件受限制或地质不良地段,可采用挡土墙;在建筑物密集、用地紧张区域及有装卸作业要求的台阶应采用挡土墙;人口密度大、土壤工程地质条件差、降雨量多的地区,不能使用草皮土质护坡,必须采用挡土墙。挡土墙适宜的经济高度为 1.5～3m,一般不宜超过 6.0m,超过 6.0m 时要做退台处理。退台宽度不能小于 1.0m,条件许可时,挡土墙宜以 1.5m 高度退台。故选 A。

55. B

【解析】 过高的土地开发强度使房屋的日照和通风受到阻碍,不适当的建筑形体产生的视觉协调性的不良影响等负效果,由此产生外部经济的负效果。故选 B。

56. A

【解析】 为使污染控制达到最优程度,大多数经济学家偏爱收费,即收取排污费,它可以激励工厂不断寻求高效低成本的污染治理技术来减少污染的排放,因为更清洁的技术可以减少工厂不得不支出的排污费。故选 A。

57. C

【解析】 比较复杂的网格分析有模拟资源在一定空间范围内的扩散能力。基于一些专业模型计算得到相应专题信息,如大气污染的空间扩散,也通常采用网格的途径实现。故选 C。

58. D

【解析】 矢量数据和栅格数据是 GIS 中常用的两种数据,其特点分别为:

	数据量	位置精度	分析功能	使用对象
矢量数据	需要的存储小	精度高	适用于连续表面的分析,多层叠合、层与层之间的运算(如网络分析、邻近分析)	大比例,边界明确的事物
栅格数据	需要的存储大	精度低	适用于点、线、面互相关系分析、叠合	小比例,边界模糊的事物

因此 D 选项正确,符合题意。

59. A

【解析】 太阳光从宇宙空间到达地球表面须穿过地球的大气层。太阳光在穿过大气层时,会受到大气层的吸收和散射,因而使透过大气层的太阳光能量受到衰减。但是大气层对太阳光的吸收和散射影响随太阳光的波长而变化。通常把太阳光透过大气层时透过率较高的光谱段称为大气窗口。大气窗口的光谱段主要有:微波波段、热红外波段、中红外波段、可见光和近红外波段。

大气窗口指天体辐射中能穿透大气的一些波段。由于地球大气中的各种粒子对辐射的吸收和反射,只有某些波段范围内的天体辐射才能到达地面。按所属范围不同分为光学窗口、红外窗口和射电窗口。故选 A。

60. C

【解析】 有些事物在地表空间上是连续或近似连续变化的,如地形高程、人口密度、土地价格等,所做的调查工作只能在一定的范围内抽取少量点状的、含调查对象属性的样本,如何根据样本的位置和属性推断整个区域内事物在空间上的变化,就是所谓的空间插值法,其结果是产生三维表面模型(如果是地形,也称数字高程模型)。故选 C。

61. D

【解析】 由于高分辨率拍摄清晰,图片上地物反映清晰,因此图上地物多,相比低分辨率,处理图片过程中增加困难。故选 D。

62. C

【解析】 城市地物波谱特性研究是一项基础性的应用研究。城市地物的遥感信息比较丰富,研究城市地物的波谱特征,分析它们的差异,对于遥感图像的分析判读、计算机自动分类、多波段遥感最佳波段的选择有重要意义。城市道路因所用建筑材料不同,可分为水泥路、沥青路、土路等,其曲线形状大体相似,从 $0.14\sim0.16\mu m$ 缓慢上升,$0.16\mu m$ 之后转向平缓变化。水泥路呈灰白色,反射率最高,依次为土路、沥青路。影像特征包括物理特征和几何特征两大类。故选 C。

63. D

【解析】 城市经济学的研究涉及三种经济关系,即市场经济关系、公共经济关系和外部效应关系。市场经济关系是指众多消费者和企业在市场交易中建立起来的经济关系。故选 D。

64. A

【解析】 哈维是马克思主义学派的重要学者。故选 A。

65. D

【解析】 城市地理学研究的核心问题是城市的空间组织演化。故选 D。

66. A

【解析】 城市实体地域的边界是明确的,但这一概念的城市地域处在相对频繁的变动过程之中,随着城市的发展,城市实体地域的边界不断向外拓展。故选 A。

67. A

【解析】 克里斯塔勒认为,在开放、便于通行的地区,市场经济的原则可能是主要的;在山间盆地地区,客观上与外界隔绝,行政管理更为重要;新建的国家与新开发的地区,交通线对移民来讲是"先锋性"的工作,交通原则占优势。故选 A。

68. B

【解析】 问卷有效率是指有效问卷占回收问卷数量的比重。故选 B。

69. C

【解析】 现阶段我国老龄化的特点是:(1)少子老龄化;(2)长寿老龄化;(3)轻负老龄化;(4)快速老龄化。故选 C。

70. B

【解析】 由于产业机构调整,部门产业出现下滑与衰退导致的失业是结构性失业。故选 B。

71. D

【解析】 伯吉斯同心圆的第Ⅲ环带为独立的工人居住地带。故选 D。

72. D

【解析】 区域生态适宜性评价方法：(1)形态分析法；(2)因素地图叠加法；(3)线性与非线性因子组合法；(4)逻辑规划组合法；(5)生态位适宜度模型。故选 D。

73. C

【解析】 生态恢复的特征：(1)强调受损的生态系统要恢复到具有生态学意义的理想状态。生态恢复并不完全是自然的生态系统次生演替，人类可以有目的地对受损生态系统进行干预。(2)强调生态完整性恢复。生态恢复并不是对某个物种的简单恢复，而是对系统的结构、功能、生物多样性和持续性进行全面的恢复。(3)强调应用生态学过程的重要性。演替是生态系统的基本过程和特征，生态恢复本质上是生物物种和生物量的重建，以及生态系统基本功能恢复的过程。故选 C。

74. D

【解析】 生物圈计划(MAB)报告早在 1984 年就提出了生态的城市规划五项原则，亦即城市生态规划应该关注的主要问题，应用到今天中国城乡规划仍然非常合适：(1)生态保护战略，包括自然保护，动、植物区系及资源保护和污染防治；(2)生态基础设施(自然景观和腹地对城市的持久支持能力)；(3)居民的生活标准；(4)文化历史的保护；(5)将自然融入城市。因此 D 选项错误，故选 D。

75. B

【解析】 基于工程建设特点的舒缓措施包括：替代方案、生产技术改革、环境保护工程措施、管理措施。管理措施主要包括建设期和生产运营期两个时段，有时还包括项目死亡期，如矿山闭矿、工厂报废、废物堆场复垦等。因此矿山关闭属于基于工程建设特点的舒缓措施中的管理措施。故选 B。

76. B

【解析】 土壤环境容量取决于污染物的总量和土壤净化能力的大小。故选 B。

77. A

【解析】 区域环境承载力最终表征为区域所能承受的社会经济规模和生物资源。故选 A。

78. A

【解析】 形态分析法较为直观，但存在明显的缺点：一是其景观类型或小区的划分及适宜性的评价需要较高的专业修养和经验；二是适宜性分析没有一个完整的体系，主要取决于规划者的主观判断。这些不足使形态分析法的应用受到一定的限制。故选 A。

79. D

【解析】 区域生态适宜性评价方法包括：(1)形态分析法；(2)因素地图叠加法；(3)线性与非线性因子组合法；(4)逻辑规划组合法；(5)生态位适宜度模型。故选 D。

80. D

【解析】 区域生态安全格局构建的六个步骤：(1)景观表述；(2)景观过程分析；(3)景观评价；(4)景观改变；(5)影响评价；(6)景观决策。故选 D。

二、多项选择题(共20题,每题1分。每题的备选项中有2～4个符合题意。多选、少选、错选都不得分)

81. BCD

【解析】 从设计上解决建筑保温问题,最有效的措施是加大建筑的进深,缩短外墙长度,尽量减少每户所占的外墙面。故选BCD。

82. ABCD

【解析】 影响城市轨道交通线路走廊用地控制范围的主要因素有:地下线产生的震动对周围环境的影响,地上线产生的噪声对周围环境的影响;区间线路、车站建筑与城市其他建筑间的安全防护距离;工程实施对预留施工场地的要求。"线路走廊用地的控制原则和控制范围的指标"是走廊用地控制的结果,不是影响因素。故选ABCD。

83. ABCD

【解析】 人均综合用水法、单位用地指标法、年递增率法适用于城市总体规划用水量预测,分类加和法既可用于总体规划,也可用于详细规划。负荷法仅适用于小范围预测,因此只适用于详细规划用水量预测。故选ABCD。

84. ABCD

【解析】 在场地总平面设计中,选择设计地面连接形式,要综合考虑的因素有自然地形的坡度大小、建筑物的使用要求及运输联系、场地面积大小、土石方工程量多少。建筑场地的供水和供电是场地总平面设计后的市政工程布置,不属于场地平面设计时设计地面连接的考虑因素。故选ABCD。

85. BCDE

【解析】 隔热的主要手段为:采用浅色光洁的外饰面;采用遮阳-通风构造,合理采用封闭空气间层;绿化植被隔热。故选BCDE。

86. ABE

【解析】 电力机车高度限界为6.55m,内燃机车高度限界为5.5m,宽度限界为4.88m。故选ABE。

87. ACDE

【解析】 设置道路立体交叉的条件:(1)快速道路(速度≥80km/h的城市快速路、高速公路)与其他道路相交;(2)主干路交叉口高峰小时流量超过6000辆当量小汽车(PCU)时;(3)城市干路与铁路干线交叉;(4)具有其他安全等特殊要求的交叉口和桥头;(5)具有用地和高差条件。故选ACDE。

88. BCD

【解析】 车辆停放时车身方向与通道平行,是路边停车带或狭长地段停车的常用方式。其特点是停车带和通道的宽度最小,车辆驶出方便迅速,能适应同时停放不同车型的车辆,但单位停车面积最大。故选BCD。

89. ACDE

【解析】 常规净水工程主要由沉淀池、过滤池、泵站、清水池组成。故选ACDE。

90. ABDE

【解析】 中低速磁悬浮系统的主要特征包括：(1)曲线和道岔性能与单轨等新交通系统相近；(2)噪声小,轨道的维护费用少；(3)车辆荷载平均分布、车身较轻,桥梁等构造建筑的费用相应减少；(4)车辆费用较高；(5)属于中运量系统。故选ABDE。

91. ABCE

【解析】 背景研究就是对线网规划的前提条件、影响因素等进行分析研究,主要包括城市自然、人文、政策、规划等内容。交通是线网规划本身的内容,非研究背景。故选ABCE。

92. ABD

【解析】 古典柱式包括古希腊的三柱式(多立克柱式、爱奥尼柱式、科林斯柱式),古罗马的五柱式(多立克柱式、塔司干柱式、爱奥尼柱式、科林斯柱式、组合柱式)。故选ABD。

93. ACD

【解析】 设置伸缩缝和施工缝时,建筑基础不需要断开；设置沉降缝时,必须把建筑从基础到屋顶的全部构件都断开；设置防震缝时,基础可以断开也可以不断开。构造缝的说法不够准确。故选ACD。

94. AB

【解析】 由于全世界每年消费大量的石油、煤,巨量的燃烧释放出大量的二氧化碳、二氧化硫、氧化二氮、固体颗粒和重金属,排入环境,从而影响气候变化,形成酸雨。故选AB。

95. BCD

【解析】 高程箭头法：根据竖向工程规划原则,确定出规划区内各种建筑物、构筑物的地面标高,道路交叉点、变坡点的标高,以及区内地形控制点的标高,将这些点的标高标注在竖向工程规划图上,并以箭头表示各类用地的排水方向。

纵横断面法：在规划区平面图上根据需要的精度绘出方格网,然后在方格网的每一交点上注明原地面标高和设计地面标高。沿方格网长轴方向者称为纵断面,沿短轴方向者称为横断面。该法多用于地形比较复杂地区的规划。

设计等高线法：多用于地形变化不太复杂的丘陵地区的规划,能较完整地将任何一块规划用地或一条道路与原来的自然地貌作比较并反映填方挖方情况,易于调整。故选BCD。

96. ACE

【解析】 由于纵向承重体系中纵墙承受的荷载较大,因此纵墙上开门、开窗的大小和位置都要受到一定的限制,A选项错误。横向承重体系楼盖做法比较简单；施工比较方便,楼盖材料用量较少,但是墙体材料用量相对较多,B选项正确。内框架承重体系由于横墙较少,房屋的空间刚度较差,C选项错误。内框架承重体系由于柱和墙的材料不同,施工方法不同,给施工工序的搭接带来一定的麻烦,因此施工比较麻烦,D选项正确。纵向承重体系中纵墙是主要承重墙,E选项错误。故ACE选项符合题意。

97．ABE

【解析】 图像校正与信息提取的常用方法有：(1)几何校正；(2)辐射校正；(3)图像增强；(4)对比分析；(5)统计分析；(6)图像分类。故选 ABE。

98．ABDE

【解析】 生态系统的特征包括：(1)以生物为主体，具有完整性特征；(2)简单、有序的级秩系统；(3)开放的、远离平衡态的热力学系统；(4)具有明确功能和功益服务性能；(5)受环境影响深刻；(6)环境的演变与生物进化相联系；(7)具有自维持、自调控功能；(8)具有一定负荷力；(9)具有动态的、生命的特征；(10)具有健康、可持续发展特性。故选 ABDE。

99．ABDE

【解析】 对有毒有害固体废物的生物处理法常采用生物降解法，包括：活性污泥法、滴沥池法、气化池法、氧化塘法和土地处理法等。酸碱中和法属于化学方法，不属于生物处理法。故选 ABDE。

100．ADE

【解析】 交叉口交通组织方式包括：(1)无交通管制：适用于交通量很小的次要道路交叉口。(2)采用渠化交通：使用各种交通管理标线及设置交通岛，用以组织不同类型、不同方向车流分道行驶，适用于交通量较小的次要交叉口、交通组织复杂的异形交叉口和城市边缘地区的道路交叉口。在交通量比较大的交叉口，配合信号灯组织渠化交通，有利于交叉口的交通秩序，增大交叉口的通行能力。(3)实施交通指挥(信号灯控制或交通警察指挥)：常用于一般平面十字交叉口。(4)设置立体交叉：适用于快速、有连续交通要求的大交通量交叉口。故选 ADE。